會計技術·洞察管理·創造績效

IFRS+IT
經營管理*e*化實務

第二版

產學專家
共同撰寫

中華企業資源規劃學會「IFRS資訊規劃師」認證指定用書

推薦序

中華企業資源規劃學會成立於 2002 年，多年來致力於推廣 e 化知識，藉由整合產業與學界資源，製作教育軟體、撰寫教材、並向各級學校與社會人士推廣。目前開發的書籍與教材包含 ERP、BI、IFRS、AI、APP 等共 14 本。為了向高中職、大專院校、社會各階層推廣相關知識，也推出 ERP、BI、IFRS、APP、餐飲與旅館資訊系統等證照。每年約有 15,000 人次報考學會各種證照。

台灣政府於 2013 年起推動 IFRS 會計制度，企盼台灣的會計制度可以與國際更加整合。因應此趨勢，自 2015 年起蔡文賢特聘教授與藍淑慧博士便與本學會合作，共同推廣 ERP 應如何結合 IFRS 的相關知識，使得台灣的會計制度能藉由與科技發展的結合，快速與國際接軌。也企盼台灣的企業主能經由轉換會計制度更精準的瞭解其企業的經營狀況，訂出更佳符合企業需求的經營策略。

為了使內容能夠與時俱進，這次版本更新加入了智慧製造相關議題，使讀者除了能夠瞭解 IFRS 的會計制度，也能瞭解如何落實智慧製造，以及如何使用智慧製造提升企業體質。

期許本書所介紹的 IFRS、ERP 與智慧製造的整合理念，能協助台灣中小企業增加經營績效、提升整體競爭力，實現與國際接軌的目標。

許秉瑜

國立中央大學管理學院院長
中華企業資源規劃學會秘書長
2021 年 08 月

推薦序

2015 年，《IFRS 經營管理 e 化實務》第一版發行。

6 年後，5G 技術高度強化了數位雲端環境、人工智慧應用全面升級，以「智慧製造」貫穿產業鏈，已廣泛的應用於多個工業領域。

自 2019 年底，全球社會、經濟受到 COVID-19 嚴重衝擊，短短 2 年多，企業營運模式隨之大幅變動。遠距工作成為經營常態，數位轉型也躍升為企業首要目標，各行各業對 IT（intelligence transformation）需求急速增加，IFRS 經營管理 e 化的重要性，更是全面提升。

蔡文賢教授與藍淑慧博士在多年前即努力推動 IFRS 與 IT 整合，堪稱業界先進。蔡教授是國內知名管理會計研究者，經常於國際期刊發表論文；藍博士則早在 2011 年 ICMCI 全球管理諮詢論壇，就代表我國參與甄選，她撰寫的 IFRS ＋ IT 應用論文，更被選為當年最佳管理諮詢個案論文。兩位的合作，使本書成為一本具國際水準的教科書，銜接世界潮流，實用性更是不在話下。

這是一本企業數位轉型的參考書，建立了「IFRS ＋ IT」整體性的藍圖，引領我們了解智慧製造 ERP 及 MES 系統的整合知識、產業鏈的科技運用。這也是一本以經營者思維為主架構的策略書，整合了經營管理的實務、法規、IT 工具。運用企業、事業、功能三層級的策略規劃，建立有效資訊流，結合企業機能，幫助我們理解 IFRS 應用的基礎架構。

本書的第一版，即為我在大學授課時愛用的教科書，看到二版付梓，較一版更加精闢，並與時俱進加入新素材，備感欣慰。期盼此書成為企業數位轉型必備參考書，共創台灣各產業的智慧商機。

特此為序

劉致堯 2021 年 8 月

（曾任 ICMCI 國際管理諮詢協會全球聯合會亞太區主席）

作者序

　　2016年作者進入國立中央大學企業管理學系「財務暨會計管理組」攻讀博士學位。適逢全球興起工業4.0科技浪潮，兩學年的書報課程受惠於學術界工業4.0專家呂俊德教授的指導，特別地，2017~2018皆邀請德國教授 Prof. Jörg Puchan、Prof. André Krischke 親自來台授課，分享德國企業在工業4.0的經驗，啟發作者在IFRS + IT的發展有很大的助益。

　　在校期間（2016~2019），感謝，學術界全球管理會計ABC領域排名第一名的蔡文賢指導教授，給予學術上多方面的指導，由認識MES及結合ABC至開發ABSC理論應用於智慧製造。

　　2021年初決定啟動IFRS經營管理e化實務（第二板）的修訂，多次再回管理學院二館與蔡文賢特聘教授討論，因應科技快速發展「IFRS + IT」的發展以管理會計的思維結合科技即時資訊的知識；不但，因應智慧製造IT + OT系統整合架構知識，也剖析相關科技知識，有助實現產業鏈的各大、中、小型即時資訊整合商機。作者二人討論過程中，也感謝，鄭明松教授提供工業5.0「以人為本」的論述，使本書增添中小企業「人機協作」的生產模式和提升生產力。

　　COVID-19疫情爆發及5G技術發展，數位轉型成為全球關注的科技議題。感謝推薦人ICMCI劉前主席致堯老師，在作者進行（第二版）過程中給予多方面指導，豐富本書IFRS + IT的發展，其「IT」定義提升到「Intelligence Transformation」智慧轉型。

藍淑慧

2021年8月

2019年6月藍淑慧博士畢業典禮合影
左1周景揚校長，左2作者藍淑慧博士
右1管理學院許秉瑜院長，右2作者指導教授
蔡文賢博士

作者序

台灣上市櫃公司、公開發行公司分別於 2013、2015 年開始採用 IFRS 與國際接軌，所有中小型企業於 2016 年採用因應 IFRS 修正之商業會計法及商業會計處理準則；不可否認，IFRS ＋ IT 是將 IFRS 相關法令融入 ERP 系統作業是有其必要的。

全球科技浪潮來勢洶洶，台灣智慧製造發展，不但包含各行各業的智慧製造，也包含各產業鏈上、中、下游運用數位化或智慧化連結即時資訊。產業鏈資訊的整合，中小企業不但要善用合適的 ERP 系統，建立企業內部有效即時資訊，也應適應科技的運用而提升競爭優勢，掌握產業鏈的整合契機。

本書運用 IFRS 法令導入 ERP 的作業步序，是屬於資訊技術（Information Technology）的階段。智慧製造則係在多系統整合之架構下，以 IT 促成企業轉型與數位轉型的運用，進而帶動產業鏈整合商機，則係屬於智慧轉型（Intelligence Transformation）的階段。此意謂著，IFRS ＋ IT 的發展，因應科技快速變化，IT 的意涵也從資訊技術發展至智慧轉型。

順應此科技的演化，本書第二版內容，也作了一些調整與改變，第一篇介紹 IFRS ＋ IT 的基本知識與發展，屬於前述 IT 之資訊技術階段的介紹；第二篇則介紹智慧製造及系統整合的相關技術，以及管理會計的變革，屬於前述 IT 之智慧轉型階段的介紹。第三篇係介紹 IFRS 之 e 化策略規劃、管理控制與作業控制的相關技術與方法；第四篇則介紹商業會計法於中小企業營運管理、帳務管理與經營決策的運用。希冀本書對於企業有所助益而順利營運。

蔡文賢

2021 年 8 月

作者簡歷

作者：藍淑慧 顧問

McFis Business Management Consulting INC./President
啟創企業管理顧問股份有限公司 / 總經理
CONSTANTINUS INTERNATIONAL THE GLOBAL
MANAGEMENT CONSULTING AWARD for McFis in 2011
McFis 創辦人藍淑慧 2011 年
~~ 榮獲全球管理顧問獎 ~~

主要學歷：
National Central University, Department of Business Administration, Doctor of Philosophy
國立中央大學，企業管理學系，管理學博士（2016~2019）
University of North Alabama MBA 美國州立北阿拉巴馬大學 MBA
Tamkang University 淡江大學工商管理學系 商學士

顧問師證照：企業經營管理顧問師 / CMC 國際經營管理顧問師

作者的實務經歷：年資 30 餘年

專長：
熟悉製造業跨部門作業流程，熟練財會內部作業及電腦化推動；擁有經營分析、流程改善、進行有效整頓、企業利潤極大化專案的歷練；參與決策規劃及執行經驗。

- 松澤集團（深圳）：財務處及稽核室處長（美商）
- 台達電子：財務部副理（年資近 10 年）
  母公司廠區成本會計課課長、外派海內外子公司財務部最高主管，專業領域由專精成本會計至一般會計及資金管理與股務
- 仁寶電腦：生管助管師

2011 年 McFis 榮獲 ICMCI 頒發：全球管理顧問獎
Francesco D'Aprile Vice Chair
Ilse Ennsfellner Vice Chair 共同頒發給藍淑慧顧問

作者簡歷

作者：蔡文賢 教授

現職：國立中央大學企管系暨會計所特聘教授

學歷：
- 國立台灣科技大學工業管理博士
- 國立台灣大學商學研究所商學碩士
- 國立清華大學工業工程碩士
- 國立清華大學工業工程學士

專長領域：

IFRS、ERP 會計模組、ERP 績效衡量、作業成本制（Activity-Based Costing）、管理會計、財務管理

資格：
- SAP 公司認證合格之 FI 模組專業顧問（民國 89 年）
- 資策會資訊系統分析專業人員能力鑑定測試合格（民國 76 年）
- 高考建設人員工業工程科考試及格（民國 72 年）
- 高考企業管理人員考試及格（民國 70 年）

學術榮譽：
- 美國 Fulbright Scholar
- 教育部公費留學考博士後研究類通過
- 國科會（科技部）甲種獎助六次
- 教育部第一屆教育行政研究發展獎勵優等獎（民國 86 年）
- 國立中央大學研究傑出獎（民國 98~101 年）
- 國立中央大學特聘教授獎（民國 102~110 年）
- 國際 SCI 傑出期刊 Decision Support Systems 副編輯
- 國際 SSCI 期刊 Sustainability 編輯委員暨特刊編輯
- 國際 SCI 期刊 Energies 編輯委員暨特刊編輯

學術著作：
1. 著有知名之中英文學術期刊、專書論文與研討會論文兩百餘篇。
2. 『進階 ERP 企業資源規劃會計模組』，前程文化事業有限公司，台北，民國 95 年 5 月。（蔡文賢、范懿文、簡世文合著）（ISBN: 986-7239-22-9）
3. 『企業資源規劃導論 -- 暨台灣精選個案』，普林斯頓國際有限公司，台北五股，民國 97 年 4 月。（蔡文賢編譯）（ISBN: 978-986-7097 -88-0）
4. 『成本控制（Controlling）模組』，國立中央大學管理學院 ERP 中心著『ERP 企業資源規劃導論』之第 8 章，第五版，碁峯資訊股份有限公司，台北，民國 104 年。（ISBN: 978-986-347-440-1）
5. 『財務會計模組之關鍵績效指標』，國立中央大學管理學院 ERP 中心著『商業智慧與大數據分析』之第 8 章，第三版，滄海書局，台中，民國 106 年。（ISBN: 978-986-363-039-5）
6. "Project Management Accounting Using Activity-Based Costing Approach," in Hossein Bidgoli（ed.），The Handbook of Technology Management, Volume 1, John Wiley & Sons, Inc., pp.469-488.（ISBN: 978-0-470-24947-5）

本書導讀

本書共分為四篇：

- 第一篇（第 1 章～第 2 章）認識 IFRS ＋ IT 及其發展
- 第二篇（第 3 章～第 4 章）智慧製造與系統整合概論和管理會計變革
- 第三篇（第 5 章～第 7 章）ERP 系統導入 IFRS 的 e 化步序
- 第四篇（第 8 章～第 10 章）商業會計法與經營管理

第 1 章　IFRS ＋ IT 在 ERP 的運用

提供基本的會計與 ERP 知識，引導讀者後續相關 IFRS 法令與 ERP 系統化的運用。簡述 IFRS 8 營運部門及 IFRS 10 合併財務報表的功能、實務 ERP 的運用與整個組織架構有關、及 IFRS 8 與成本會計有密切相關性。IFRS 13 公允價值衡量提供企業內外部風險及在 ERP 系統的運用。提供簡易的會計每月結帳模擬、ERP 系統規劃與運用的基本知識。「IFRS ＋ IT」整合知識，提供初學者同時具有「會計」及「ERP」基本的概念。

第 2 章　IFRS ＋ IT 的發展

因應科技快速發展，智慧製造及各行各業產業鏈整合已是趨勢所在，台灣具備完整的產業聚落，是難得的契機。本章提供讀者認識工業 4.0 演進、台灣近 40 年自動化的發展、認識 IT 促成企業的轉型、數位轉型的運用、認識工業 5.0 及剖析「產業鏈整合商機」。本章也介紹國內外 ERP 系統、產學 e 化平台及運用「台灣智造 e 化發展藍圖」擘劃智慧製造及產業鏈整合架構。

第 3 章　智慧製造及系統整合基本概論

認識智慧製造、AIoT、CPS、IoT、AI 及 5G；運用台灣首座智慧工廠個案進行趨勢分析、剖析成功關鍵因素、異業聯盟發揮整合效益。實現智慧製造必須認識 MES 的功能與多系統整合特性，即時資訊是關鍵所在，MES ＋ ERP 整合是重要的議題，由認識 MES、自動資料採集、整合功能別的子系統、運用科技工具發揮戰略模擬、與生產可視化工序作業、及橫縱向整合資訊技術；共用資訊、製造資源即時自動連結，是智慧製造關鍵所在。營運層的全面感知資料即時收集、MES 平台可靠傳輸即時資料反饋

到 ERP 系統、及發揮雲端智慧運算是提供模擬「智慧製造的 MES 整合系統架構」。

第 4 章　智慧製造與管理會計變革

認識智慧製造的應用與剖析成本結構的變革，ERP 即時資訊來自 OT 營運層＋ IT 管理層系統整合效益。由認識傳統 ABC 在 ERP 系統，及整合科技發展，至創新 ABSC 理論並運用在智慧工廠。認識即時成本結合 MES 與 ERP 系統的 ABSC，運用智慧製造營運藍圖，整合 Big Data 戰略、及 ABSC 決策模式，模擬企業利潤最大化的目標模式，可被有效規劃在集團績效組織架構。剖析智慧工廠即時資料傳輸架構，實現 ABSC 即時成本結帳作業。個案研究有助於讀者充分熟練 IFRS 8 營運部門法令的運用、熟練事業層級規劃模式及完整預估（費用式）損益表的演練。最後介紹，認識科技如何帶動管理會計的變革。

第 5 章　IFRS 之 e 化策略規劃

介紹 IFRS ＋ IT 企業經營管理會計架構及認識集團企業與 ERP。IFRS 法令系統化的 e 化步序是由上而下的作業模式，由高階決策的策略規劃，至中階主管的管理控制，至基層作業的 e 化執行；運用 IT 用語說明，由非結構化至半結構化至結構化作業。建立經營者的思維，由目標策略至角色扮演，建構企業經營管理展開作業。介紹營運政策的範疇展開至公司層級、事業層級、及功能層級的策略規劃。介紹 IFRS 10 合併財務報表及 IFRS 8 營運部門，分別對集團組織及集團績效組織的法令要求及運用；運用實務作業說明，有助於讀者對法令的運用有具體的瞭解。介紹功能層級的會計政策緊密結合營運政策及清楚闡述所謂策略規劃的步序。

第 6 章　IFRS 之 e 化管理控制

功能層級的策略規劃分為產、銷、人、發、財、資，本章以「IFRS 會計政策」為主軸，由中階管理者整合經營決策，以管理為出發點，思考企業作業流程、組織、系統等整合。集團會計政策至剖析單一公司的會計制度之 e 化整合範圍。說明 IFRS 10 集團組織與執行，至單一公司組織規劃及運用，包含成本結帳關聯圖、認識功能式組織、內部作業流程與控制和權限簽核整合、總預算結構圖剖析預算整體架構與績效評估、及公允價值評估。

第 7 章　IFRS 之 e 化作業控制

　　介紹 ERP 系統的設計與使用，ERP 系統組成要素，包含組織結構、主檔資料、交易資料及表格資料。認識集團組織資訊系統化，分為集團使用同一套 ERP 系統或非使用同一套的差異作業，及認識集團績效組織的 ERP 作業。深化至單一公司資訊系統化，包含建立會計制度、認識組織與會計作業、管理會計與 ERP 系統、製造業的成本會計與運用（包含成本作業注意事項、建立成本制度、每月成本結帳作業步序、成本結構分析說明、成本會計的任務、製造費用相關作業、認識吸納成本與變動成本、標準成本制、責任會計、年度預算編製、及內部控制）。

第 8 章　商業會計法與中小企業的營運管理

　　認識台灣中小企業及商業會計法，運用法令認識風險管理、介紹風險評估模式及認識公允價值與運用。企業風險對照表，整合會計項目、商業會計法、及說明企業的風險。介紹經營者認識企業規模及對應管理深度，以利瞭解企業經營的定位。經營者應該具備的管理知識，包含建立數字管理能力、認識會計基礎、如何善用會計專才及創造會計人員價值、認識預算、認識資金管理、認識資訊系統的應用、及強化會計系統功能（包含異常的帳務追蹤、預算管理及利潤中心管理）。

第 9 章　商業會計法與帳務管理

　　運用商業會計法認識會計作業，認識會計人員平日的作業、設計簡易會計制度（包含零用金、暫付款制度）及實務作業、薪資作業及實務舉例、應收帳款及帳務說明、說明會計專業的調整分錄、實務作業、及會計結帳（包含成本會計）作業，有助於中小企業自行建立每個月的會計帳務管理。

第 10 章　經營決策能力與商業會計法的運用

　　介紹中小企業在有限的資源的環境下，經營者應該具備基本經營知識，活用財務資訊提升企業經營能力。由認識企業永續經營條件、經營者的任務、至企業的發展策略。善用財務報表（包含損益表、資產負債表及現金流量表的功能），運用財務報表「垂直」或「水平」分析技巧，洞察企業的情報流。認識綜合損益表分為「費用功能法」及「費用性質法」的運用。剖析功能式損益表結構，瞭解「固定」與「變動」成本的剖析。成本結構

剖析及運用是經營者進行決策分析很重要內部情報資訊，及被運用在利潤極大化的經營決策。績效評估規劃與執行圖、及彈性預算的運用，都是企業經營過程的秘密武器。資產及負債項目定期評估企業內部及外部風險是必要，認識產品定價策略也是經營者必備條件。

CONTENTS
目錄

03 智慧製造與系統整合基本概論

04 智慧製造與管理會計變革

05 IFRS之e化策略規劃

06 IFRS之e化管理控制

07 IFRS之e化作業控制

08 商業會計法與中小企業的營運管理

09 商業會計法與帳務管理

10 經營決策能力與商業會計法的運用

A 附錄

IFRS＋IT在ERP的運用

學習目標

☑ IFRS ＋ IT 的緣由與運用

☑ ERP 系統的整合概念

☑ ERP 系統規劃與運用

☑ ERP 系統處理之會計作業與分析

☑ 集團組織 ERP 系統規劃

☑ IFRS 10 合併財務報表與 ERP 作業

☑ IFRS 8 營運部門與 ERP 作業

☑ IFRS 13 公允價值衡量與 ERP 運用

　　國際財務報導準則（International Financial Reporting Standards，簡稱 IFRS）提供了世界上最值得信賴的全球會計語言，在台灣，所有上市櫃公司自 2013 年起必須遵守 IFRS 的法令，要求各公司的財務報表可以準確判斷企業之營運狀況及風險。企業資源規劃（Enterprise Resource Planning，簡稱 ERP）系統的功能跨越組織、績效、流程、控制等企業環境全面性的大整合；「IFRS ＋ IT」運用 IFRS 法令引導經營者建立營運政策的思維，展開至公司或集團的會計政策並編制相關的會計制度及 IFRS 法令融入 ERP 系統化。本章特別為非會計人介紹簡易的基本會計知識，也為讀者說明基本 ERP 概論，本書挑選部分的 IFRS 法令與 ERP 系統之組織設計規劃有絕對的相關性，及有關企業營運風險為主。本章議題分為 1-1 IFRS ＋ IT 緣由與運用，1-2 推動 IFRS ＋ IT 的重要性，1-3 認識會計及處理的基本概念，1-4 ERP 概論，1-5 ERP 系統的整合概念，1-6 ERP 系統規劃與運用，1-7 ERP 系統處理之會計作業與分析，1-8 集團組織 ERP 系統規劃，1-9 IFRS 13 公允價值衡量與 ERP 運用，1-10 結語。

1-1　IFRS ＋ IT 緣由與運用

　　2010 年作者接受軟體業的邀約，展開 IFRS 的研究與理解 ERP 系統的關聯性，因為輔導 IFRS 及應用在 ERP 系統的開發，與軟體業者共同發展出「IFRS ＋ IT」的概念。

　　IFRS 是一個涵蓋不同主題的全球會計框架，為全世界提供高質量的會計準則；總部「國際會計準則理事會（International Accounting Standards Board，簡稱 IASB）」設在倫敦。目前，世界各地 120 多個國家已實施或發佈 IFRS，已經廣泛的受到關注，例如：2012 年 G20、2015 年的歐盟委員會、2016 年的澳大利亞和韓國，以及所有上市公司的 146 個司法管轄區。在台灣，金融監督管理委員會（Financial Supervisory Commission，簡稱 FSC）宣佈要求所有上市櫃公司自 2013 年起必須遵守 IFRS 的法令。IFRS 提供了世界上最值得信賴的全球會計語言，其優點是使用公司的財務報表可準確判斷企業之營運狀況及風險，有助於投資者的判斷和企業即時有效的制定決策與管理。全球企業的財務結果和狀況使用相同的準則來完成其報告；因此許多上市櫃公司的財務報表也可以很容易的被比較。

1. 認識 IFRS：國際財務報導準則的基本特色包括採原則基礎（Principle-based）之基本精神、著重公允價值評價、建立財務報表具有預測上之新價值、重視獲利與風險之財務資訊、強調管理資訊揭露、以母公司與其子公司之合併財務報表為主、及採取功能性貨幣等特色，也能促成企業經營步上正軌、提高企業競爭力而能走向永續經營的境地。

   IASB國際會計準則理事會所發布之準則及解釋IFRS的組成如下所示：

   (1) IFRS 國際財務報導準則（International Financial Reporting Standards）

   (2) IAS 國際會計準則（International Accounting Standards）

   (3) SIC 常務解釋委員會解釋（Interpretations by Standing Interpretation Committee on IAS）

   (4) IFRIC 國際財務報導解釋委員會解釋（Interpretations by International Financial Reporting Interpretation Committee on IFRS）

2. 台灣推動 IFRS 的理由：由於過去美國會計準則最具權威性，許多國家均遵循美國的會計準則 GAAP（Generally Accepted Accounting Principles）採取「規則基礎（Rule-based）」的方式來訂定該國的會計準則，台灣的 ROC GAAP 也是遵循 US GAAP 而制定，對於各項會計處理之適用條件及方法作非常詳細的規範。然而，美國 2001 年安隆事件、及 2008 年雷曼兄弟造成的金融風暴，一連發生的財務弊案讓世人體悟到，以規則基礎為主的 US GAAP 無法偵測企業運用資產負債表之外的交易來隱藏財報不實的情況，因而使得 IFRS 受到重視。

   IFRS採「原則基礎」僅規範經濟實質的會計處理原則，不訂定細部之規則，而允許使用會計專業的判斷。金管會證期局於IFRS專區網頁敘明：「資本市場之全球化已是一股不可擋之潮流，鑑於國內許多大型之上市（櫃）公司均已前往國外交易所掛牌交易，或於國外發行可轉換公司債以募集資金，相關財務資訊之編製及揭露均須符合當地規定；且考量國際間之商業交易日趨頻繁，國內企業設置海外子公司之情形亦漸普遍。國內企業之會計資訊與國際規定一致，將可節省企業編製相關財務報表之成本，有助於企業之國際化，並利於吸引外資投資國內企業，故為提升全球競爭力，台灣乃致力於建構與國際接軌的資訊公開制度，並推動IFRS與國際接軌。」

3. 台灣分三個階段推動 IFRS：台灣上市櫃公司於 2013 年開始採行 IFRS，及公開發行公司於 2015 年開始實施，取代原來的 ROC GAAP，進行會計處理與編製對外發布之財務報表；而非公開發行公司的所有中小型企業則自 2016 年開

始適用因應 IFRS 修正發布之「商業會計法（附錄 A-1）」與「商業會計處理準則（附錄 A-2）」及其相關之「企業會計準則公報」。如表 1-1 所示：

表 1-1　台灣實施 IFRS 的年度及對象

階段	實施年度	執行對象
第一階段	2013 年	上市櫃公司、興櫃公司
第二階段	2015 年	非上市上櫃及興櫃之公開發行公司
第三階段	2016 年	所有中小型企業，採用因應 IFRS 修正之商業會計法及商業會計處理準則。

4. IFRS ＋ IT 的意義：IFRS 引導會計思維的變革，運用電腦科學和通訊技術來設計、開發、安裝和遵循 IFRS 法令之資訊系統，以協助企業執行經營管理相關之策略規劃、管理控制及 e 化作業。會計本質上脫離不了管理，管理作業規劃得宜，確實落實在會計作業上，不但會計運作可得到簡化，會計將成為管理上最佳的工具。

資訊的功能不再只是計算等小問題了，應跨越組織、績效、流程、控制等企業環境全面性的大整合。換言之，資訊系統應以管理為中心的資訊整合作業；其中 ERP 的系統範圍很大，包含公司的各方位管理，以經營管理及會計、成本的角度來看，無可諱言的 "會計" 與 "成本" 是 ERP 的核心。運用 ERP 系統目的是建立一套合適的會計制度或資訊系統，確保企業資訊完整記錄、監督控制、協調配合、及整體規畫的不二法門，也是公司治理最重要的基礎建設。只要公司能完成會計運作（含成本）大概整個 ERP 作業也差不多完成七成了。企業環境裡，將企業管理整合於資訊系統化；運用系統有成的企業可達到整合的乘數效應。

1-2　推動 IFRS ＋ IT 的重要性

全球在工業 4.0 的浪潮下，各國摩拳擦掌爭先成為全球科技的領頭羊。工業 4.0 時代是萬物互聯整合的概念，台灣具備完整產業鏈聚落的優勢，即時的資訊整合已成為必要的趨勢所在，也將帶動各產業的中小企業的成長。換言之，各產業鏈的各大、中、小企業皆具備即時資訊的能力，是指各產業鏈的每一家企業必須具備 IT 的基本條件，隨時可以進行跨企業資訊的交換或整合。ERP 系統整合企業內部的所有功能別的部門資訊，所有上

市櫃公司或中小企業被要求遵守 IFRS 法令或商業會計法等，落實 IFRS 法令融入 ERP 系統作業。「IFRS ＋ IT」是趨勢所在，不但是所有企業必須具備 ERP 的基本功，也將因應工業 4.0 系統大整合時代來臨。

　　e 化教育的重要性與普及是推升台灣成為科技島必經之路。第一階段，台灣的會計人也應該具備 IFRS 法令系統化的溝通能力及熟練 ERP 系統的運作；IFRS ＋ IT 的整合知識，提供現代會計人的會計技術能力。第二階段，在工業 4.0 的環境下，各產業鏈的興起，各行各業的管理會計人也將迎接工業 4.0 時代的系統大整合的挑戰。第一階段的 IFRS ＋ IT 說明如下：

1. IFRS ＋ IT 會計技術的新時代：運用 IFRS 法令引導至公司的營運政策展開至相關制度，各行各業的 ERP 系統也必須遵循 IFRS 相關法令的要求；換言之，「IFRS ＋ IT」重視經營者營運政策的思維，展開至公司或集團的會計政策並編制相關的會計制度及 IFRS 法令系統化；以 IT 用語，就是由管理當局制定營運政策的「非結構化」作業；展開至各部門制定功能別的制度，屬於「半結構化」作業；所有功能別的制度系統化，我們稱之為「結構化」 的 e 化作業模式。

2. IFRS ＋ IT 的精神：IFRS 對會計人員的要求是「所有交易都將回歸經濟實質的判斷，財會人員應瞭解企業內外部交易的全貌及參與前端作業」；是指企業的營業活動落實在 ERP 系統，財會人員也應參與 ERP 系統的規劃及熟練整體系統作業；各部門的營業活動系統化，定期的財務報表確實反應企業經營的成果。不可否認，IFRS 變革，喚醒會計人員思維應該重視管理會計。「IFRS ＋ IT」推升會計人的價值可發揮所長，成為台灣各行各業經營者的好幫手，建立企業內部有效之資訊流，提高企業整體的管理效率；共同創造台灣企業的競爭力。

3. ERP 系統的普及化：各行各業活動力的差異，使用的 ERP 系統也不盡相同，不同的產業遵循的法令也有差異；即使相同的行業，因為企業規模及管理方式不同，在選擇或使用 ERP 系統作業也有落差。在工業 3.0 時代，昂貴的國外 ERP 系統只有大型企業才負擔得起；隨著科技的進步、ERP 系統的成熟、及國內軟體業陸續開發出各行各業的 ERP 軟體、也開發雲端的 ERP 系統，企業不需支付硬體設施，使用的方便性及採取租賃方式，中小企業使用 ERP 系統已經不是一件難事。

4. IFRS ＋ IT 的特色：具備整體性的知識，不但提供經營者的基本經營知識，也運用 e 化步序模式將 IFRS 融入 ERP 系統。在工業 4.0 時代，藉由 ERP 系統

取得精確即時的經營資訊及加入產業鏈的整合，是中小企業難得的商機；同時，變化多端的市場，經營者也可運用 ERP 系統即時獲取相關資料，將有助於企業內部隨時進行有效準確的決策與管理。另外，資訊業者也應通盤了解 IFRS 法令的精神及意義，融入系統的開發，創造軟體業的價值，成為經營者不可或缺的經營資訊的最佳工具。

5. IFRS ＋ IT 本書的介紹：本書是一本經營管理的架構書，可被廣泛運用在所有的產業，實務面的作業可比照本書的相關章節進行比較或依序參考及設計。部分 IFRS 法令可能被限制使用在某些的行業，有些 IFRS 法令是影響到所有企業都有相關性。本書特別挑選部分的 IFRS 法令與各行各業的 ERP 系統的組織設計規劃有絕對的相關性，及每家公司都有關的營運風險之法令為主，所以，本書選擇的 IFRS 法令有三：IFRS 10 合併財務報表、IFRS 8 營運部門，及 IFRS 13 公允價值衡量。IFRS 10 著重在集團的合併報表，集團內部 ERP 系統使用差異，其因應作業也不相同。IFRS 8 營運部門，一般企業用語稱之為「事業部」或者是「事業群」的概念，與成本會計作業息息相關。IFRS 13 公允價值衡量，在 ERP 系統規劃上也必須將企業內外部風險系統化，隨時可評估企業潛在的營運風險，例：匯兌損益等，如表 1-2 IFRS ＋ IT 融入 ERP 的設計及運用表所示，說明本書的 IFRS ＋ IT 運用相關 IFRS 法令結合 ERP 系統的設計及運用。本書在第 5 章～第 7 章也有完整詳述企業推動 ERP 系統過程的 e 化步序。

表 1-2　IFRS ＋ IT 融入 ERP 的設計及運用表

	IFRS 8 營運部門	IFRS 10 合併財務報表	IFRS 13 公允價值衡量
功能	各事業部（群）的績效評估	母公司編制集團的合併報表可規避財務報表的不實，避免類似安隆、雷曼兄弟等相關事件的發生	隨時可評估企業面臨內部及外部的營運風險
ERP 系統作業	1. 與 ERP 系統整個組織架構有關 2. IFRS 8 與成本會計有密不可分的關聯性 3. 同一集團共用同一套系統與各公司自有 ERP 系統其作業方式是不一樣的		增加欄位運用，可以隨時比較帳面金額及市場價值，即可獲得「未實現損益」

6. 創業者必備 IFRS ＋ IT 的經營知識：根據經濟部統計，民眾創業貸款一年內倒閉者高達九成，五年內創業失敗者更是高達 99%，因此，加強培育創業貸款的中小企業經營者的經營能力刻不容緩，主要原因經營者的財務會計能力不足。本書的第 8 章～第 10 章商業會計法與中小企業的營運管理，特別為中小企業

經營者及即將創業者提供完整的企業經營管理的知識，運用實務面結合商業會計法及商業會計處理準則之法令，有步驟的進行說明，閱讀本書過程中，可同時參考「商業會計法（附錄 A-1）」及「商業會計處理準則（附錄 A-2）」的完整條文，有助於讀者可融會貫通整個條文內容及運用，加深認識財務報表及有效運用數字進行企業內部的管理，是企業經營者應該具備的基本經營知識。

1-3 認識會計及處理的基本概念

本章節提供給非會計背景的讀者，對會計有基本的認識。

會計學是因應社會、組織、經濟需要而產生的一門社會科學。學術界與實務界將會計活動應該遵循的一系列基本觀念、假設、處理原則發展成一套有系統的會計理論。基本上，會計係將組織的所有交易活動以財務的方式忠實地記錄下來，再將會計資料經過適當的處理程序，而產生對資料使用者有用的會計資訊，據以進行審慎的判斷與決策。所以，美國會計學會（American Accounting Association，簡稱為 AAA）將會計學定義為：

「會計是對經濟資料加以確認、衡量、記錄、分類、彙總、報導、分析、溝通與解釋的程序，協助資料使用者做審慎的判斷及決策。」

美國會計師協會（American Institute of Certified Public Accountants，簡稱為 AICPA）則將會計學定義為：

「會計是一項服務性活動，旨在提供經濟個體的數量化財務資料給使用者，以便使用者藉此資料制訂明智的決策。」

所有的企業組織都必須設計一套完善的會計制度來衡量、記錄、蒐集組織各項營運活動資料，以滿足企業內外部使用者的會計資訊需求。內部使用者的需求，是以內部管理會計的觀點來提供管理報表，而外部使用者的需求，則是以財務會計的觀點來編製對外發布之財務報表。

1-3-1 認識財務報表

財務會計主要的四種財務報表如表 1-3 所示，其中每期的「資產負債表」及「綜合損益表」的變動，來自於當期會計人員製作的所有交易分錄。

「權益變動表」通常每季或每年製作。「現金流量表」表達企業某一段期間之營業活動、投資活動與籌資活動所影響的現金流出與流入的情況，亦表達企業如何由期初的現金餘額轉變為期末的現金餘額。「權益變動表」及「現金流量表」作業是會計結帳後，依據每一會計期間的相關資料所編製之作業。相關財務報表的樣本讀者可以運用「公開資訊觀測站 https://mops.twse.com.tw/mops/web/t163sb18」查閱所有上市櫃公司的財務報表分為：資產負債表、綜合損益表、現金流量表、權益變動表及簡明資產負債表、簡明綜合損益表；其中因為會計項目的設計，因此簡明資產負債表及簡明綜合損益表的內容就簡化許多了。

表 1-3　財務報表用途說明彙總表

財務報表	用途說明	來源
資產負債表	係表達企業某一時點的財務狀況	定期所有交易分錄
綜合損益表	係表達企業某一段期間的經營結果是利潤或損失	
權益變動表	係表達企業某一段期間的權益變動情況	結帳後作業，每季或每年編製
現金流量表	表達企業某一段期間之營業活動、投資活動與籌資活動所影響的現金流出與流入的情況	

實務上，現金流量表是很重要的一環，資金管理是公司經營的命脈，是出納人員例行性的作業，必須隨時關注公司內部的資金流入及流出狀況。本書在第 8 章的內容有詳述「認識資金管理」的基本知識。

1-3-2　基本的會計方程式

1. 認識資產負債表：係表達企業某一時點的財務狀況，其基本的格式如圖 1-1 所示，左邊為「資產」，而右邊為「負債」與「權益」，而基本的會計方程式為：資產 ＝ 負債 ＋ 權益。

   資產負債表右邊的「負債」與「權益」代表的是資金來源，「負債」指賒欠貨款或向銀行舉債借款，供應商及銀行就是公司的債權人；「權益」主要有兩項資金來源，一為業主投入的資金，一為每期損益表結算的損益轉入的金額（如圖 1-1 所示，有利潤則權益增加，有損失則權益減少）。每一期的「資產負債表」必須有會計分錄來記載該交易事項，使企業由前期的資產負債表轉變為當期的資產負債表；資產負債表有關的會計項目稱為「永久帳戶」或「實帳戶」。

圖 1-1　資產負債表與損益表基本格式及其間關係

2. 認識損益表：簡單的基本架構係表達企業某一期間的「收入」減「支出（包含費用，成本，稅 ....）」等於「利潤或損失（本期損益）」如圖 1-1 所示，實際狀況是複雜許多。每期損益表結算的損益轉入「資產負債表」的「權益」項下的「本期損益」（合併資產負債表列入「保留盈餘」）。每一期的會計期間，這些與損益表計算有關的收入與費用（成本）會計項目於結帳後將結清為零，稱為「暫時帳戶」或「虛帳戶」。

1-3-3　認識借貸法則及會計分錄作業

　　會計人常說：「有借（Debit，簡記 Dr.）就有貸（Credit，簡記 Cr.）借貸平衡」，是指會計人在製作轉帳傳票時，每一張轉帳傳票的借方及貸方之總計金額一定是相等的（目前 ERP 系統都設定，借貸不平衡是無法儲存到系統的）。會計人員製作每一張的轉帳傳票，表達企業內部或外部的交易事件，相對的，每一張轉帳傳票必有其相關的原始憑證，財會主管就是依據每張轉帳傳票所附上的原始憑證進行傳票的審核作業。

　　我們可以由「資產負債表」及「損益表」結構得知，共有五大分類，分別是資產、負債、權益、收入、及費用（成本）；會計人員製作每一張轉帳傳票的借貸分錄，依據原始憑證作專業的判斷，其範圍都在這五大分類裡面，複雜的是企業為了內部有更準確的帳務管理，因此，「會計項目」由以上所述的「五大分類」再細分多層次的會計項目，例如：流動資產包含銀行存款、應收帳款、存貨等，因為公司開立多個銀行帳戶，所以「銀行存款」的會計項目再細分到「每一個銀行帳戶」的會計項目；還有「應收帳款」的會計項目再細分到「國內應收帳款、國外應收帳款或應收帳款 - 關係人」；同樣的，「存貨」的會計項目也必須細分「原材料、在製品、製成品或商品」的會計項目。

1-3-4 會計每月結帳的作業

　　本小節我們簡單模擬採取「月結帳」的會計作業，如表 1-4 所示，如何由會計分錄至損益表及資產負債表，包含未實現損益的作業方式；提供非會計背景的讀者對會計有基本的認識。讀者也可詳閱本書「第 9 章商業會計法與帳務管理」提供實務「月結帳」的會計作業模式，可以對照模擬實務作業，對於使用者應該有相當大的幫助。

表 1-4　月結制的會計作業模擬

（第一個月）
說明：張三創業，取得創業貸款金額 100 萬，成立張三公司
1. 貸款金額 100 萬元就是張三公司的股本及存入張三公司的銀行帳戶
2. 張三因創設公司，由公司的銀行帳戶，匯出 5 萬元的開辦費，列入當期的營業費用

會計分錄	損益表	資產負債表
1. Dr. 銀行存款 $1,000,000 　　 Cr . 股本　　 $1,000,000 2. Dr. 開辦費　 $50,000 　　 Cr. 銀行存款　 $50,000	收入：　　　　　 $0 支出：　　 $50,000 本期損益 -$50,000	資產：　　　 負債： 銀行存款 $950,000 　　　　　 權益： 　　 股本　 $1,000,000 　　 本期損益 $-50,000 　　 $950,000　　 $950,000

（第二個月）
3. 張三向國外購買 A 商品，1 個成本 /USD100 共 10 個 USD1,000，A 商品立帳當時匯率 　 1US=30NTD，30 天付款
4. 張三銷售 A 商品 3 個，1 個 /NTD5,000，客戶直接匯款至張三公司銀行帳戶
5. 期末張三依據公允價值評估匯兌損益，當時匯率 1US=29NTD（備註 1）

會計分錄	綜合損益表	資產負債表
3. Dr. 商品存貨 $30,000 　　 Cr. 國外應付帳款　 $30,000 　　（摘要：USD1,000*30） 4. Dr . 銀行存款 $15,000 　　 Cr. 銷貨收入　　 $15,000 　　（摘要：NTD5,000*3） 　 Dr . 銷貨成本 $9,000 　　 Cr 商品存貨　　 $9,000 　　（摘要：USD100*30*3） 5. Dr. AP 未實現匯兌 $1,000 　　 Cr. 未實現匯兌　 $1,000 　　（摘要：USD1,000*(30-29)）	收入： 銷貨收入　　 $15,000 支出： 銷貨成本　　 $9,000 本期損益　　 $6,000 其他綜合損益： 未實現 - 匯兌 $1,000 本期綜合損益 $7,000	資產：　 負債： 銀行存款 $965,000 商品存貨 $21,000 　　 國外應付帳款　 $30,000 　　 AP 未實現匯兌 $-1,000 　　 權益： 　　 股本　　 $1,000,000 　　 累計損益　　 $-50,000 　　 本期損益　　 $6,000 　　 未實現 - 匯兌　 $1,000 　　 $986,000　　 $986,000

（第三個月）

6. 上一期預估「未實現 - 匯兌」實務作業，在次月的月初立即製作迴轉分錄（備註 2）；當實際外幣付款時，帳面金額與實際匯兌損益列入當期的「營業外收入或支出」
7. 張三支付 USD1,000 貨款給國外廠商，用銀行存款兌換美金及匯款，當時匯率 1US ＝ 29.5NTD

會計分錄	損益表	資產負債表
6. Dr. 未實現匯兌　　$1,000 　　Cr. AP 未實現匯兌　$1,000 　　（迴轉前一個月的： 　　USD1,000*(30-29)） 7. Dr. 國外應付帳款 $30,000 　　Cr. 銀行存款　　　$29,500 　　Cr. 匯兌收入　　　　$500	收入： 銷貨收入　　　$0 支出： 本期利益　　　$0 業外收支： 匯兌收入　　$500 ———————— 本期淨利：$500	資產：　　　負債： 銀行存款 $935,500 商品存貨 $21,000 　　　　　權益： 　　　　　股本　$1,000,000 　　　　　累計損益 $-44,000 　　　　　本期損益　　$500 ————　———— $956,500　　$956,500

（備註 1）未實現損益的作業方式，對應企業的相關風險。
（備註 2）會計月底未實現損益的作業及次月立即的迴轉分錄，以利會計帳務維持原來的立帳資訊，直到實現匯兌損益為止。

1-4 ERP 概論

　　ERP 系統是工具，不是一般人所能想像的，只要能告訴資訊設計者需要什麼？就能幫忙完成什麼；真正資訊的價值在於工具的運作，不應該將資訊功能過度放大；因為，不同的產業管理作業有差別，即使相同的產業不同公司其管理作業也不一定會相同。

　　ERP 系統考慮很多的管理及整合要素，不但各公司的管理認知及深度不見得相同，可能還夾雜著各公司的企業文化，所以各企業的 ERP 系統運用一定會有所差異。美國 Gartner Group 於 1990 年代首先提出 ERP 概念一詞，於 1995 年為 ERP 軟體或 ERP 套裝軟體（Packages）提出定義：「ERP 是對企業整體經營資源作最有計畫與效率的應用」確保 ERP 系統達成效率，企業全部作業流程整合到單一系統。美國 APICS（American Production and Inventory Control Society）於 2002 年提出 ERP 企業資源規劃定義：「企業資源規劃系統乃是財務會計導向（Accounting-Oriented）的資訊系統，其主要的功能為了將企業用來滿足顧客訂單所需的資源（涵

蓋了採購、生產與配銷運籌作業所需的資源）進行有效的整合與規劃，以擴大整體經營績效、降低成本」。會計資訊在 ERP 系統扮演重要的整合角色，是相關資料都匯入會計模組中，其功能有二：一為加速流程的進行，另一則為提供決策資源所需的資訊。ERP 是依據功能、部門、地區及整合企業資訊，其作用將跨功能流程緊密的整合，包括改善工作流程（Workflow）、企業實務（Practices）的標準化、改善訂單管理、正確的存貨、和較佳的供應鏈管理。ERP 將企業內部之生產、銷售、人事管理、研究發展、財務管理及其他相關作業之流程串聯，企業資源得以有效控管與確保，以提升企業競爭優勢。換言之，ERP 的價值就是將企業的內部流程予以組織化、定義化與標準化的基礎架構，用來有效的規劃與控制企業內部資源；也可以利用跨越全世界的網際網路加以連結，達到資源分享並支援其應用模組使用，以符合其策略、組織特性、及企業文化，達到效益最佳化。ERP 不僅能提供國內營運所需的相關資料，還可提供集團企業的相關資訊整合。ERP 系統可稱之為「企業資源規劃」系統，不論是製造業或是服務業甚至是其他的產業都是可適用的，ERP 涵義說明如下：

- ☑ E（Enterprise）－公司、事業體、企業集團、跨國連鎖；
- ☑ R（Resource）－營業、生產、資材、採購、研發、投資、財務、會計成本等；
- ☑ P（Planning）－計劃、整合、資訊、通信網路等。

　　ERP 整體規劃是整合所有管理高難度的作業，必須涉及很多單位，很多的溝通、及協調事項，影響企業整個運作體系。企業規劃一套 ERP 時，最好有相當的心理準備，同時也要想好，應該依據公司產業別、規模及發展挑選合適的 ERP 系統，不是盲目的去找一個大而不當到處是管制綁手綁腳的系統；應該從公司實務運作面去下功夫、改進制度、建立內部控制八大循環並落實執行，然後踏實的去導入系統，相信這個系統不但可以符合實際需求，且可長可久，將來的維護也一定會很方便。

　　一套完整有效的 ERP 系統，必須由一個軟體系統作全面性完整的規劃與設計，才可充分發揮其效果。ERP 系統需要以組織為根本來設計，其精神重在流程、管理及績效制度，只要組織定位清楚、流程及管理制度完整了，要上 ERP 就不難。完整的 ERP 系統架構必須涵蓋公司的各項資源運作；因為各企業狀況不一，所以必須依據企業的真實需求及運作訂定合適完整架構的 ERP 系統，如流通、資材、生產作業（如果採購作業又包含外

購、外包，作業恐怕就不簡單了）或利潤中心績效評估作業等。ERP 系統必須與企業經營的活動力緊密作結合，經由 ERP 系統充分有效運用，其成功機會才會高。另一方面，ERP 最難的地方是數量與金額的結合，這些結合的過程要經過很多的分割、結轉，最後由成本會計整合出來，其複雜的程度並不簡單，不可諱言的成本會計幾乎是整個 ERP 成敗的關鍵。

企業如果真有心於 ERP 的運作，對成本會計一定要下功夫，成本會計本身就是一個整合；成本的專業必須緊密結合經營者的思維與企業各部門實際的營運作業，將成本要素有關的各項資源拉出來，有系統的歸類、整理，並將這些資料加以分攤至各產品項內，在這整個分攤過程中，一切與現場作業有關的運作都可能成為分攤上的參考依據，也有助於經營活動過程可合理的納入 ERP 系統。

1-5 ERP 系統的整合概念

ERP 整體運作順暢過程是一個 P.D.C.A.（Plan、Do、Check、Action）的循環作業，ERP 體系很大，作業時間也相當長，溝通及協調作業也很多，有時還須追蹤雙軌作業下可能出現的狀況，這種繁瑣雜碎的工作，一般行政體系下的人員是很難去面對的，必須溝通協調 IT 人員，藉由 IT 的專才可達成目標。

1-5-1 ERP 系統與永續經營

一個企業的經營是「永續經營」與 ERP 的長久維護是一體兩面的，系統的維護是一個很大的工程，通常管理作業佔 75% 及資訊作業佔 25% 都是需要維護的，這種維護是屬永久性的，維護過程有相當多現象要列入考慮的；例如，公司管理經常在求新求變必須隨時進行有效率的系統管理維護；台灣各種法令及產業環境也是經常在改變的，外在環境的變化也會影響管理 ERP 系統的改變。另外，ERP 整合的思維涉及作業的修改時，不是單項作業的修正，因為單項作業是整合下一個環節，所以一項作業要修改應做全面性的思考，尤其是涉及資材、生管、成本之連動性作業，只要一有修改，影響的層面會很大，也就是所謂牽一髮而動全身的概念。

ERP 是企業內部作業的溝通平台，可以使企業內部作業一致，視為企業共同的目標，激勵員工，強化員工的控制意識、責任心、榮譽感及提高士氣與服務精神；ERP 溝通平台其最後的功能是有效幫助經營者制定決策及管理。企業內部相關員工對 ERP 系統的應該有基本認知如下：

(1) 員工擔當的職務為何，職務執掌的定義在內部控制作業中所扮演的角色與責任。

(2) 員工職務執掌具備的基本知識，每位執行 ERP 系統的員工應了解其作業之相關的上下流作業（包含：同部門的簽核作業及跨部門的流程作業），一旦有異常事項發生，應注意導致該事項發生之原因。

(3) ERP 系統不但具備企業內部的控制作業也是溝通平台；ERP 系統也延伸連結對外顧客或供應商系統，可隨時輸入極重要的資訊，也是即時溝通的平台。

(4) ERP 系統也可扮演外部利害關係人的即時溝通管道，其對象例如：股東、政府主管機關、證券分析師、會計師、律師及其他提供相關需求的資訊；企業的 ERP 系統在符合 IFRS 法令及企業內部制度的規定，使他們也能即時瞭解企業的現況與風險。

(5) ERP 系統具備企業內部溝通流向，分為向下、向上及橫向三種：①向下溝通就是依各部門的組織架構，管理階層傳達至其直屬的部屬，例如，ERP 系統設定預算目標；②向上溝通指同一部門部屬向其直屬主管的報告，例，ERP 系統設定的各式各樣功能別的權限簽核作業，包含：費用簽核、業務接單的簽核、採購單的簽核等等；③橫向溝通：係指企業內部跨部門平行的溝通作業，例如，八大循環就是具備典型跨部門作業流程的平行部門之溝通作業。

1-6 ERP 系統規劃與運用

ERP 系統是 IT 技術的結晶，將一家公司的制度、標準、流程及控制等所有功能整合在系統裡面，提供企業內部一個共同資料庫的平台，所有營運活動在同一套 ERP 系統執行，跨部門之間的資料也可即時取得及運用。

運用 ERP 系統是一家公司及一個資料庫的概念。一套 ERP 系統也可同時運用在整個集團，集團企業擁有多家法人（子公司），其資料庫劃分，就是依據一家公司及一個資料庫的概念是一樣的；差別是集團需要編製合併財務報表時，同一套 ERP 系統必須增加不同的資料庫，包含：(1) 依據 IFRS 10 合併財務報表，母公司除了有專屬的資料庫之外，還有一個集團的合併報表之整合資料庫；及 (2) IFRS 8 營運部門，有關集團績效組織有多個事業部，每一事業部（群）都有其專屬的資料庫，以執行該事業部相關的合併財務報表。

每一家公司的 ERP 系統的組成要素，包含：組織結構（Organizational Structure）、主檔資料（Master Data）、交易資料（Transaction Data）及表格資料（Table Data）。比較特殊的是，一個集團有多家子公司共用同一套 ERP 系統，母公司為了統一管理，有部分的「主檔資料」是集團內部所有公司共用的（例如：供應商主檔，集團企業的採購政策採取「統購作業」，就選擇「供應商主檔」由母公司統籌控制及管理，相對的其「供應商主檔」的管理就屬於集團作業，非各別法人可以控管。

1-6-1 組織結構

每一家公司開始準備推動 ERP 時，必須清楚制訂企業營運管理的整個組織架構（由多個功能組織所組成），財務長依據功能式損益表的概念，扮演分類各組織合理的費用歸屬包含：製造費用、銷售費用、管理費用、或研發費用。

如果一個集團組織共用一套 ERP 系統，其組織結構就必須區分為 3 類：(1) 集團組織（包含，母公司及所有的子公司）、(2) 集團績效組織（指一個集團，為了營運管理上的需求劃分數個營運部門）及 (3) 各單一公司的組織，如上一小段所述的功能式損益概念。如下也分別說明：

1. 集團組織：每一家公司有一個公司代碼（company code），在 ERP 系統有專屬獨立的資料庫。依據 IFRS 10 合併財務報表的規定，上市櫃公司必須編制集團的合併財務報表，也就是說，母公司有專屬的獨立的資料庫之外，還有另一個資料庫處理集團的合併財務報表。

2. 集團績效組織：是一個集團企業依據內部營運管理上的需求，將集團組織再分成幾個具備可自負盈虧的事業部（或稱，事業群），本書稱之為「集團績效組

織」，上市櫃集團的母公司就必須依據 IFRS 8 營運部門的規定，揭露相關資訊。就集團 ERP 系統的資料庫角度而言，集團績效組織的各事業部專屬的資料庫其擷取的資料皆來自於集團內部相關公司的資料，各自的事業部資料庫再進行合併財務報表的作業。

3. 單一公司組織：無論母公司或各子公司，皆屬於法人的概念，必須是專屬的資料庫。單一公司組織的設計還必須考慮成本會計及一般會計的結帳作業，如何劃分「成本中心」及「費用中心」。如何由「製造部門」劃分至適當的「成本中心」，其每一個成本中心的成本結構，包含：直接材料、直接人工及製造費用，及相關間接部門的製造費用歸屬分攤到相對應的「成本中心」。另外，一般會計的結帳作業，有一部分的費用中心是屬於營業費用，其費用歸屬又分為三類（包含：銷售費用、管理費用、及研發費用）；通常具有規模的公司，其營業費用必須依據各事業部協議及同意，會計再進行分攤的結帳作業。

1-6-2　主檔資料

所有主檔是啟動 ERP 系統必備的資料，也是 ERP 系統的靈魂所在，各部門要花功夫溝通及設計的。任何一套 ERP 套裝軟體系統，在尚未使用之前，必須完整輸入相關的各類主檔資料，是所有模組共用的核心資料被儲存在跨模組的中央系統內。如果有主檔資料不足或分類不清，就會造成操作者無法輸入資料或資料混淆的狀況發生。為了謹慎起見，企業內部會運用申請及授權機制進行各類主檔資料的建置及維護管理。例如：供應商主檔（Vender Master）由採購部門管理、客戶主檔（Customer Master）由業務部門管理、部門主檔（Department Master）由行政部門管理、材料的主檔（Material Master）及物料需求表（Bill of Materials）由研發部門管理，及會計項目主檔（Account Master）由財會部門管理。以上所述得知，各類主檔由各部門依據功能別分工設計各類主檔之各欄位的定義及運用，是決定 ERP 系統推動執行成敗的關鍵所在。每一個主檔的每一個欄位內容項目是決定 ERP 系統操作流程的完整性，主宰了後續的交易資訊、過帳及報表等相關的處理作業；例如，操作者在交易資料輸入某一主檔的其中的一個代碼，理論上，可以自動帶出該項代碼在主檔所有的欄位資料，但因為受限於權限之議題，操作者僅被授權可以看到該職掌需要用到的部分欄位。相對的，如果主檔裡面的欄位設計不足或不當，使用者在 ERP 系統操作時其交易資料及產出之表格資料當然就是不齊全及造成困擾。

舉例 1. 會計項目主檔設計，不但要考慮管理帳的需求，也要考慮後續的相關作業。例如：應付帳款的會計項目再細分為國外應付帳款及國內的應付帳款，甚至還有關係人的應付帳款；另外同樣情形，應收帳款也必須細分國外應收帳款、國內的應收帳款及關係人的應收帳款；其原因就是考慮後續作業有二，(1) 國外應收及應付帳款在每一個會計期間必須評估外幣貨款的匯兌損益，及 (2) 關係人交易資訊必須在年報進行揭露。

舉例 2. 會計項目的運用，必須設計在前端部門使用的模組，例如：SAP-SD/ 銷售與分銷模組，客戶相對應的應收帳款的會計項目已埋至 SD 模組，當進行跨模組作業流程時，會計項目也會自動帶入 FI 模組。

會計項目是企業溝通的語言，財務會計人員也必須扮演宣導及教育的角色，讓前端的使用者了解相關會計項目的意義及使用。

1-6-3 交易資料

單一公司每一會計期間，有專屬的交易主檔，可以區分各部門的費用歸屬，在營運過程，交易資料輸入 ERP 系統時，也必須輸入（或自動帶出）部門別代碼及相關的會計項目。例如：「SAP-FI/ 財務會計模組」整合全公司的內部及外部的交易資料，每一筆交易都必須具備會計項目，是定期編制財務報表的來源。企業所有的營業活動的記錄都在 ERP 系統裡面，每一個模組都有該模組的例行性的作業，每位經手人員依據職掌及授權，經由 ERP 系統管理及控制都被設定擷取主檔或交易資料的相關欄位。所謂內部交易，指企業內部的交易，例如：領料、退料，或在製品移轉作業等，以企業內部庫存移轉的管理或使用的部門費用認列為主。外部交易通常指必須運用金錢的交易方式交換相對等的原物料，或銷售產品獲取相對等的銷售收入。

ERP 系統資料的獲取與相關主檔有絕對關係，在執行各模組的資料時，可以運用輸入代碼，系統就會自動帶出主檔維護的其它欄位資料，例如，領料作業輸入材料編號，可帶出其品名 / 規格；輸入供應商 / 客戶代碼可帶出供應商 / 客戶的相關資料。舉例：「採購及付款循環」作業，採購人員在 SAP-ERP 的「MM/ 物料管理模組」制定採購訂單（Purchase Order，簡稱 PO）時，採購員輸入「材料編號」可以自動帶出「品名及規格」與「單價」，同時輸入「訂購量」系統就自動算出「總價」及對應的

「會計項目」及「供應商付款條件」也自動帶入。供應商依據 PO 進行交貨，及收料人員依據 PO 進行收料、品管部門執行材料品質控管（Incoming Quality Control，簡稱 IQC）作業及確定收料品質無誤才可轉至材料倉庫、倉庫人員進行收料作業後，才啟動將前端模組的資料，拋轉至「FI/ 財務會計模組」進行應付帳款立帳作業，直到付款日，出納完成付款程序，才完成整個交易循環作業。以上交易資料，在 ERP 系統，必須跨越多個模組，才可完成整個「採購及付款循環」的交易作業。另一方面，各部門的經辦人使用 ERP 之螢幕畫面也依據職務及經過授權才可以在 ERP 系統看到相關資料，例如：收料人員只能看到收料所需要的資料即可，依據 PO 內容有：材料編號與品名規格，及採購的數量等資料進行收料程序；金額部分不是收料人員的職掌當然其螢幕畫面就被限制無法看到相關 PO 的金額。因此，在「採購及付款循環」作業只有採購、會計及出納人員職務上有權限才可以看到供應商的付款金額。

1-6-4　表格資料

ERP 系統經由程式設計師，使用者可以輕鬆的依據報表系統查看或列印所需要的報表，通常報表分類有財務報表（包含：資產負債表、損益表、現金流量表等）、及管理報表（包含：各部門的費用報表、各類的銷售分析報表、各有關的會計項目餘額表）。各類報表的設計及資料來源皆來自於主檔資料及交易資料的整合。例如：

1. 資產及負債的餘額表：(1) 原則上，資產及負債的每一會計項目皆有餘額表（除非庫存現金或銀行存款），是屬於「實帳戶」是定期累計的概念。每期期末的餘額表就是下一會計期間的「期初金額」資料。(2) 每一期的交易主檔是沖銷前一期的餘留下來資料，或者本期新增的資料，在 ERP 系統皆有嚴謹立帳及沖銷作業；每期期末的餘額表就是尚未被沖銷的剩餘資料，例如：已購料、驗收入庫及完成應付帳款立帳作業，但尚未付款，期末就列入應付帳款的餘額表裡面。相同的，與客戶交易採取月結收款，當期的交易主檔得知送貨給客戶但尚未收取貨款，期末應收帳款餘額表就會有該客戶的資料及記錄何時可以收到貨款。收款及付款制度系統化使用者就可以隨時在 ERP 系統取得相關資料。

2. 各部門的費用報表：是依據每一期的交易主檔擷取各部門當期的費用類的會計項目，進行各項會計項目統計作業，再進行編制部門別的費用報表；各部門的費用報表設計採取月比較作業，所以通常列印整年度的按月之部門費用報表。

1-7 ERP 系統處理之會計作業與分析

ERP 系統係一個整合性的資訊系統，藉由企業內各功能模組的作業，進行有效的整合，並集中存取提供企業內部使用的相關資料庫。交易資料僅需在交易發生處由交易處理人輸入交易相關資料即可，再透過流程系統化作業，最終將交易資料拋轉至「財務會計模組」。依據會計分錄分類有五：(1) 普通分錄，(2) 調整分錄，(3) 結帳分錄，(4) 更正分錄，及 (5) 回轉分錄，及相關作業說明如下：

1. 平時普通分錄作業：通常是在 ERP 系統，透過跨模組化的部門之間作業流程及完成企業的 ERP 系統之整個交易循環作業。以 SAP-ERP 系統說明，例如：「1-6-3 交易資料」所敘述「採購及付款循環」，廠商送原物料時，收料人員依據 PO 資料，進入「MM/ 物料管理模組」輸入相關資料，IQC 啟動檢驗及確定材料品質無誤，才進入材料倉庫辦理驗收入庫及完成系統作業後，隨即將相關資料拋轉至「FI/ 財務會計模組」，自動產生對應的會計分錄並過帳至相關的分類帳。另外，「銷售及收款循環」由業務部門在「SD/ 銷售與分銷模組」處理客戶訂單，送貨時完成相關資料的輸入，啟動記載分錄及過帳等作業，系統隨即將相關資料拋轉至「FI/ 財務會計模組」，自動產生對應的會計分錄並過帳至相關的分類帳。在 ERP 系統規劃的「FI/ 財務會計模組」資料來源，是來自於前端部門使用的模組；開始使用 ERP 系統時，會計部門已建置完整的會計項目及協助完成前端各模組的事前規劃與設計，並設定各個交易分錄資料輸入的檢查機制與條件。

2. 其它分錄作業：包含調整分錄、結帳分錄、更正分錄、及回轉分錄，是屬於財務會計領域的專業範疇；有些是會計期末作業，如果是每期重覆發生的，可藉由系統設定自動執行或由人工執行部分之調整；例如，固定資產每一個月提列的折舊費用。ERP 系統的結帳工作也包含其它模組的結帳相關工作，例如，成本會計結帳，包含期末的倉庫的庫存及生產線的庫存等。

3. 財務報表及管理報表：在 ERP 整合性的資訊系統之下「FI/ 財務會計模組」定期可以輕易完成結帳作業，即時產生財務報表與各部門的管理報表，也可以提供大量財務資料的分析及比較報表。

4. 會計項目管理及運用：

(1) 資產及負債的會計項目：很多會計項目可透過系統隨時進行沖銷作業，隨時可以在 ERP 系統取得最新的餘額表，是管理上必需花費力氣的，例如：檢視應收帳款，避免呆帳的發生。還有，庫存管理功能，隨時記錄存貨的進出及查閱庫存數，也是管理的重點，避免呆滯庫存拖垮企業的營運。

(2) 費用性質的會計項目：各部門主管也要管控該部門的費用開銷，預算與實際費用比較，也是定期被評估部門績效的作業。

(3) 營業收入性質的會計項目：銷貨收入是企業開源的主要來源，定期比較收入的趨勢是必要的，尤其，多產品在每期的銷貨結構下，各產品銷售的變化，透過會計項目的分類，很容易就可以經由系統立即取得資料及比較。

5. 成本會計的難處：ERP 作業中，成本會計作業是最難之處，產量的高低涉及到單位成本的高低，精確的單位成本結構及合理的相關費用分攤是最難突破的，也是經營者最在意的。成本會計結帳的結果，將涉及「各事業部」或「各部門」的績效評估與利潤分配。成本會計人員應該扮演企業內部的溝通角色，取得經營者和跨部門主管對每一期的成本會計結帳結果的認同。

6. 損益表結構分析：會計部門至少每一個月進行成本會計結帳是必要的，洞察企業整個營運，包含：營業收入至毛利、淨利等；甚至，各產品別的成本結構，如果有異常還可以查詢那個產品出問題，確保企業經營的獲利能力。

7. 執行 ERP 應有的心態：企業如果能將自己公司的 ERP 發展成功，應該對公司未來的發展一定是無可限量的；例如，企業系統的整合能力強，比競爭者先搶得先機，也將會大幅提升企業的競爭力

　　以上作業皆可透過 ERP 系統的規劃及執行，可以即時輕鬆的獲取相關資料，ERP 勢必成為企業經營管理的最佳工具。

1-8 集團組織 ERP 系統規劃

　　即時的資訊系統化，網路貫穿了整個組織內的各事業、部門或地理分佈；管理資訊系統依據企業組織結構、制度及內部控制系統化作業，成為企業內部所有員工的溝通平台。ERP 系統不但執行企業的營運管理、財務報導及遵循法令系統化等相關細節資訊；也依據授權制度建立不同的管理層級、活動以及與外部相關團體之間的溝通系統。

　　現況下很多企業都已發展成國際化企業，這種發展已成為常態；利用 ERP 的資訊及網路連結，運用管理訊息可幫助管理者進行企業管理改善及決策判斷的依據，ERP 系統已成為集團企業不可或缺的管理工具。集團企業資訊系統化，也導入集團資訊的整合，例如 IFRS 10 合併財務報表及 IFRS 8 營運部門，都是集團資訊整合的概念。資訊化作業的思維，帶動管理作業的系統化，最後會省掉很多人工作業，由於資訊化的變更，使得系統的主檔及資料庫的維護是格外的重要，也是要花心思的一門大學問。

1-8-1 IFRS 10 合併財務報表與 ERP 作業

　　集團組織的價值，依據 IFRS 10 合併財務報表的要求，上市櫃屬於母公司應加強整個集團子公司的監督及治理的作業，例如，子公司的投資、融資、避險、租賃、以及購併策略等，母公司都具有影響性。母公司必須以集團合併財務報表為主，個體財務報表為輔，IFRS 10 法令的規定，其目的是規避企業的財務報導不實，例如：國內外之安隆事件、雷曼兄弟及博達科技案等。集團合併應採用一致的會計政策，母公司的合併財務報表包含季報及年報，整合了母公司與可控制子公司之資產、負債、權益、收益、費損、及現金流量等進行合併作業，如同屬單一經濟個體的表達；所有子公司的業績與獲利之情況，都會反映在集團的合併財務報表。

　　同一集團使用相同或不同系統的合併財務報表之編製須處理的議題包括：(1) 集團各公司設定，(2) 集團內母子公司股權從屬關係設定，(3) 集團會計項目設定，(4) 集團與子公司會計項目對照設定，(5) 合併報表匯率設定，(6) 關係人交易設定，(7) 權益類別設定（「歸屬於母公司業主之權益」與「非控制權益」），(8) 集團內合併沖銷分錄的設定 (9) 各子公司不同資

訊系統報導資料之匯入作業，(10) 外幣換算調整，(11) 關係人交易調整，(12) 集團內各公司的會計資訊之交換及匯總，(13) 合併沖銷分錄調整處理，(14) 產生 IFRS 合併財務報表。

1. 集團使用同一套資訊系統

　　各行各業的 ERP 系統必須融入相關 IFRS 法令是趨勢所在。ERP 系統整合一家企業所有的作業流程、即時處理企業所有交易資料，能快速編製內部與外部之會計報告。ERP 系統可針對企業營運循環相關的會計處理，產生內部管理報表與相關各公司的財務報表，最後自動編製符合 IFRS 10 的集團合併財務報表。例如：歐洲自 2005 年即採行 IFRS，SAP 的 ERP 系統已具有 IFRS 所要求的功能，微調 ERP 系統的參數，即可符合要求。ERP 系統具備「流程整合（Process integration）」與「即時處理（Real-time processing）」之兩大特性，可快速編製 IFRS 合併財務報表，即時提供財務與會計資訊。

2. 集團相關會計項目主檔介紹

　　以 SAP 系統為例，多帳本係指 ERP 系統擁有多個會計項目表（Chart of account），供集團企業的每一家公司使用，其最基本的是擁有一個日常作業記帳用的「作業性會計項目表（Operating chart of account）」，與提供編製集團的合併財務報表用的「集團會計項目表（Group chart of account）」。如果集團企業的公司需要依據當地法規的會計項目要求，也可另採用「特定國家會計項目表（Country chart of account）」；如果母子公司所在國家都已採用 IFRS 的話，就沒有採用「特定國家會計項目表」的必要。理想作業，各公司的「作業性會計項目表」與「集團會計項目表」可以整合，成為集團一致的會計語言。

3. 多幣別處理

　　企業個體從事國外交易或營運活動已相當普遍，因此，以外幣交易及擁有國外營運機構（例如子公司或分公司）已成常態。企業個體之外幣交易及投資國外營運機構，其財務報表將牽涉不同貨幣的換算問題。跨國集團之各別企業營運主要經濟環境之「功能性貨幣」與集團內部的「表達貨幣」勢必不同；各別公司及集團合併的會計流程皆需考量不同幣別的作業

流程，資訊系統需有匯率換算的機制及自動轉換的功能，報導個體或集團的合併財務報表皆能迅速產生。

4. 多公司資料處理

對於整合程度較高的 ERP 系統，集團企業的所有母、子公司都可以整合在一個資訊系統平台；不但，各公司各自進行其營業活動的作業流程，而且也可以在同一系統進行編製集團的合併財務報表，如同 IFRS 10 及 IFRS 8 的法令。如果集團企業所有子公司都採用 IFRS，集團企業也確實落實相同的會計政策，及相同的主檔，包含：會計項目、客戶主檔、及供應商主檔等，在相同的內部控制流程、及績效評估機制下，集團整合作業就更加容易，也可以快速編製集團合併財務報表。

5. 集團非使用同一套系統

集團企業的各公司採用不同的資訊系統，理想的方式，可採用專用的套裝資訊系統，其作業模式，可以藉由系統導入、制定標準編制合併財務報表的流程、由系統檢核編制報表的合理性、自動產生關係人交易的對帳單、透過系統快速完成合併，並產出詳盡計算過程與勾稽的工作底稿等，就可快速準確即時的產生集團所需的合併財務報表。

1-8-2　IFRS 8 營運部門與 ERP 作業

IFRS 8 營運部門（Operating Segment）強調管理資訊揭露，換言之，財務會計資訊走向管理會計資訊的功能。

IFRS 8 營運部門之資訊，係以 IFRS 10 集團合併財務報表的基礎，建置各營運部門的獨立資訊；本書討論 IFRS 8 營運部門是由 IFRS 10 合併財務報表的「集團組織」之「公司層級」延伸至「集團績效組織」之「事業層級」；「集團績效組織」的價值是落實集團企業營運政策的推動，避免多頭馬車拖垮集團整體績效的窘境；不但可客觀考核每一營運部門之經營績效，也可促進各別的營運部門之比較效益，及有效推動「事業部」的管理制度。

營運部門之規劃是屬於事業層級的策略規劃，必須有獨立財務報表，包含：資產負債表、綜合損益表、及現金流量表。制定企業的績效組織，

必須符合 IFRS 8 法令及結合績效組織的作業規劃：由澄清定義 ==> 量化門檻 ==> 利潤分析模式。

　　所有上市櫃公司必須依據「IFRS 8 營運部門」揭露應報導部門，跨國集團企業及擁有多個營運部門，其各別的營運部門也必須執行各事業部（群）的合併財務報表，其作法如同集團的合併財報報表，差異僅是分割為多個事業部（群）。總體而言，集團組成依據母公司及所有子公司，本書稱之為「集團組織」，就是所有上市（櫃）屬於母公司必須遵循 IFRS 10 編制的集團合併財務報表。另一方面，為利於集團組織的績效管理，採用事業部（群）模式，本書稱之為「集團績效組織」。

1-9　IFRS 13 公允價值衡量與 ERP 運用

　　IFRS 財務報表之「繼續經營個體」假設，財務報表可預見之未來將持續營運的假設所編製，可按照不同的基礎（例如：按公允價值，現金流量基礎衡量技術）來編製財務報表。

　　US GAAP 所採「成本原則」，在 IFRS 著重公允價值的概念下，是運用立帳的金額（也就是成本原則）與市場價值作比較，定期評估所得出的差異就是「未實現損益」列入綜合損益表的「其他綜合損益項目」，其目的就是評估企業營運的內部及外部之經營風險；依據「資產負債表日」計算出來的重估金額就是「資產負債表日之公允價值」。

1. IFRS 13 公允價值衡量

　　公允價值表達運用 IFRS「財務報導之觀念架構」中所訂資產、負債、收益及費損之定義及認列條件，忠實表述交易、其他事項及情況之影響。IFRS 13「公允價值衡量」對於公允價值的定義為：「於衡量日，市場參與者之間在有秩序的交易中出售資產所能收取或移轉負債所需支付之價格。」公允價值的衡量方法有三：

　　(1) 市場法：係使用涉及相同或類似資產、負債，或資產及負債群組的市場交易，所產生之價格及其他攸關的資訊。

(2) 成本法：係反映重置某一資產服務能量之現時所需金額（常被稱為「現時重置成本」）。

(3) 收益法：係將未來現金流量、收益、或費損金額轉換為單一現時（也就是折現）金額。

IFRS 13「公允價值衡量」衡量公允價值之評價技術輸入值分三等級：

(1) 第一等級：公允價值為企業於衡量日對相同資產或負債可取得之活絡市場報價（未經調整）。譬如上市櫃股票投資、受益憑證、熱門之中央政府債券投資及有活絡市場公開報價之衍生工具等等之公允價值。

(2) 第二等級：公允價值為資產或負債直接或間接之可觀察輸入值，但屬於第一等級之報價者除外。其包括直接（如價格）或間接自活絡市場取得之可觀察輸入值，譬如非屬熱門之公債、公司債、金融債券、可轉換公司債及大部分衍生工具等皆屬之。

(3) 第三等級：公允價值為資產或負債之不可觀察輸入值，並非根據市場可取得的，譬如無活絡市場之權益工具投資皆屬之。

2. IFRS 重視獲利與風險資訊揭露

　　過去投資人或債權銀行都重視企業的獲利情況，看重損益表和每股盈餘的表現。當今全球各地皆然，重心由損益表移轉到資產負債表的思維，也重視企業的相關風險。

　　舉例 1：以存貨評價為例，存貨評價以「成本與淨變現價值孰低法」來衡量，當「存貨淨變現價值」下跌至低於其成本時，必須以「淨變現價值」反映至資產負債表。企業存貨之「呆滯品」的認定，內部須透過跨部門的溝通協調及訂定標準作業程序（Standard operating procedure，簡稱 SOP），提供數據給財會部門參考，再進行存貨評價之會計處理。

　　舉例 2：外幣匯率風險為例，國際型企業的外幣交易已相當普遍，相對的也帶給企業經營上的外部風險，運用「市場法」定期評估企業的外幣資產或負債，列入綜合損益表的「未實現損益」，也是財會部門必須制定「匯率政策」的範疇。

3. IFRS 13 公允價值衡量與資訊系統

公允價值的優點是緊密結合當期的市場價值或未來現金流量的現值，可以盡速合理反映相關資產或負債的價值。企業依據各項資產或負債於「資產負債表日」定期進行公允價值評估作業。ERP 系統為了符合 IFRS 財務報表表達（包含其他綜合損益、附註資訊揭露等），公允價值的「金融商品揭露與評價」、「存貨評價」、以及「外幣資產及負債」等都屬於「IFRS 13 公允價值衡量」的規定。ERP 系統依據 IFRS 法令要求編制財務報表時，必須對企業內部之各項資產及負債，運用公允價值的概念，於「資產負債表日」進行企業經營風險的評估作業。實務作法：可運用總帳（立帳的帳面）金額與 ERP 系統增加欄位（例如：匯率、股票價格、存貨評價欄位等）進行比較作業，ERP 系統即可快速運算，迅速獲取總差異金額就是當期的「未實現損益」的資料來源，複雜的是如何制訂各會計項目的 SOP，例如：存貨評價模式等。

1-10　結語

IFRS 提供了世界上最值得信賴的全球會計語言，採原則基礎、著重公允價值評價，建立財務報表具有預測之新價值、重視獲利與風險之財務資訊、強調管理資訊揭露、以及母公司與其子公司之合併財務報表為主，例如，IFRS 10 合併財務報表及 IFRS 8 營運部門。IFRS 僅規範經濟實質的會計處理原則，「IFRS + IT」以經營者的思維，協助企業建構符合 IFRS 法令及適合企業的 ERP 系統。IFRS 變革喚醒會計人員應該重視管理會計，應瞭解企業內部的交易全貌及參與前端作業。ERP 是 IT 技術的結晶，有效整合一家公司的制度、標準、流程及控制。ERP 是企業經營管理的基本功，會計必須肩負企業把關的角色，也是推動 ERP 重要成員。

全球在工業 4.0 的浪潮下，科技的技術越跑越快，產業鏈的整合已成為必要的趨勢所在；e 化整體知識，不但必須落實 IFRS 法令融入 ERP 系統，也必須面對工業 4.0 系統整合時代的挑戰。

本章摘要

1. IFRS＋IT 的意義，是運用電腦科學和通訊技術來設計、開發、安裝和遵循 IFRS 之資訊系統，協助企業經營管理相關之策略規劃、管理控制及 e 化作業執行。

2. ERP 系統的功能應跨越組織、績效、流程、控制等企業環境，是全面性的大整合。

3. IFRS＋IT 的整合知識提供了經營者基本的經營能力，培養 IFRS 相關法令融入 ERP 系統。

4. IFRS 10 著重在集團的合併報表，IFRS 8 營運部門與成本會計作業模式息息相關。IFRS 13 公允價值衡量，評估企業的營運風險。

5. ERP 系統需要以組織為根本來設計，其精神重在流程、管理及績效制度，只要組織定位清楚、流程及管理制度完整了，要上 ERP 就不難。

6. ERP 的所有主檔是啟動 ERP 系統必備的資料，各部門要花功夫溝通及設計的。

參考文獻

1. 蔡文賢、范懿文、簡世文（2006），進階 ERP 企業資源規劃會計模組，前程文化事業有限公司，台北，民國 95 年 5 月。

2. ROC GAAP 與 IFRSs 差異，國際財務報導準則 IFRSs，https://www.twse.com.tw/IFRS/，擷取 2021/04/10。

3. IFRS 8 Operating Segments 營運部門，國際財務報導準則 IFRSs，http://163.29.17.154/ifrs/ifrs_2020_approved/IFRS 8_2020.pdf?1620631，擷取 2021/03/10。

4. IFRS 10 Consolidated Financial Statements 合併財務報表，國際財務報導準則 IFRSs，http://163.29.17.154/ifrs/ifrs_2020_approved/IFRS 10_2020.pdf?1620631，擷取 2021/04/10。

5. IFRS 13 Fair Value Measurement 公允價值衡量，國際財務報導準則 IFRSs，http://163.29.17.154/ifrs/ifrs_2020_approved/IFRS 13_2020.pdf?1620631，擷取 2021/05/10。

6. 倍力資訊，主管機關重申：財務報告編製是公司管理階層之責任，企業如何因應呢？，https://cpm.mpinfo.com.tw/article_d.php?lang=tw&tb=1&cid=20&id=447，擷取 2021/05/14。

7. 諶家蘭（2013），〈IFRS@ERP〉，會計研究月刊，第 326 期，民國 102 年 1 月，頁 80-93。

8. 諶家蘭（2012），〈從企業導入 IFRSs 看資訊系統因應之道〉，會計研究月刊，第 316 期，民國 101 年 3 月，頁 34-41。

習　題

選擇題

1.(　) 下列 IFRS 敘述，何者是不正確的？

(1)IFRS 提供了世界上最值得信賴的全球會計語言

(2)IFRS 採「規則基礎」（Rule-based）各項會計處理制定非常詳細的規範。

(3)IFRS 著重公允價值評價，重視獲利與風險之財務資訊、

(4)母公司與其子公司之合併財務報表為主、採取功能性貨幣等特色

2.(　) IFRS ＋ IT 的發展敘述，何者是不正確的？

(1)IFRS ＋ IT 的精神，所有交易都將回歸經濟實質的判斷，財會人員應瞭解交易全貌及參與前端 ERP 作業。

(2)喚醒會計人員思維應該重視管理會計

(3)IFRS ＋ IT 不需要重視經營者營運政策的思維

(4)各行各業的管理會計人也將迎接工業 4.0 時代的系統大整合的挑戰

3.(　) 哪些財務報表當期的變動來自於當期會計人員製作的所有交易分錄？

A. 資產負債表　B. 綜合損益　C. 權益變動　D. 現金流量表

下列何者是正確的：

(1) ABCD　(2) AB　(3) ACD　(4) BCD

4.(　) ERP 系統對企業而言是 IT 技術的結晶，以下敘述何者不正確？

(1)ERP 系統整合一家公司的制度、標準、流程及控制

(2)ERP 即時進行企業內部所有的生產製造活動

(3)各行各業的 ERP 因為其行業別其活動力的差異而有所不同

(4)遵守 IFRS 法令是所有公司必須執行的，經由各相關政策至各相關制度，融入 ERP 系統已成必要的作業

5.(　　)　公司的財務長扮演公司部門組織的費用歸屬分類包含：製造費用、銷售
費用、管理費用、或研發費用，依據那種的財務報表的概念進行組織費
用的分類作業？

(1)功能式損益表

(2)資產負債表

(3)現金流量表

(4)權益變動表

問答題

1. IFRS ＋ IT 的精神與 ERP 系統關連性及其目的為何？

2. 試述 IFRS ＋ IT 的整體知識的特色？

3. 試述 IFRS 8 營運部門？

4. 試述 IFRS 10 合併財務報表的功能為何？

5. 試述 IFRS 13 公允價值衡量的功能為何？

IFRS＋IT的發展

學習目標

☑ 智慧製造各行各業 IFRS ＋ IT 的發展

☑ 介紹工業 4.0 與發展

☑ 認識 IT 及數位轉型的運用

☑ 認識工業 5.0

☑ 產業鏈整合商機

☑ 產學 e 化平台

☑ 台灣智造 e 化發展藍圖

　　「IFRS＋IT」由建立經營者的思維及 ERP 系統符合會計專業判斷，落實各部門的營運活動程序已成為必要條件；科技的技術越跑越快，練好 ERP 的基本功及獲取即時資訊已成為趨勢；參與智慧製造及各產業的產業鏈整合，僅認識 ERP 系統是不夠的，也必須具備智慧製造、產業鏈之系統整合的基本概念。本章「IFRS＋IT」其中整合 IT 知識由 ERP 延伸至 5G 的 CT（Communication Technology）環境下，智慧製造的「IT（Information Technology）＋OT（Operation Technology）」系統大整合。台灣的產業以製造業為主，台灣同時具備多項完整的產業聚落，各產業鏈的整合是台灣難得的契機。5G 的技術即時連結「大數據」、「人工智慧」及「物聯網」（簡稱大人物）數位環境，實現各行各業的智慧製造及產業鏈不是夢想。台灣智造 e 化發展藍圖，擘劃實現產業鏈即時資訊的透明化，IT＋OT 是智慧製造必備條件，發展上、中、下游產業鏈整合商機，提升各大、中、小型企業整體競爭力，共享即時資訊整合效益。本章議題分為 2-1 IFRS＋IT 的發展，2-2 介紹工業 4.0 與發展，2-3 認識工業 5.0，2-4 產業鏈整合商機，2-5 實務介紹：認識國內外 ERP 系統，2-6 產學 e 化平台，2-7 台灣智造 e 化發展藍圖說明，2-8 結語。

2-1　IFRS＋IT 的發展

　　科技的進步，IFRS＋IT 由 IFRS 法令引導經營者制定合宜的營運政策及落實至相關的功能政策（例：會計政策）及制度化至融入 ERP 系統化的整個過程，是現代會計人員必備的基本專業能力。集團企業的財務長熟練 IFRS 法令，協助經營者制定企業的營運政策，例如：公司層級、事業層級及功能層級的策略規劃；根據經營者（或管理當局）的營運政策展開至財會總部之會計政策，以利集團內部各子公司有所依據及遵循。政策面的規劃在 IT 的用語稱之為「非結構」作業。

　　ERP 系統的開發是 IT 技術的結晶，有效整合一家公司的制度、標準、流程及控制，公司內部員工可以同時在 ERP 資訊平台即時進行企業內部所有的營運活動。各行各業的 ERP 因為其活動力的差異而有所不同，企業的規模差異使用 ERP 系統也不一樣。

　　假設，相同的集團企業使用同一套 ERP 系統，但其內部各公司之 ERP 的資料庫是獨立的，是屬於單一法人的概念。單一公司運用 ERP 系統，首先必須有明確的組織規劃，才得以進行公司的「內部流程與控制」與「預算」作業。單一公司組織管理必須與會計制度結合，包含成本結帳的「成本中心」與「費用中心」相關作業。如上規劃過程，IT 用語稱之為「半結構」作業；制度系統化可運用在 ERP 系統，稱之為「結構化」作業。

2-1-1 智慧製造各行各業 IFRS ＋ IT 的發展

　　「IFRS ＋ IT」以經營者的思維展開營運活動，及符合 IFRS 法令運用在 ERP 系統是企業經營管理必備的工具，會計必須肩負企業把關的角色，也是推動 ERP 的重要成員。各行各業活動力的差異，其 ERP 系統的結構也不盡相同，因此選擇 ERP 系統必須考慮各產業活動力的特性。科技的技術越跑越快，各產業鏈的整合商機，可帶動台灣中小企業提升競爭力，練好 ERP 的基本功及獲取即時資訊已成為中小企業的必要條件，才有機會參與各產業智慧製造及產業鏈的整合。所以，僅認識 ERP 系統是不夠的，也必須具備智慧製造、產業鏈之系統整合的基本知識，準備迎接各行各業系統的大整合。人人具備基本科技知識是台灣成為科技島必要的條件。

1. 工業 4.0：又稱作第四次工業革命，不是重新技術的開發，而是透過物聯網（Internet of Things，簡稱 IoT）及虛實整合系統（Cyber Physical System，簡稱 CPS）的技術來實現「智慧製造（Smart Manufacturing）」。尤其在 AIoT 技術的蓬勃發展，使得生產線快速進行「M2M 機器對機器」的生產模式已指日可待。機械設備能自行截取及記錄數據，並仰賴物聯網的技術，大量資料透過網路快速傳輸及整合至相關系統，也發展至「System to System 系統對系統」的概念，例如：ERP 系統透過製造執行系統（Manufacturing Execution System，簡稱 MES）的平台，彼此進行大量資料存取，也是趨勢。

2. 智慧製造的目的：運用科技的技術，生產線所有物件結合先進感測技術，使所有物件成為「智慧物件」，也是軟硬體整合的技術。其目的，不但監控整個生產過程，同時也可以即時整合所有的資源，發揮整個智慧生產線的最大效益，例如：降低製造成本、自動產生即時數據，確保產品的品質等。

3. 數位製造的目的：實現產業鏈的整合，運用資訊的技術即時操作及相互聯繫，可以改善產品的設計、生產的製造流程及終端產品的連結，其方法運用智慧感

測器、控制器、3D 視覺化、模擬、分析及相關軟硬體整合性的電腦系統；同時整個過程也注重整體的系統資訊安全。

4. 未來智慧工廠：德國所提出之未來智慧工廠的情境，全新生產流程運作從「訂單到交貨」其相關資訊透過網路即時連結，進行垂直與水平的整合，包含：工廠及企業管理流程、與外部供應鏈及客戶端的結合。智慧工廠縮短研發、設計，製造及交貨的產品生命週期，避免不必要浪費及降低存貨，發揮資源效益極大化。

5. 台灣智慧製造：台灣 e 化技術可大步邁進智慧製造，台灣軟體業的整合，各產業上、中、下游的相關資料快速傳送，有助於產業鏈的快速整合，也考驗台灣科技人的能力。加速推動相關的中小企業 ERP 系統的基本功及準確使用，隨產業鏈的整合可帶動相關的大、中、小型企業共享智慧製造的成果。實現台灣發展成為科技島，e 化不再只是少數人的特權，人人都可成為科技人，唯有科技的知識普及化，實現各產業鏈 e 化整合，將可大幅提升台灣中小企業的競爭力。

2-2　介紹工業 4.0 與發展

自從工業革命以來，瓦特改良蒸汽機，帶動機器代替人工的浪潮；接著，發電機及內燃機的發明，還有電話機資訊傳播的技術，奠定了第三次工業革命的基礎；網際網路的普及化，造就了全球各地的每個人都很容易被串連起來；及各式各樣機器人的開發已被廣泛運用在工業的複雜、危險及單調之工序，帶給企業極大的經濟效益。近年來，全球正面臨少子化及高齡化的社會，運用科技與人類生活緊密連結在一起，已是趨勢所在。

2010 年 7 月德國政府通過了「高技術戰略 2020」正式提出「工業 4.0」，德國政府希望在 2021-2026 年可實現「無人工廠」及「萬物互聯」。相繼的，美國在 2011 年推出「AMP 計畫」、日本在 2013 年推出「日本產業重振計畫」其目的是提升設備和研發力、及 2015 年中國提出「中國製造 2025」計畫。德國政府提出工業 4.0 目的是實現智慧工廠，有效帶動整個產業鏈，優化整個產業結構；也就是說，德國的第四次工業革命旨在減少人力，縮短設計與生產之間的產品生命週期，並有效利用所有

資源。工業 4.0 在 IoT 物聯網的環境中朝向智慧工廠、智慧產品和智慧服務的方向發展。

2-2-1 認識工業 1.0 到工業 4.0 的發展

工業 1.0 至工業 4.0，又稱為第一次工業革命至第四次工業革命。其發展歷程如表 2-1 所示 ：

1. 工業 1.0（1760~1850）：由於瓦特改良蒸汽機，運用蒸汽或水力作為動力驅動，工業 1.0 帶動機器代替人工的浪潮。

2. 工業 2.0（1870~1900）：發電機及內燃機的發明，可廣泛運用在電器、機器也有足夠的動力及更多樣的功能；所以，工業 2.0 成就了新的機器及能源的動力。例如：電話機使得通訊變得快速便捷，因為資訊傳播的技術，奠定了第三次工業革命的基礎。

3. 工業 3.0（1950~ 今天）：人類分布在全球各地，由於網際網路的普及透過網路的便利性，每個人都很容易的聯繫起來。另一方面，各式各樣的機器人被運用在複雜、高度危險、枯燥無味的工業工序之作業，帶給企業極大的經濟效益。

4. 工業 4.0：包含 IoT 物聯網、大數據（Big Data）、雲端運算（Cloud Computing）、連結、自動等技術，將一切的人、事、物，皆可透過科技進行互相串連，形成「萬物互聯」。另外，實現人工智慧（Artificial Intelligence，簡稱 AI），其主要原因是 CPS 虛實整合系統及 IoT 的技術，及 AI 具備了深度學習的能力，創造企業更高的效益。

工業 4.0 時代是指「CPS 虛實整合系統」及「IoT 物聯網」的先進的技術造就了數位環境（Digital Environment），可以自動連接多系統、多機器和多資產等的所有智慧物件（Smart Objects）；更進一步，可以創建各行各業智慧（Smart）和自主的（Autonomous）價值鏈（Value Chain）來控制整個生產過程，我們稱之為「智慧製造」，包括軟體和硬體、資料採集基礎設施（Data Acquisition Infrastructure）以及掃描（Scanning）、條碼（Bar Code）和 無線射頻辨識（Radio Frequency Identification，簡稱 RFID）、智慧資料和應用程式的連接等。

表 2-1　工業 1.0 到工業 4.0 發展歷程表

	工業 1.0 第一次工業革命	工業 2.0 第二次工業革命	工業 3.0 第三次工業革命	工業 4.0 第四次工業革命
時間	1760 年至 1850 年	1870 年到 1900 年	1950 年到今天	2010 年 7 月，德國政府正式提出「工業 4.0」
特色	瓦特改良了蒸汽機帶動機器代替人工的浪潮	發明內燃機和發電機，電器廣泛的使用；電話機的普及通訊變得快速便捷	以網際網路的便利性，全球各地的人很容易就聯繫起來	將一切的人、事、物都連接起來，形成「萬物互聯」
成果	以蒸汽或者水力作為動力驅動	新的能源動力及機器功能變得更加多樣化	工業中高危、複雜、枯燥的工序使用機器人代替，企業得到更大的經濟效益	實現「智慧工廠」，產業鏈的整合

2-2-2　台灣自動化產業發展歷程

　　近 40 年來，台灣自動化產業發展歷程有四，(1) 資本密集產業（1982~1991），運用生產製造程式化，PLC 可程式邏輯控制器等裝置，由全人力作業發展到半自動 PLC 機械設備生產，產量增加。(2) 技術密集產業（1991~2001）生產製造的整線自動化，應用電腦化數值控制設備，由半自動進展至高精度機械設備整線自動化生產，提升生產效率與品質。(3) 創新密集產業（2001~2011）生產製造電子化，應用 ERP 企業資源規劃系統及 MES 製造執行系統，由紙本作業進展至電子化生產流程，即時掌握生產資訊，達到企業資源有效應用。(4) 智慧密集產業（開始 2016~）推動生產製造智慧化，即時應用智慧機械聯網、工業大數據分析工具，使產品設計、開發、生產製造、銷售等發揮垂直與水平價值鏈。智慧製造具備自主感知、自主預測和自主配置能力，進而實踐客製化量產與服務生產力，同時實踐人機協同工作環境，快速提高生產力。

表 2-2　台灣自動化產業發展歷程表

特性	期間	IT 轉型及運用
(1) 資本密集	1982~1991	生產製造程式化，半自動 PLC 機械設備生產
(2) 技術密集	1991~2001	整線自動化，應用電腦化數值控制設備
(3) 創新密集	2001~2011	生產製造電子化，應用 MES 製造執行系統
		企業應用 ERP 企業資源規劃平台
(4) 智慧密集	2016~	生產製造智慧化（CPS 虛實整合）

　　智慧密集的目的是垂直、水平價值鏈的整合；台灣多數廠商為中小企業，以智慧自動化為基礎，優先選定具備 IT 及自動化基礎的中堅企業，逐步帶動中小企業升級，提升產業附加價值與生產力，進而帶動整體產業結構優化。IoT 物聯網環境所建構的智慧製造系統，其智慧製造的核心是 CPS，關鍵技術為智慧機械、工業大數據及人機設備都能即時進行溝通；原因係結合電腦運算領域、感測器和致動器裝置的整合控制系統，智慧生產設備具有自適應性、自主性、高效性、功能性、安全性等特點；網路化生產設施的自我組織，也可靈活的調整生產步驟，智慧製造的智慧產品具有所有與生產相關的必要資訊，具備完整的價值鏈。換言之，智慧製造就是透過更智慧化的結構，降低複雜性；實際應用如自動車系統、醫療監控、流程控制系統、分散式機器人和航空自動駕駛系統等。

2-2-3　認識 IT 促成企業的轉型

　　1958 年《哈佛商業評論》中，一篇由 Harold J. Leavitt 及 Thomas L. Whisler 所著作的文章，提到「一個新技術的名稱，稱為資訊技術（Information Technology，簡稱 IT）」；也稱資訊和通訊技術（Information and Communications Technology，簡稱 ICT）主要用於管理和處理資訊所採用的各種技術總稱，應用計算機科學和通訊技術設計、開發、安裝和部署資訊系統及應用軟體。在商業領域中，美國資訊技術協會（ITAA）定義資訊技術為「對於以計算機為基礎之資訊系統的研究、設計、開發、應用、實現、維護或應用。」此領域相關的任務包括網路管理、軟體開發及安裝、針對組織內資訊技術生命週期的計劃及管理，包括軟硬體的維護、升級和更新。IT 的研究範圍包括科學、技術、工程與管理學等學科，這些學科在資訊的管理、傳遞和處理中應用，相關的軟體和裝置及其相互作用。IT 促

成企業的轉型有四類型： 自動化、電腦化、資訊化及電子化，如表 2-3 所示，分別說明如下：

1. 自動化（Automation）：自動化技術是一門綜合性技術，包含資訊理論、計算機技術、控制論、系統工程、電子學、液壓及氣壓技術、自動控制等。自動化技術由於硬體及機器等技術的提升，所謂自動化通常指不需藉著人力親自操作機器，以代替、減輕、或簡化人類的工作程序之機制皆可稱之自動化。自動化的概念也帶動管理層的工作轉型。

2. 電腦化（computerization）：「企業電腦化」是指企業將其所擁有之營運資料及運作流程，透過資訊技術將其電腦化（數位化），資訊的運用可以協助企業進行分析及檢討過去營運作業的缺失，有助於經營者擬定未來的營運決策。資料處理技術，帶動部門流程轉型，提升管理技術的優化；運用電腦具有儲存大量資料、和快速正確的運算能力等優點來簡化企業營運過程的人工作業。

3. 資訊化（Informationization）：「企業資訊化」不僅指在企業中善用資訊科技，更重要的是深入應用資訊科技所促成的業務模式、組織架構、至經營戰略的轉變。因為現代資訊科技提升了資料庫的技術，促成應用物件或領域發生轉變，也帶動全公司流程的轉型。

4. 電子化（Electronization）：Internet 技術興起，提升跨公司的技術，帶動企業間流程的轉型；電子化再細分三類有：企業電子化、產業電子化、及電子商務；說明如下：

    (1) 企業電子化（Enterprise Electronics）：運用企業內部網路（Intranet）、網際網路（Internet）及相關的資訊科技，將企業間相關重要的情報及知識系統與其供應商、經銷商、顧客，內部員工及相關合作夥伴緊密結合，使企業間的交易能夠更有效率及快速的達成。

    (2) 產業電子化（Industrial Electronics）：待整個產業的上、下游供應商、經銷商、代理商等企業均進行企業電子化後，產業之間各企業的資訊透明化，所有的交易都可透過「商際網路」或「網際網路」來進行，此即為產業電子化。

    (3) 電子商務（E-commerce）：企業透過「網際網路」進行詢價、報價、訂購、付款與售後服務等作業，完成對外的交易，包括對顧客或其他相關企業的商務行為，像是提供商品型錄，訂單的管理與付款處理等。

表 2-3　IT 促成企業的轉型

IT	效益	發展
1. 自動化	1. 不需藉著人力親自操作機器 2. 代替、減輕、或簡化人類的工作程序	帶動管理層的工作轉型。
2. 電腦化	1. 提升管理技術的優化 2. 儲存大量資料、快速正確的運算能力 3. 簡化企業營運過程的人工作業	資料處理技術，帶動部門流程轉型
3. 資訊化	1. 資訊科技提升了資料庫的技術 2. 應用物件或領域發生轉變，帶動全公司流程的轉型	促成業務模式、組織架構、至經營戰略的轉變
4. 電子化	提升跨公司的技術	帶動企業間流程的轉型
4-1. 企業電子化	運用企業內部網路、網際網路及相關的資訊科技，使交易更有效率及快速達成	合作夥伴緊密結合
4-2. 產業電子化	產業的上、下游供應商、經銷商、代理商等企業均已「企業電子化」後，所有的交易都可透過「商際網路」或「網際網路」來進行	產業之間各企業的資訊透明化
4-3. 電子商務	企業透過「網際網路」進行詢價、報價、訂購、付款與售後服務等作業，完成對外的交易。	對外交易，提供商品型錄，訂單的管理與付款處理等

2-2-4　數位轉型的運用

　　「數位轉型」過程，應該從企業的經營策略及目標為思考方向，運用數位科技方式，其目的是創造企業的價值。經營策略選擇新產品、服務、企業流程或商業模式，應該從企業的營業利潤及資金能力為考量，投資報酬率是否符合企業的目標。「數位轉型」是一種工具，其目的是運用數位化、或智慧化連結到產業鏈整個的上下游、甚至整個生態系。產業鏈的整合，是需要業者之間的互相協調與合作，同時也涉及到相關業者的數位化程度，及產業鏈之可行性資料交換的機制。「數位轉型」是軟硬體的整合，設備製造商與數位平台必須緊密連結，目的是帶動「智慧製造」的彈性，即時因應客製化的小量與多樣化的生產模式，將成為數位轉型相當重要的商機。

　　「數位技術」是結合 CPS 及 IoT 的技術，可發揮「萬物互聯」的目的，(1) 首先從「智慧製造」功能而言，精簡人力、監督控管整個生產作業

流程（包含：改善生產的品質、降低不良率、及機器互聯等）；(2) 從垂直整合整個產業鏈而言，隨時掌握供應商的供料狀況及顧客需求的回饋。(3) 從科技的角度，運用感測器網路（Sensor Network），原始資料（Raw Data）轉換成有用的資料（Useful Data），例如：超市購物，經由條碼結帳，立即轉換數位資料即時在螢幕上顯示「可視化」的資料，使消費者清楚看到應付款的金額。(4) 從大數據分析技術，經營者可精確分析消費者需求的預測。

Ibarra，Ganzarain and Igartua（2018）運用工業 4.0 的概念，由智慧工廠到整個平台，提出製造業的數位轉型之生態系層次有四：

1. 生產製程數位化：智慧製造結合軟硬體的技術，運用感測器（Sensors）或執行器（Actuators）植入物件（例如材料、人員、機器和產品），使物件成為「智慧物件」及經由「IoT 物聯網」和「行動裝置（Mobile Devices）」可以即時感知、觀察、計算及自動進行資料的採集、收集與交換等。智慧製造流程可以自動採集資料，及轉換「可視化」的即時資訊；另外，可實現機器之間互相即時的溝通，還有即時進行品質管理及庫存管理等作業。

2. 垂直供應鏈數位化：垂直整合是一種的經營策略，垂直供應鏈包含從供應商原材料至服務端的客戶對產品使用的狀況。再往前端延伸有產品設計及供應商連結，到後端消費端的連結；整合目標是從產品設計、採購及銷售的最佳化，還有設備的預測性維護。

3. 生態系平台數位化：提供「垂直供應鏈」的平台及可進行跨領域的服務，不但突破產業上下游供應鏈的思維，也提供串聯異業的連結與互動。

4. 新產品數位生態系：運用雲端及大數據分析，長期蒐集顧客的偏好，因應顧客的需求創造新產品，或與顧客共同創造新的產品，形成與顧客關係的生態系。

2-3　認識工業 5.0

近年來，全球還在摸索工業 4.0 之際，2017 年 Alpha Go 軟體戰勝人類頂尖棋手，AI 撼動了全球科技領域及 5G 技術開發，AIoT 技術正在加速實現人類的夢想，例如：自駕車與車聯網，銀髮族穿戴裝置與醫療體系結合等；業界又醞釀「工業 5.0」的概念，提出「人機協作」的「以人為本」

的生產模式，創造製造業的「人性化」價值，具備高度模擬人性思維的意識，期許程式設計師應該加入高度模擬人類的情感意識。丹麥「優傲機器人（Universal Robots）」提出「工業 5.0- 人機協作」的概念，強調人與智慧機器設備的整合，在智慧製造過程中，智慧機器設備也融入專業技師認知及判斷性的思維，創造「個人化」的特性，使高科技的智慧製造系統也具有「人性化」的製造環境。

1. 工業 4.0 與工業 5.0 的差異性：工業 4.0 是將傳統自動化大量生產的模式，轉換成可以快速生產少量多樣的智慧生產線；大量的客製化訂單，除了提供獨特性外型的優質產品，也具備平實價格的優勢，適合標準化的產品。工業 5.0 的機器人其生產的產品具備「人性化」特質，符合各別消費者表達自我的期望；如果採用工業 4.0 模式，需要大量人力撰寫程式，因為機器人只會依指令做事，對於中小企業是負擔不起的成本，因此，工業 5.0 的機器人在生產流程中，加入專業技師個人化的創造力，成為「人機協作」的生產模式。

2. 工業 5.0 的特性：生產線的人與機器關係是相當密切的，協作機器人是相當重要的工具，人類（專業技師）才是生產作業的核心，工業 5.0 象徵是人性化的革命。工業 5.0 的機器人特性不是以大量生產為主，所使用的協作機器人具備輕巧、便捷及價格優惠，「人機協作」的生產模式可改善中小企業的生產流程和提升生產力。

3. 工業 5.0 的優點：人類（專業技師）將創造力帶入生產流程，以因應大量消費者對個人獨特產品的渴望。中小企業運用協作機器人提升效益，執行危險、重複及枯燥無味的工作，是屬於機器人的標準製造流程，其目的是提高生產力；專業技師專注在專業能力的提升，引導機器人的製造流程，創造及生產各別消費者的獨特商品，也提升附加價值；專業技師不但為企業創造效益，企業也有能力支付更優渥的報酬給專業技師。

4. 工業 5.0 的發展：自動化生產在工業 4.0 的環境下，實現少量多樣的智慧製造模式；科技的突飛猛進，5G 的高速度的傳輸技術及結合 AI 驅動了工業 5.0 的崛起。5G 的技術即時連結所謂大人物「大數據」、「人工智慧」及「物聯網」的數位環境，增加人類更多的想像空間及加入更多人性化的特質，創造更寬廣多元化的應用產品，帶動中小企業轉型的商機。

5. 工業 5.0 的效益分析說明：

(1) 市場效益：運用大數據分析，精確掌握消費者商機。

(2) 研發及生產效益：在高度客製化的環境下，跟上消費者求新求變的需求，壓縮產品的生命週期，新商品快速的開發及生產已成常態。

(3) 成本效益：協作型機器人是「人類」與「機器人」合作模式，各司其職，具備高彈性的即時創意的生產模式，對中小企業是很好的選擇，可創造企業生產效益極大化。

(4) 獨特產品效益：滿足消費者獨特需求，協作機器人的彈性程式設計，生產過程增添「人性化元素」注入專業技師的設計及創造力，使得每件產品皆具有獨特性，滿足消費者的願望。

(5) 專業技師成就感效益：客製化「以人為本」是工業 5.0 的生產過程的核心所在，專業技師的研發創新與即時製造已成趨勢，可滿足「專業技師」的成就感，也為企業創造更高的附加價值。

2-4　產業鏈整合商機

　　台灣的產業以製造業為主，台灣同時具備多項完整的之產業聚落，各產業鏈的整合是台灣難得的契機。企業的商業模式（Business Model），帶動企業營運策略的改變，也影響企業組織的改變及 IT 系統的改變，是運用現代化的工具，幫助企業面對新的營運模式。整體產業鏈從優化整個產業結構，至提升整個產業的附加價值及生產力，也將帶動具備有 IT 及自動化基礎的中小企業之競爭力。

1. 運用企業電子化：整合外部的供應商、經銷商及顧客，與內部即時獲取企業情報及知識系統，使交易加速完成；也就是說，目前是資訊大整合的時代，就是透過產業鏈的垂直整合及企業內部水平分工作業，建立長期的合作夥伴關係。

2. 運用產業電子化：產業之間的資訊透明化是必要條件，所謂產業即時資訊整合的概念就是整個供應鏈具備多層次，提高垂直與水平的資訊能見度，運用 IT 的技術，整合跨組織的系統，包含垂直的上下游產業之間的關係，及水平的製造商跨部門的溝通；即時達成客戶與製造商之間的資訊是互通的；其中「商際網路」或「網際網路」都是關鍵的因素。

3. 運用電子商務：企業可以透過網際網路完成對外交易；另外，也可以透過大數據分析顧客的需求，可以創造比製造業更高的附加價值。

4. 台灣產業的機會：台灣製造業很強，企業最大優勢是多樣少量的經營模式，可以從製造商，轉為製造服務業，有很大的發揮空間。對具備 IT 及自動化基礎的中小企業，因為產業鏈資訊的整合將帶來產業的大商機。

2-5 實務介紹：認識國內外 ERP 系統

ERP 的基礎功能就是將企業流程全部整合在單一系統，然而，新一代的 ERP 系統能力可採用科技的技術進行「機器學習」與「流程自動化」等科技，為企業可提供全方位的智慧功能、提升營運透明度及效率。

早期的 ERP 系統，昂貴的費用，僅大型企業才負擔得起，例如：SAP 的 ERP 系統。科技及管理知識的進步，台灣的軟體業興起，各行各業 ERP 軟體也成為台灣的中小企業經營企業不可或缺的經營工具。如下分別介紹國外 SAP 的 ERP 系統及國內中華電信的雲端 ERP 系統：

1. 國外 ERP 系統：SAP 在管理功能上共有 12 個系統模組，如表 2-4 所示。

表 2-4　SAP 的 ERP 模組表

模組代碼 / 名稱	模組功能
(1) MM/ 物料管理模組	主要有採購、倉庫與庫存管理、MRP（Material Requirement Planning）、供應商評價等管理功能。
(2) SD/ 銷售與分銷模組	包括銷售計劃、詢價報價、訂單管理、運輸發貨、發票等的管理，同時可對分銷網路進行有效的管理。
(3) AM/ 資產管理模組	具有固定資產、技術資產、投資控制等管理功能。
(4) CO/ 管理會計模組	包括利潤及成本中心、產品成本、專案會計、獲利分析等功能，可以控制成本，還可以控制公司的目標，另外還提供資訊以幫助高階管理人員作出決策或制定規劃。
(5) FI/ 財務會計模組	提供應收、應付、總賬、合併、投資、基金、現金管理等功能，這些功能可以根據各分支機構的需要來進行調整，並且往往是多種語言的。同時，科目的設定會遵循任何一個特定國家中的有關規定。
(6) PS/ 專案管理模組	具有專案計劃、專案預算、能力計劃、資源管理、結果分析等功能。
(7) HR/ 人力資源模組	包括：薪資、差旅、工時、招聘、發展計劃、人事成本等功能。
(8) WF/ 工作流管理模組	提供工作定義、流程管理、電子郵件、資訊傳送自動化等功能。

模組代碼 / 名稱	模組功能
(9) QM/ 質量管理模組	可提供質量計劃、質量檢測、質量控制、質量文件等功能。
(10) PP/ 生產計劃模組	實現對工廠資料、生產計劃、MRP、能力計劃、成本核算等的管理，使得企業能夠有效的降低庫存，提高效率。同時各個原本分散的生產流程的自動連線，也使得生產流程能夠前後連貫的進行，而不會出現生產脫節，耽誤生產交貨時間。
(11) PM/ 工廠維修模組	提供維護及檢測計劃、交易所處理、歷史資料、報告分析。
(12) IS/ 行業解決方案	針對不同的行業提供特殊的應用和方案。

資料來源：SAP 各模組介紹 https://www.itread01.com/content/1546771577.html

2. 國內 ERP 系統：中華電信雲端 ERP 將系統建置在資安嚴密的雲端機房，由專人維護，企業不需一次購買高額的設備、軟體，也不需擔心系統升級、軟硬體的維運。雲端 ERP 可採用月租付費，用多少租多少，節省投資成本，代替一次性採購，運用雲端不需自己建構軟硬體設備，能準確控制成本，並且完整涵蓋生產、銷售、人事、研發及財務會計等五大領域的需求。

2-6　產學 e 化平台

　　2002 年由國立中央大學所推動成立 的「中華企業資源規劃學會」，致力於 e 化發展，聚焦全球 e 化趨勢，其宗旨為促進以企業資源規劃為基礎的企業電子化與電子商務之學術研究並推廣相關領域的實務應用藉以提昇專業的人才水準。ERP 企業資源規劃（Enterprise Resource Planning），是一個即時與整合的企業資訊的應用系統，包含採購、生產管理、銷售、財務與人力資源等各種不同的功能模組，除了各模組之間的整合之外，還需要和企業經營實務與作業流程整合。中華企業資源規劃學會藉由證照鑑定等合作模式，鼓勵各大專院校與業界共同實現「人人都是科技人」加速推廣台灣 e 化教育，實現台灣成為全球科技的小亮點。目前認證範圍有：IFRS、ERP、BI、商用雲端 APP、國際物流 e 化系統、旅館資訊系統、餐飲資訊系統、採購管理及流通門市管理。

2-6-1　IFRS 資訊規劃師

　　IFRS 提供了的全球會計語言，各行各業使用的 IFRS 法令不盡相同；所有公開發行公司 被要求制訂內部控制制度，其財務報表編制流程的管理，包含：適用 IFRS 國際財務報導準則的管理、會計專業判斷程序、會計政策、八大循環之重要營運循環、資通安全等，都已列入 ERP 作業的範疇；ERP 是財務會計導向的資訊系統，公司制度、組織、標準、流程與控制等功能都被必須整合到 ERP 系統。一套 ERP 是由多個功能別模組所組成，每一個模組可以彼此相互交流，並共享單一資料庫，ERP 已成為經營者不可或缺的經營管理工具。

　　科技快速成長，多系統整合已成趨勢，「 IFRS ＋ IT」由建立經營者的思維，至整合 IT 的知識從 ERP 延伸至 5G 的 CT 環境下，智慧製造的「 IT ＋ OT」系統的大整合。「IFRS 經營管理 e 化實務」提供讀者對 ERP 有完整的認知、設計及運用，及因應科技快速變化，提供科技人應該具備工業 4.0 及 5.0 的基本科技知識，與認識 MES 製造執行系統的整合平台。「IFRS 資訊規劃師」由證照鑑定方式，提升 e 化專業的肯定。

2-6-2　ERP 相關認證

圖 2-1　ERP 相關認證圖

1. ERP 規劃師：「ERP 企業資源規劃導論」是一本 ERP 入門必備的書，從企業流程管理與 ERP、銷售與配送、生產規劃、採購與發票驗證流程、庫存管理、物料預測流程、財會作業流程、成本控制管理、專案系統管理、人力資源作業流程、系統評選、系統導入、以及從 ERP 到企業 e 化等，有助讀者理解 ERP 的整體架構。「ERP 規劃師」認證，獲取具備 ERP 基本知識的肯定。

2. ERP 軟體應用師：國內外合作的軟體廠商／鼎新電腦、SAP、慧盟資訊、啟台資訊、正航資訊、會通資訊、宏範資訊、海量數位、Oracle、Mircosoft、鴻越資訊。

3. 進階 ERP 規劃師：認證模組／財務管理、運籌管理、人力資源管理。

4. ERP 軟體顧問師：合作的軟體廠商／鼎新電腦、啟台資訊。相關模組／財務模組、配銷模組、生管製造模組。

2-6-3 BI 相關認證

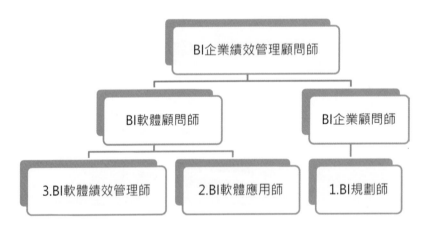

圖 2-2　BI 相關認證圖

1. BI 規劃師：商業智慧與大數據分析。

2. BI 軟體應用師：合作廠商／鼎新電腦、慧盟資訊、聯揚資訊。

3. BI 軟體績效管理師：合作廠商／鼎新電腦

2-6-4 商用雲端 APP 相關認證

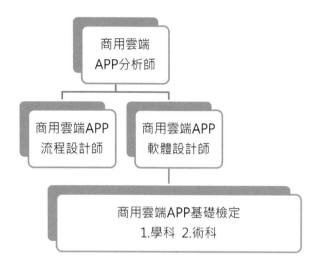

圖 2-3　商用雲端 APP 相關認證圖

1. 商用雲端 APP 基礎檢定（學科）：ERP 與商用 APP 整合導論。

2. 商用雲端 APP 基礎檢定（術科）：合作廠商／中華企業資源規劃學會、寶盛數位。

2-6-5 旅館、餐飲資訊相關認證

圖 2-4　旅館、餐飲資訊相關認證圖

1. 旅館資訊系統規劃師：旅館資訊系統

2. 旅館資訊系統應用師：合作廠商／德安資訊、靈知科技。

3. 餐飲資訊系統基礎檢定：餐飲資訊管理系統，合作廠商／高明資訊

2-6-6　物流、流通、採購相關認證

表 2-5　物流、流通、採購相關認證表

認證項目	模組	合作廠商
國際物流 e 化系統應用師	海運模組	博連資訊
採購管理規劃師		中華企業資源規劃學會
流通門市管理軟體應用師	POS 收銀管理、營銷管理、物流管理	鼎新電腦

2-7　台灣智造 e 化發展藍圖說明

　　工業 3.0 時期，各行各業 ERP 及 MES 如火如荼的展開，工業 4.0 因為 CPS 與 IoT 的技術，在「萬物互聯」的概念，各行各業智慧製造的 IT ＋ OT 系統整合已成為趨勢，及 AIoT 的發展，科技進步之快速，實現各行各業的智慧製造及產業鏈指日可待。軟硬整合應用帶給人類無限想像空間，台灣具備生產硬體設備能力，及完整的多產業的聚落； 5G 的技術即時連結所謂的大人物「大數據」、「人工智慧」及「物聯網」及帶動工業 5.0 的概念；實現各行各業的智慧製造及產業鏈不是夢想，當然台灣成為科技島，也不是不可能。如表 2-6 所示，提供讀者參考「台灣智造 e 化發展藍圖說明」。

2-8　結語

　　IFRS 全球會計語言的崛起，本書運用 IFRS 10 及 IFRS 8 引導經營者制定公司層級及事業層級的策略規劃，另搭配功能式損益表架構的部門層級之策略規劃是 ERP 系統必備的組織架構；每一家公司的財會部門扮演企業的把關角色，ERP 系統符合會計專業判斷，落實各部門的營運活動程序是必要條件。科技快速的發展，智慧製造 IT 管理層及 OT 營運層系統的大整合是趨勢所在，是實現產業鏈的即時資訊透明化的必要條件。IT ＋ OT 整合實現智慧製造，才可發揮上、中、下游之間的產業鏈即時資訊整合商機。

表 2-6　台灣智造 e 化發展藍圖說明

（System to System）		各行各業 -- 智慧製造	各行各業 -- 產業鏈
應用層	雲端／大數據分析		1.　數位轉型發展：
應用層	BI		1-1. 運用數位化或智慧化連結到產業鏈上下游整合、甚至生態系。
IT 管理層	ERP	各行各業 IFRS ＋ IT，適用 IFRS 的管理、會計專業判斷程序、會計政策、八大循環之重要營運循環、資通安全等，列入 ERP 作業的範疇。 ERP 系統是財務會計導向的資訊系統，公司制度、組織、標準、流程與控制等功能都整合到 ERP 系統。	1-2. 垂直整合整個產業鏈，隨時掌握供應商至顧客需求。 1-3. 從大數據分析技術，經營者可精確分析消費者需求預測。 2.　優化整個產業結構至提升產業的附加價值及生產力。
OT 營運層	MES 整合平台	軟硬體整合 ・效益：降低製造成本、自動產生即時數據，確保產品的品質等。 ・萬物互聯：自動連接多系統、多機器、多資產 ・即時數據：掃描、條碼、無線射頻辨識… ・智慧自動化（生產製程數位化）：少量多樣標準型產品 ・工業 5.0 人機協作：「人性化」製造	2-1. 帶動具備有 IT 及自動化基礎的中小企業之競爭力。 3.　企業電子化建立長期的合作夥伴關係。 4.　產業電子化的資訊透明化，整個供應鏈具備多層次，上下游之間的資訊快速反應。 5.　台灣產業的機會：具備 IT 及自動化基礎的中小企業，因為產業鏈整合將帶來產業的大商機。

本章摘要

1. ERP 系統整合一家公司的制度、標準、流程及控制，公司的員工在一個資訊平台即時進行企業內部所有的營運活動。

2. 科技的技術越跑越快，參與各產業智慧製造及產業鏈的整合，僅認識 ERP 系統是不夠的，也必須具備智慧製造、產業鏈之系統整合的基本知識，準備迎接各行各業系統的大整合。

3. 德國政府提出工業 4.0 目的是實現智慧工廠，有效帶動整個產業鏈，優化整個產業結構；旨在減少人力，縮短設計與生產之間的產品生命週期，並有效利用所有資源。朝向智慧工廠、智慧產品和智慧服務的方向發展。

4. 「數位轉型」過程，應該從企業的經營策略及目標為思考方向，運用數位科技方式，其目的是創造企業的價值。「數位轉型」是一種工具，其目的是運用數位化、或智慧化連結到產業鏈整個的上下游、甚至整個生態系。

5. 台灣具備多項完整的之產業聚落，各產業鏈的整合是包含所有的軟硬體的整合，是台灣難得的契機。整體產業鏈，從優化整個產業結構至提升整個產業的附加價值及生產力。

6. 「 IFRS ＋ IT」由建立經營者的思維，至整合 IT 知識從 ERP 延伸至 5G 的 CT 環境下，智慧製造的「IT ＋ OT」系統的大整合。

參考文獻

1. 壹讀（2016），「從工業 1.0 到工業 4.0 的演變之路」，https://read01.com/eE4OAm.html，2021/03/18 擷取。

2. ERPS 中華企業資源規劃學會，https://www.cerps.org.tw/zh-TW，2021/04/18 擷取。

3. 公開發行公司建立內部控制制度處理準則，https://law.moj.gov.tw/LawClass/LawParaDeatil.aspx?pcode=G0400045&bp=3，2021/05/08 擷取。

4. iThome，下個 10 年，臺灣產業 e 化大挑戰，https://www.ithome.com.tw/node/45412，2021/03/29 擷取。

5. 2015 年行政院生產力 4.0 科技發展策略會議 -6 月 4 日新聞稿（民國 104-06-04），https://bost.ey.gov.tw/Page/64067066A4E568B3/8fcc6455-d500-4fb3-8356-4e1355279cec，2021/03/29 擷取。

6. 文男 VS. 張家生：關鍵技術引發商模新契機」（2020/11/24），https://www.hbrtaiwan.com/article_content_AR0010093.html，2021/03/29 擷取。

7. 國際財務報導準則 IFRSs，https://www.twse.com.tw/IFRS/about，2021/03/29 擷取。

8. 台灣經濟研究院，台灣如何掌握產業數位轉型趨勢下的創新創業機會（臺灣經濟論衡），林欣吾，（2019/06/01），https://www.tier.org.tw/achievements/pec3010.aspx?GUID=ca85d7e7-89dd-41db-8e44-38a84f9c35ad，2021/03/28 擷取。

9. SAP 各模組介紹（2019-01-06），https://www.itread01.com/content/1546771577.html，2021/04/28 擷取。

10. 中華電信，雲端 ERP，https://www.cht.com.tw/home/enterprise/cloud-idc/cloud-service/cloud-erp，2021/04/28 擷取。

11. SAP，什麼是 ERP ？ https://www.sap.com/taiwan/insights/what-is-erp.html，2021/04/25 擷取。

習　題

選擇題

1.(　　) 以下哪一項敘述在工業 4.0 時代是不正確的？

(1)「無人工廠」及「萬物互聯」的概念興然而起

(2)只有 ERP 企業資源規劃系統

(3)工業 4.0 核心就是「CPS 虛實整合」及「IoT 物聯網」所建構的智慧製造系統。

(4)運用 IT 的技術，整合跨組織的系統，包含垂直的上下游產業之間的關係，及水平的製造商跨部門的溝通；即時達成客戶與製造商之間的資訊是互通的

2.(　　)「數位轉型」以下敘述何者有誤？

(1)應該從企業的經營策略及目標為思考方向

(2)運用數位科技，目的是創造企業的價值

(3)經營策略選擇新產品、服務、企業流程或商業模式，不需要考慮企業的利潤及資金能力

(4)「數位轉型」應該評估其投資報酬率是否符合企業的目標

3.(　　)「數位技術」結合 CPS 及 IoT 的技術，發揮「萬物互聯」的目的，以下敘述何者不正確？

(1)「智慧製造」可精簡人力、監督控管整個生產作業流程

(2)從垂直整合整個產業鏈而言，從隨時掌握供應商的供料狀況及顧客需求的回饋

(3)從科技的角度，運用感測器網路，原始資料轉換成有用的資料

(4)從大數據分析技術，經營者無法精準分析消費者需求的預測。

4.(　　)　ERP 系統對企業而言是 IT 技術的結晶，以下敘述何者不正確？

  (1)ERP 系統整合一家公司的制度、標準、流程及控制

  (2)ERP 即時進行企業內部所有的生產製造活動

  (3)各行各業的 ERP 因為其行業別及活動力的差異而有所不同

  (4)遵守 IFRS 法令是所有公司必須執行的，經由各相關政策至各相關制度，融入 ERP 系統已成必要的作業

5.(　　)　以下敘述工業 4.0 是透過 IoT 物聯網及 CPS 虛實整合系統的技術

  A. 在 AIoT 技術的蓬勃發展，生產線可快速進行 M2M 機器對機器的生產模式

  B. 機械設備能自行截取及記錄數據，大量資料透過網路快速傳輸及整合至相關系統

  C. 發展至「System to System 系統對系統」的概念

  D. ERP 系統透過 MES 製造執行系統的平台，彼此進行大量資料存取，也是趨勢

  下列何者是正確的？

  (1) ABCD　　(2) ABC　　(3) BCD　　(4) CD

問答題

1. 簡述台灣自動化產業發展歷程？

2. 產業鏈整合，相關企業須具備那些條件？

3. 簡述「數位轉型」的目的為何？

4. 簡述智慧製造的目的為何？

5. 簡述德國提出的未來智慧工廠的情境？

CHAPTER **3**

智慧製造與系統整合
基本概論

學習目標

☑ 認識智慧製造及 AIoT

☑ 認識 CPS、IoT 及 5G

☑ 台灣首座智慧工廠個案研究與分析

☑ 智慧製造的 MES 整合系統概論

☑ 智慧製造相關活動

☑ 智慧製造 MES 與 ERP 主檔的重要性

☑ 智慧製造 MES 即時資料作業流程

☑ 模擬智慧製造 MES 整合系統架構

　　「智慧製造」指在一個數位環境下，可以自動連接多系統、多機器和多資產等的所有物件，創建一個智慧和自主的價值鏈（Value Chain）來控制整個生產過程。智慧工廠的建置，需要即時資訊的上傳，包括軟體和硬體、資料採集基礎建設、智慧資料和應用程式的連接等。運用台灣首座智慧工廠個案，分析智慧製造的關鍵因素及趨勢。AIoT 是未來科技趨勢的主流，其目的是協助企業降低成本、提升效率、及發掘商機，進而發展出「新的營運模式」。製造執行系統（Manufacturing execution system，簡稱 MES）可以自動並立即執行系統大整合，從特定內部功能到外部供應商和客戶的多樣軟體系統。MES 的功能，包括資料採集和整合資訊系統，是即時性的生產管理系統。智慧製造 MES 與 ERP 整合，是指 OT（Operational Technology）及 IT（Information Technology）的整合。本章議題分為 3-1 認識智慧製造，3-2 認識 AI 在 CPS 虛實整合系統的運用，3-3 智慧工廠個案研究與分析，3-4 智慧製造的 MES 整合系統概論，3-5 智慧製造相關活動，3-6 智慧製造 MES 與 ERP 主檔的重要性，3-7 智慧製造 MES 即時資料作業流程，3-8 模擬智慧製造 MES 整合系統架構，3-9 結語。

3-1　認識智慧製造

　　近年來，因為美中的貿易戰、科技戰、以及 COVID-19 的疫情爆發，導致全球經濟快速的變化。過去數十年企業生產佈局以「低成本」及「大量生產集中在生產基地」的模式正發生巨大變化。全球正面臨高齡化及少子化人口結構的改變 。AIoT 技術的開發及應用，以及高度客製化的消費型態「智慧製造」已成為趨勢。依據資策會產業情報研究所（Market Intelligence & Consulting Institute，簡稱 MIC）2021 年 3 月提出，導入「智慧製造」的產業其發展共有五個階段，分別為連結（Connected）、可視化（Visible）、可分析（Analyzable）、可預測（Predictive）及自動回應（Autonomous Response）。高科技的技術之運用，導致傳統生產模式及消費特性的改變，企業對未來生產據點採取「市場導向」，不但研發佈局採取貼近終端市場，而且生產要素也快速改變，以因應快速滿足消費者的變更樣式及變更需求量；因此，加速導入「智慧製造」已成為全球各國努力的方向。

2021 年 3 月根據 MIC 調查「台灣產業智慧化系統設備及應用服務的導入」提出，在工業 3.0 時代「ERP 企業資源規劃」是企業重要的投資，其目的是提升企業營運的數位化。智慧製造時代的「可程式控制器」、「光學檢測」及「環境感測器」被廣泛使用。根據調查台灣產業近九成認為導入 AI 應用在「智慧製造」是主流，多領域需求的嘗試，包含有五種：

(1) 提升工業機器人的運作及結合 3D 視覺模組的深度學習。

(2) 強化「供應鏈管理」、「生產規劃」及「製程」最優化，例如：智慧排程。

(3) 加強工安與人員作業效能，例如：工廠環境與智慧管線參數分析。

(4) 強化智慧製造的生產設備，例如：智慧設備預知保養。

(5) 提高品質管理，例如：產品的品質瑕疵問題分析等。

企業在規劃「智慧製造」的導入藍圖應該具備的基本認知是降低生產成本、提高生產力、滿足市場少量多樣的彈性生產及即時數據分析是智慧製造的目的所在。

3-1-1 AI 及 5G 運用

英探科技指出，人工智慧的發展史有 60 餘年，在 2017 年由於 Alpha Go 軟體戰勝人類頂尖棋手，AI 撼動了全球科技領域，主要原因是演算法技術、AI 具備深度學習能力、IoT 硬體技術及大數據分析等相關科技領域不斷的精進與探索，AI 逐步帶動各種商業模式的研究與發展。

導入 5G 的優點，可實現智慧製造少量多樣生產模式的可行性，讓機具得以移動及具備彈性的智慧生產線。智慧工廠的建置，需要即時資訊的上傳，其技術來自 5G 的基礎建設及 AI 人工智慧，整合 AIoT 即時的邊緣運算，實現智能生產設備自動化，提供遠距教學跟維護、送料等作業。導入 5G 不但是自動化生產線效益提升，多項的科技也改變生產線的周邊多項活動力，例如，AGV（Automated Guided Vehicle）無人搬運車或 AMR（Autonomous Mobile Robots）自主移動機器人在廠區移動，執行生產線間的物料搬運作業；導入 MR（Mixed Reality）混合實境、AR（Augmented Reality）擴增實境技術，可以應用在倉儲備料及生產線的組裝與稽查，MR 不只可以做遠端除錯、還能防呆，進一步也能辨識操作員的手勢；還能夠

3-4 IFRS＋IT 經營管理 e 化實務

自動判斷產品組裝所需的物料、及零件，5G 具有低延遲、大頻寬、高速率的特點。可以大幅提升產線運轉的效率。

3-1-2 認識 AIoT

「AIoT 人工智能聯網」是結合「AI」與「IoT」的發展，有人形容 AIoT 是大腦與感官的結合；AI 如果沒有連結 IoT，就好像有大腦沒有感官來收集身體的資訊，反之，如果只有 IoT 沒有 AI 的應用，就如同僅有感官無法通往大腦作出反應。AI 及 IoT 的結合才可為企業創造效益。AIoT 是未來科技趨勢的主流，其目的是協助企業降低成本、提升效率、及發掘商機，進而發展出「新的營運模式」。可廣泛應用的產業有：智慧製造、智慧醫療、智慧城市、及智慧零售等。例如：

應用 1：智慧生產線設備可靠性極大化，運用 CPS 及 IoT 技術即時產出生產線的數據，當生產設備異常時發出警報，因為導入 AI，智慧生產設備因為具備自主學習能力，所以可以自動的「採取行動」進行修復作業。整個智慧生產線透過不斷的學習與修復，可提升整個智慧生產線的生產良率及效能。

應用 2：掌握所有的機器設備的關鍵細節，啟動企業服務模式；機器設備多裝置些感測器，成功預測機器設備的維修時間。

AIoT 的興起主要有三大關鍵因素組成，分別是雲端資料與分析、嵌入式系統與感測器、及 5G；說明如下：

1. 雲端資料與分析：獲取整合雲端資料資源，及運用 BI 整合 AI 的方法，嗅出市場商機。

2. 嵌入式系統與感測器：是將人工智慧的技術嵌入感測器及裝置運算能力，使資料不需要傳至雲端，感測器就可快速反應。

3. 5G：是 4G 的延伸，因為增加頻寬及其覆蓋率更廣，其速度超過 4G 的百倍，因此可降低資訊傳遞及接收的延遲性。

開發 AIoT 產品，帶給人類更大的福祉，例如：自駕車與車聯網，銀髮族穿戴裝置與醫療體系結合；主要原因是資料可即時傳輸，可大幅降低資料傳輸過慢造成的風險。AIoT 運用在智慧工廠方面，生產設備或材料倉

庫結合智慧感測器，賦予聯網功能，也能運用資料進行深度學習，使得生產運作及管理更加完善。

3-2　認識 AI 在 CPS 虛實整合系統的運用

一些研究人員運用 CPS 的屬性（Attributes），創建一個 5C 架構（Architecture）如表 3-1 所示：來進一步發展智慧製造的數位環境。5C 的架構內容包含：連接（Connection）、轉換（Conversion）、網路（Cyber）、認知（Cognition）及配置（Configuration）。5C 的架構說明如下：

1. 連接屬性：是無線通信（Wireless Communication），感測器網路（Sensor Network），是專注於硬體的開發。

2. 轉換屬性：是資料分析技術，它從原始資料（Raw Data）轉換成有用的資料（Useful Data）。

3. 網路屬性：通過 CPS 充當整個網路的控制器（Controller）。

4. 認知屬性：製造業的認知屬性參與人工智慧的特性，是實現智慧製造的關鍵技術。

5. 配置屬性：製造業的配置屬性參與人工智慧的特性，是實現智慧製造的關鍵技術。

表 3-1　CPS 虛實整合系統 的 5C 架構表

	連接屬性	轉換屬性	網路屬性	認知屬性	配置屬性
技術分類	硬體的開發	資料分析技術	網絡的控制器	人工智慧關鍵技術	
說明	無線通信 感測器網路	原始資料轉換 有用的資料	充當整個網絡 的控制器		

以上 5C 屬性包括許多子概念（Sub-Concepts），可以概括在智慧製造的可操作性（Interoperability）和意識（Consciousness）的兩個設計原則（Design Principles）。互操作性的子概念是數位化、標準化、靈活性、通信性、即時責任和可以客製化。意識的子概念是智慧演示、預測維護、決策、自我意識、自我配置和自我優化。如表 3-2 實現智慧製造的設計原則。

表 3-2　實現智慧製造的設計原則

互操作性（Interoperability）	意識（Consciousness）
數位化（Digitalization）	智慧演示（Intelligent Presentation）
標準化（Standardization）	預測維護（Predictive Maintenance）
靈活性（Flexibility）	決策（Decision-Making）
通信性（Communication）	自我意識（Self-Awareness）
及時責任（Real-Time Responsibility）	自我配置（Self-Configuration）
可以客製化（Customizability）	自我優化（self-optimization）

互操作性設計原則歸功於 CPS 和 IoT 技術的整合，將發展水平（Horizontal）、端到端（End-to-End）及垂直（Vertical）的三種整合類型，經由產品鏈和製造系統，實現企業價值網路。

意識設計原則是要求製造變得智慧化，可以發現知識（Discovering Knowledge），做出決策和提供獨立執行智慧的行動目標；由於智慧製造的互操作性，通過建立多個物聯網路（Connected networks）和意識，將實現可靠的環境（Reliable Environment），這將為智慧物件（Intelligent Objects）提供人工智慧的功能。以下分別介紹 CPS 與 IoT 技術概念。

3-2-1　CPS 技術概念

在 CPS 技術中，計算機和自動化的概念被整合到生產過程，以提高效率和自主性。主要有四個原因，說明如下：

1. 資訊透明（Transparent Information）：由於系統、機器、人員、流程和介面之間互通性和交換資訊的透明。

2. 即時決策（Real-time Decision）：智慧資料可即時作決策，由於資料採集（Data Acquisition）和處理技術，所以大幅提高運營能力。

3. 即時資料（Real-time Data）：一系列的感測器分佈在智慧工廠中，不僅用於監控和跟蹤所有操作過程，還從不同來源自動獲取所有資料。

4. 智慧製造：在生產過程中，提供智慧決策能力，以滿足及時行動的需要，例如機器對機器（M2M），接收命令同時並提供其工作週期資訊，以實現每台機器的智慧自主性和靈活性。

3-2-2 IoT 技術概念

IoT 物聯網是一個無處不在的虛擬基礎設施（Ubiquitous Virtual Infrastructure），也稱為工業物聯網（Industrial Internet）。因為感應器技術，經由各式各樣物件嵌入各種不同的感測器成為智慧物件，可以感知、觀察和計算的理解，無需輸入資料就可即時採集資料。換言之，IoT 技術成就了網路智慧物件，經由物聯網和行動裝置（Mobile Devices）可以自動即時進行資料的採集；因此在 IoT 環境中，與行業相關的材料、人員、機器和產品被嵌入不同的感測器或執行器，並連接在一起，及進行即時資料收集（Data Collection）和交換（Exchange）等。

不可否認，IoT 物聯網技術成就了智慧環境（Smart Environments）包括用於網路實際的物件（Network Physical Objects）、雲端運算、物聯網、嵌入式感測器用於資料採集、再進行儲存和分析過程的移動電子設備（Mobile Electronic Devices）；此外，大數據可用於執行具有智慧和洞察力的資料分析，以創造新產品或服務，提高企業的競爭優勢。

3-2-3 認識大數據與 BI

大數據的演變遵循商業智慧（Business Intelligence，簡稱 BI）系統的技術，在智慧物聯網的環境中創建龐大之資料庫並產生經濟效益，經由提供有用的資訊和支持決策過程來增強企業的競爭力，以實現大數據的效益。BI 被廣泛定義為維護資料處理的能力，是一個總括性術語，包括應用程式、工具和基礎設施。大數據的定義具備 3V 的特點，分別是資訊量（Volume）、速度（Velocity）、及信息種類（Variety）繁多，其目的是創新的資訊流程（Innovating New Information Processes），以提高洞察力並實現流程自動化，並提供相關決策者即時做出正確的決策。

3-3 智慧工廠個案研究與分析

台達電跨界結盟攜手遠傳電信、微軟及參數科技進行策略合作，共同打造台灣首座應用 5G 環境所建置的智慧工廠，也是台達電全球第一座 5G 智慧工廠。

2021 年 3 月底全球交換式電源供應器的龍頭廠商台達電發表，5G 企業專網的「向量控制變頻器」自動化生產線，花費半年的建置期及智慧工廠上線後 3 個月，其智慧生產線每天自動換線的次數達十次以上、生產機種高達 203 項、多達 1,606 種的備料料號。台達電提出智慧製造的六大關鍵因素：產品設計簡單化及合理化、零件標準化、方案模組化、機具數位化、實現虛實整合、及生產線自動化。

智慧工廠效益分析：生產線工序人數從 11 人大幅縮減為 2 人，證實智慧製造能夠因應小量多樣的智慧生產及提高生產品質；大幅降低智慧製造的換線速度，及依據實際數據分析，提升 69% 的人均產值及初期即可提升 75% 使用單位面積產值，在一年內可回收整個智慧工廠的投資，大幅提升製造的競爭力。

3-3-1 智慧製造趨勢分析

1. 市場分析：全球化競爭環境下，快速變動的市場、缺乏勞動力、貿易戰、環境保護的議題，以及供應鏈數位轉型的趨勢，企業如果無法適應轉型契機，將失去競爭優勢及獲利商機。

2. 生產模式改變：因應多樣少量的生產模式及迎接全球各市場所在地的「分散式製造」模式，生產線配置不但具有彈性和高機動性，智慧自動化生產線也具備頻繁及快速更換生產線的生產模式。

3. 人力結構改變：昔日各產業的生產基地外移至低成本的國家進行集中生產的模式，是屬於人管人的低階勞力之生產製造模式。因為老齡化及少子化造成全球人口結構的改變，缺工是所有產業必須面臨的困境；智慧製造的人力是「質」的提升，需要同時具備管理生產線及設備的能力之人才。現代的智慧工廠確實可以大幅度降低人力數量的需求。

4. 5G 環境解決傳統自動化生產的困境：過去製造業談自動化，是指大量的自動化是利用有線網路，因為無線的網路無法上傳即時訊息至自動化生產線的精密控制，而且無線連網是不可靠的，可能造成工業安全的問題及製造出不良的產品，還有小量自動化是非常困難，及自動化生產線之換線速度也需要耗費冗長的時間。因為，科技進步 5G 的環境大幅解決以上的問題。

5. 企業利益考量：對於製造業者而言，智慧製造以企業利益為優先考量，如何提高生產的效率、打造高彈性的製造、穩定產品的品質及縮短產品的交貨交期，已是不可迴避的議題，「智慧製造」已是趨勢所在。

3-3-2 智慧製造成功關鍵因素

1. 事前完整評估作業：智慧製造充分發揮使用 5G 即時資訊傳輸的特性，智慧生產從產品設計到銜接智慧工廠及串聯相關自動化設備，事前必須有完整評估作業，確保智慧生產每一個環節都能維持一定的生產良率和彈性。

2. 穩定且安全性高的 5G 企業專網：台達 5G 智慧工廠及遠傳提供穩定且安全性高的 5G 3.5GHz 企業專網，在無線通訊模式下，產線智慧化生產設備可以處於隨時移動的狀態、資料傳輸、及場域空間的規劃有更高的機動性，例如：

   (1) AGV 無人搬運車

   (2) AMR 自主移動機器人

   (3) AI 瑕疵檢測數據分析

   (4) MR 的混合實境技術實現隨時替換各式機具，使生產線可以快速配置，發揮遠程協同的合作效益。

   (5) 智慧製造的 AIoT 應用，結合微軟的 Azure 雲端服務、參數科技的 Vuforia AR 擴增實境，及微軟的 HoloLens 智慧型眼鏡共同打造遠端即時調整製程的運用；提高檢測精確度、降低製程不良率、提升設備的稼動率、運用 AI 產線平衡使智慧生產線的工作站對應到不同機台，各機台設備也不相同，達到快速切換達成少量多樣的效能，切換生產線過程，製程監視器也具備動態且彈性地更換，同時落實 AIoT 製程的稽核（AI Manufacturing Process Auditor）作業，運用智慧監控系統來指派工作站，進而透過影像來辨識及確保操作、流程的正確性，及提升產能最佳化。當辨認異常的作業流程，可即時通報稽核系統，避免重工及降低人力成本；透過數據蒐集，可以作為智慧生產線的優化依據。

3. 智慧製造非一蹴可幾：需要不斷反覆調整，使自動化生產線逐步達到智慧製造的目標。

4. 科技取代人力：以前生產線需要投入很多的品管人力進行生產過程的抽檢作業；科技的進步，運用品管系統及依據生產線上的數據分析，即時找出生產的異常，智慧工廠已大幅降低使用品管人員。

5. 應變作業：2020 年爆發 COVID-19，外派海外人員無法出差，加速數位轉型作業。例如：海外生產線發生問題，即時派人進行遠距離的檢查，結合當地有經驗的工程師協助解決當地的問題，或者運用「虛擬實境」及「擴增實境」進行遠端的授課，運用 AOI（Automated Optical Inspection）自動光學檢測的機制來確保作業員流程是否合乎作業流程。

6. 智慧製造產業經驗複製：台達電的「向量控制變頻器」智慧生產模式，提出智能製造可延伸至電子組裝業、半導體、光電面板、食品製造等產業。

3-3-3　異業聯盟整合效益

1. 台達電子：提出智慧製造在各產品其生產配置必須具備高度的彈性調整之特質，例如，隨時替換各式各樣的製造治具，及快速產線的配置，涵蓋的範圍有：智慧生產線設備、生產過程聯網數據的採集、製造與營運管理等相關系統、及智慧製造系統整合。生產的產品、品質、設備、物流管理與監控系統功能，不但有效穩定生產，也可應用 AI 與大數據的分析。

2. 遠傳電信：從運用大數據、人工智慧、物聯網（簡稱大人物），與 5G 結合超大頻寬技術、大量資料庫的連結、超低延遲（即時性）的特性，打造 MR 虛實混合實境的工作說明書、路徑指引、及遠程協同作業，提升新手備料入庫的效率及設備檢修與保養效率。使得各項智慧產品的應用有突破性的發展。帶動製造業升級轉型，由提供專網服務，為客戶進行設計、建置、維護、及運作管理系統、資訊安全監控系統，提供優化與服務及跨業結盟，串聯智能機台及帶動智慧製造。

3. 台灣微軟：運用最新科技，(1) 混合實境技術，可以運用在遠端除錯、防呆功能、及可辨識操作人員的手部作業是否正確；(2) 在 5G 環境下運用可優化的數位轉型，進行三維模擬產線及 IoT 數據整合成一體，其目的是達成智慧製造及同時進行機械手臂的校正。

　　本個案，異業聯盟發揮整合的效益，整合成一應俱全的智能化工廠，共同實現台灣第一座的智慧工廠。遠傳導入「企業專用」的 5G 基地台，微軟及參數科技提供雲端服務與軟體技術，提供國內產業加速推動「智慧製造」升級轉型的最佳典範。

3-4 智慧製造的 MES 整合系統概論

　　全球高科技數位時代來臨，MES 製造執行系統可以自動並立即整合從特定內部功能到外部供應商和客戶的多樣軟體系統。智慧網路和統一介面（Unified Interface）技術創建了強大的 MES 整合系統，由於透過網路技術和透過介面即時交換資料，自動連接各種獨立的子系統，以及支援簡單的輸入設備（Input Devices）及錯誤輸入（Erroneous Inputs）進行準確的合理性檢查，並具有即時的資訊，MES 已成為生產管理可靠和實用的系統。

3-4-1 認識 MES

　　在數位時代，MES 的功能，包括資料採集和整合資訊系統，即時性的生產管理系統化成為可能性。在智慧工廠，MES 可以自動溝通所有企業運營管理相關的所有子系統，包括資源管理、介面管理、資訊管理、人事管理、品質管理、資料採集、資料處理、和績效分析等。也就是說，MES 可以輕鬆的將所有生產管理子系統整合到 MES 系統中，從資料採集到資料收集、計算和儲存，以及資料分析和資料應用。

　　任何智能化生產線的資料採集都是從資源輸入到在製品（Work-in-Process，簡稱 WIP）再到成品，即時進行跟蹤、收集和儲存相關資料；其優點是嚴格控制所有操作流程，以執行每一個流程的標準程式，顯示即時報告（Real-Time Reporting），包括各種管理報告和分析。所有資料都可以儲存在 MES 系統中；換言之，MES 系統可用於控制功能，從生產規劃、機械加工、裝配、品質和貨物流通的流程，到傳入訂單的所有操作活動。重要的是，MES 發揮整合的作用，將各種單一功能系統連接起來進行資料收集、整合和評估，這些功能系統將同步執行有關訂單、材料、

機器、工具和人員最新狀態資訊的交錯相關任務。特殊地，當生產過程不能按照原始計劃運行時，所有資訊都會自動匯總，進行良好的決策及做好適當的準備。

可以想像，MES 可以成為生產管理的骨幹，整合大量數位產品和系統，以提高資訊處理能力，從而成為實現智慧製造的強大生產管理系統。

3-4-2 認識即時自動資料採集作業

資料採集通過各種讀取系統（Reading Systems）自動收集，包括計數器（Counters）、秤（Scales）、餘額（Balances），和可以比較性的設備（Comparable Devices）。例如：

1. 人體工程學觸摸屏：ETS（Ergonomic Touch Screen）的技術，用於進行資料採集。

2. PDA 生產資料採集：PDA（Production Data Acquisition）的技術，工作人員使用 PDA 記錄工作時間，手機有利於立即進行移動資料採集。

3. 無線射頻辨識：RFID（Radio Frequency Identification）的技術，可以在最惡劣的生產環境中進行遠程資料採集。

4. 反脈衝操作信號：POS（Pulse Operating Signals）的技術，可自動並立即收集收益率資料（Yield Data）。

5. 條碼及標籤：使用條碼（Barcodes）或批次標籤（Batch Labels）的技術，可以在其儲存位置掃描並即時收集資料。

如上敘述，企業可選擇適合的自動資料採集方式，進行相關資料的自動收集作業，例如：質量資料（Quality Data）、勞動時間資料（Labor Time Data）、工資資料（Wage Data）和材料資料（Material Data）、及其特徵曲線（Characteristic Curves），並且操作流程（Operational Processes）的所有資料都可以儲存的。

3-4-3　MES 整合功能別的子系統

　　傳統上大量的獨立軟體只提供單向的相關資料。各種資源單獨應用於不同的系統，這些系統執行在生產過程至完成產品；MES 發揮各種獨立功能系統之間的對話平台（Dialogue Platform），及許多獨立系統經由 MES 進行應用和整合。本小節將介紹 MES 整合的各功能別系統。

1. 生產領域系統：可程式設計邏輯控制器（Programmable Logic Controller，簡稱 PLC），這是一個數位控制系統，可防止操作錯誤並自動收集所有相關的製造資訊。

2. 品質領域系統：統計過程控制（Statistical Process Control，簡稱 SPC）系統，是一個品質管理系統，它具有對生產線異常的快速反應和有效派遣專家進行修復，並立即消除機械或人員處理異常的情況。

3. 現場控制領域系統：現場控制（Shop Floor Control，簡稱 SFC）系統可以在生產線上進行數量控制和轉移。

4. 倉庫區域系統：倉庫區域進行的管理軟體，其功能有二，設定倉庫位置結構對庫存具體位置的定位，及設定庫存出庫或入庫移動與倉庫內作業流程的指導策略。MES 整合了倉庫管理系統（Warehouse Management System，簡稱 WMS），以進行準確的庫存管理。

5. 外部庫存領域：MES 可以與其供應商垂直整合到供應鏈管理（Supply Chain Management，簡稱 SCM）系統中，可運用在即時生產（Just in Time，簡稱 JIT）管理，以減少庫存。

6. 資料領域：目前，企業資源規劃（Enterprise Resource Planning，簡稱 ERP）系統 提供了有關公司或集團的完整資訊；但是，製造工序的實際細節是很難提供。各式各樣的軟硬體的技術開發，及所有硬體都分佈在工廠中，智能化生產過程中可以即時生成其生產的相關資料，其主要原因就是來自於 CPS 和 IoT 的技術。MES 可以立即接收來自所有單一系統的資料，並向需求者發送即時資料（real-time data）。MES 系統解決 ERP 無法提供生產線細節資訊的問題，生產過程中收集大量資料及傳輸至 ERP 系統。最後，在資料應用層，BI 商業智慧系統，是通過 ERP 系統中的內部資料庫整合，企業內部所有部門經理，可以經由相關的授權皆可輕鬆獲得分析資訊。

3-5 智慧製造相關活動

強大的 MES 系統可以自動與各種功能系統連接，成功的進行生產管理。以下分別介紹智慧工廠相關的事前營運活動。

3-5-1 生產戰略模擬

1. 3D 列印：智能設計管理可以使用三維列印（3D printing）在開始生產之前製作完美的設計原型；然後，智慧軟體系統（Smart Software System）可事先模擬製造過程。MES 可考慮如何在工廠內安排所有類型的智慧機器以及如何進行良好的生產操作，從而制定最佳的生產管理計劃；例如，它可以計算每一個生產過程中各種資源的消耗，如人員、空間、能源、材料、設備等，這有助於縮短營運活動的時間。

2. 先進的規劃和進度系統：（Advanced Planning and Scheduling System，簡稱 APS）擷取 ERP 相關的業務資料，再制定詳細的製造計劃，包括列出所有分配的資源並將其整合到 MES 系統中。從製造工序的角度來看，使用 MES 系統的智能化生產線可以在每一個生產過程中分解成單一機器來收集資料，包括原材料數量、機器時間、工具時間、人力時間等。

3. 品質管理系統：使用視覺模式（Visual Mode）從生產過程中獲得的質量資料（Quality Data）可以實現品質管理（Quality Management）的目標。

3-5-2 AR 工具的運用

AR 擴增實境技術在生產管理方面取得了重大突破；例如，對於工作培訓，員工可以戴上智慧眼鏡來掃描工作地點，是藉由開發的智慧虛擬螢幕（Smart Virtual Screen）模擬工作狀況。換言之，標準操作程序（Standard Operating Procedures，簡稱 SOP）使用 AR 的技術，在生產過程中可以即時可視化整個生產過程的工序作業。這樣就可以降低人事的培訓成本，及避免生產過程造成生產不當的損失。

3-5-3　橫向和縱向資訊整合

　　在數位工廠中，所有智慧元件（Components）確實可以隨時被控制在強大的 MES 系統中，例如：智慧設計、智慧開發、智慧製造和智慧銷售，採用橫向和縱向整合的可靠資訊技術；所有智慧元件都具有自主感知、獨立預測和自我配置功能，能夠進行標準生產或服務實踐（Service Practices），實現完美的人機交互作業，這些技術將迅速提高生產率。

　　MES 系統通過連接各種獨立的橫向和縱向系統整合內部和外部系統，這意味著 MES 可以有效的增強所有功能並支援所有相關單位的要求，以實現高效率的智慧工廠。橫向整合意味著可以整合所有內部職能和系統，如工程、生產、和銷售服務。所有部門的所有資料都會自動輸入其各別功能型系統，資料可通過強大的 MES 平台與其他相關部門共用。例如，於 ERP 系統獲取「物料需求規劃（Material Requirement Planning，簡稱 MRP）」資料作業，通過 MES 平台「可靠傳輸的資料層（the Data Layer of Reliable Transmission）」收集倉庫、生產線等所有部門的資料整合到 ERP 系統中，經由 ERP 系統快速計算 15 分鐘就可取得即時的 MRP 的資料。另一方面，縱向整合是產業鏈的思維，可以運用雲端建立供應商和客戶的資訊平台，方便他們即時交換相關信息；例如，機器壞了，供應商可以使用雲端的資料來瞭解何時應該維修客戶的機器設備。

3-5-4　MES 效益模擬與發展

　　MES 是一個強大的平台，可自動連接到所有獨立系統，並立即為每一個產品提供準確的成本，因為在智慧製造環境中，它的智慧資料整合包括資料採集、資料收集、資料儲存、資料計算、和資料分析；例如，所有自動機器都可以相互發送資訊在工廠或不同工廠，從供應鏈的角度來看，所有機器的資訊都可以與 MES 連接在一起，MES 資料也可以連結到雲端系統，換言之，MES 的資料也可應用於客戶、通路或市場，實現即時客製化的生產管理；甚至每一個產業鏈資料將連接在一起，他們可以互相瞭解，如果供應商沒有庫存，經由雲端系統和 MES，做出解決庫存的良好決策。另外，雲端和 IoT 的技術可以儲存每一個產業鏈的資料，可以收集行銷資訊，使用大數據和雲端運算作出新產品開發的決策。

3-6　智慧製造 MES 與 ERP 主檔的重要性

智慧製造 MES 與 ERP 整合，就是指 OT 及 IT 的整合；從管理會計的角度來看，雖然傳統的 ERP 系統似乎提供了公司或集團的所有資訊，但成本會計結帳，經常到月底後才匆忙結上個月的帳，主要原因是企業營運過程中相關的資料無法即時取得，更不用說營運過程中所有詳細的記錄之實際資料，例如：工作時間、機器的利用率、設備使用狀況、材料損失、WIP 數量控制等。MES 整合系統在 CPS 及 IoT 的技術下，立即資料採集將克服傳統 ERP 無法即時獲取生產線等相關實際資料的問題。

在全球競爭的數位時代，MES 和 ERP 是不可分割的，並已成為越來越重要的議題，是值得關注的。本小節為 MES 與 ERP 之間的關係提供了重要的未來發展。就業務戰略有兩個主要觀點；首先，在市場的觀點，優化智慧商業模式以利與客戶、產品和服務進行溝通。其次，從企業內部資源角度來看，資源、能力和流程的整合可以創建智慧業務戰略決策能力；由於所有未來的製造資源都可以自動連接和共用資訊，工廠將變得更加智慧，通過自主控制和管理機器，有意識地預測和維護生產線。此外，智慧商業模式將連接其已銷售給客戶的智慧產品，以監控產品元件並為客戶提供更多服務。如下以系統整合概念為出發點，引述在 ERP 系統與 MES 整合系統（包含所有的子系統）應該要有一致性（或對應性）的主檔資料，也是同一公司或同一集團的相關系統的核心資料。另一方面，從企業內部資源的投入相關主檔的建立，也是決定智慧製造成敗的關鍵因素所在。

3-6-1　主檔資料重要性

我們運用一個集團共用一套 ERP 系統，說明系統內應該具備相關一致性（或可對應）的主檔。本小節，我們從內部集團組織代碼分類介紹至外部客戶及供應商主檔。

1. 集團組織：

    (1) 公司代碼：集團組織必須規劃每一家法人公司在「公司別代碼主檔」裡面。

    (2) 部門代碼：就集團內部每一家公司，也必須要有各別的「部門別代碼主檔」。

(3) 事業部代碼：如果「集團績效組織」其營運部門（或稱事業部 / 群）具備橫跨集團內部的多公司時，其相對應的公司也必須考慮其個別公司的「部門別代碼主檔」如何識別是同一個的營運部門。

(4) 部門代碼與損益表：每一家公司「部門別代碼主檔」的設計，也要配合功能式損益表的結構，那些間接部門其費用歸屬在製造費用，或營業費用的銷售費用、管理費用或研發費用。

(5) 成本中心：製造業的製造部門扮演成本中心的角色，各產業生產過程不同，其組織的設計也不一樣，即使相同產業不同公司其組織規劃也不盡相同，組織的設計也會隨企業的需求而變更。製造部門依據生產作業管理之需要或不同的事業部，必須劃分不同的成本中心，也就是成本會計人員，依據每一個成本中心，收集相關資料，才可以進行成本會計的每一個月結帳作業，包含材料成本、直接人工成本、成本中心的製造費用及歸屬在製造費用的間接部門之分攤費用。

(6) 營業費用分攤：同一家公司橫跨多個事業部，其相關營業費用所屬之部門，也必須依據各事業部認同的分攤原則，列入各事業的損益表。

2. 客戶主檔：

(1) 客戶主檔資料庫維護基本資料包含：客戶代碼、客戶名稱、聯絡人、連絡電話、負責人姓名、統一編號、付款條件、客戶往來的金融機構及帳戶等。

(2) 我們運用「表 2-4 SAP 的 ERP 模組表」來說明，ERP 系統整合企業內部所有作業流程。「客戶主檔」屬於八大循環其中的「銷售及收款循環」一致性共用的主檔。「客戶主檔」被運用在「SD/ 銷售與分銷模組」：包括銷售計劃、詢價報價、訂單管理、運輸發貨、發票等的管理，及「FI/ 財務會計模組」提供應收管理功能。

(3) 就市場的觀點，應優化智慧商業模式，以便與客戶、產品和服務即時進行溝通。例如：「客戶主檔」提供連結外部的「CRM 客戶關係管理」的重要來源。如果客戶要查詢其訂單的生產現況，就必須經由 MES 系統傳輸相關訊息至 CRM 系統。

3. 供應商主檔：

(1) 供應商主檔資料庫維護基本資料包含：廠商代碼、廠商名稱、聯絡人、連絡電話、負責人姓名、統一編號、付款條件、廠商往來的金融機構及帳戶等。

(2) 我們運用「表 2-4　SAP 的 ERP 模組表」來說明，ERP 系統整合企業內部所有作業流程。「供應商主檔」屬於八大循環其中的「採購及付款循環」一致性共用的主檔。「供應商主檔」被運用在「MM/ 物料管理模組」，包括採購、倉庫與庫存管理、MRP、供應商評價等管理功能及「FI/ 財務會計模組」，提供應付管理功能。

(3) 就市場的觀點，「供應商主檔」提供連結外部的「SCM 供應鏈管理」的重要來源。例如：SCM 整合供應商、製造商、倉庫，使得元件得以正確數量生產，有利於 JIT 存貨管理模式。

3-6-2 企業內部資源主檔的重要性

從企業內部資源角度來看，工廠使用的各種資源包括直接材料、直接工人、機器小時和其他資源，在 ERP 系統必須具備相對應的主檔，例如：

(1) 原材料主檔（Material Master）、及 BOM 材料需求表等。

(2) 智慧製造整個資源成本的計算對應的會計項目主檔（Account Master）。

智慧製造的即時生產成本的核算，也是所有經營者在意的，在管理會計領域，如何協助及因應即時報價系統及即時的生產成本核算，也將成為趨勢。例如：運用生產過程中的材料主檔和相關資源主檔的數量標準，以及每一個資源單價的標準。整個生產過程具備各種自動資料的採集，就可以自動為每一個資源的元素進行匯總，然後跟蹤到其整個流程。因此，實現智慧製造同時完成即時生產成本核算也就不難了。

3-7　智慧製造 MES 即時資料作業流程

MES 如何即時獲取各種資料的收集和資料即時回饋至相關系統，整個作業模式展開將依序以下四個步驟。

1. 標準主檔及設定：運用標準成本的概念在 ERP 系統架構下，設置材料主檔和各類主檔的各種標準，如 3-6-1 及 3-6-2 所述，這些標準嵌入到先進機器人（Advanced Robots）或自動機器中（Automatic Machines）。

2. 自動感知：各種感測器和多感測器系統在營運過程中會自動獲取資料，即時資料經由「全面感知（Comprehensive Perception）的資料層」儲存在 MES 平台。

3. 自動傳輸：MES 平台具備「可靠傳輸（Reliable Transmission）的資料層」收集回饋資料（Collects Feedback Data）並依據需求及設定可即時傳輸到 ERP 系統或相關系統。

4. 自動傳輸雲端：根據上述資料獲取，MES 平台的資料也可傳輸至雲端系統，雲端系統具備可自動收集各種大數據，是獲取各種決策的資料來源。

　　智慧製造的成功關鍵因素是 AIoT 結合 5G 的技術，實現了智慧製造，例如，3-3 智慧工廠個案研究與分析。如下將依序展開 MES 即時資料作業流程。

3-7-1 設置各種標準

　　在所有智慧系統中設置材料主檔和相關主檔的各種標準將輕鬆滿足單位、批次、產品和設備級別的各種標準成本，即時滿足工廠、企業、產品和客戶的需求，是智慧製造之前需要準備的工作；輸入製造資源所有資料，包括原材料、機器、工具、勞動者等材料主檔及相關主檔。

1. 材料主檔清單：BOM（Bill of Materials）資料，包含圖紙和所需單位用量，標準正確分配給生產線相關設備與製造治具等。

2. 各類主檔：相關各類主檔清單用於工作計劃，包括工作說明、計劃生產的工作中心、設定時間、執行時間和安裝到每一個相關機器的標準速度，這些都是生產之前必須準備的標準程序。

3-7-2 全面感知的資料層

　　在數位時代，資料採集終端設備的智慧基礎設施包括刻度介面（Scale Interfaces）、資料介面總線系統（Data Interface Bus Systems）、反脈衝操作信號（Counter Pulses Operating Signal）、處理值（Process Values）、虛實整合系統環境中的附文件標籤（Accompanying Document Label）和 ID 讀卡器（Reader）以及 IoT 物聯網的技術。第一層自動資料來自「全面感知的資料層」，從資料採集和收集到儲存的自動大量的數據。

全面感知的資料層是來自營運過程的軟硬體技術之整合（簡稱 OT 營運技術），如上述「3-7-1 設置各種標準」都安裝在相關的先進機器人或自動機器中，並嵌入各種感測器或致動器，以利生產過程中即時收集所有相關生產的資料至各相關功能系統，如上述「3-4-3 MES 整合所有功能別的子系統」所述有：PLC 生產領域系統、SPC 品質領域系統、SFC 現場控制領域系統、WMS 倉庫區域系統等，在生產過程中，各系統透過生產線的相關智慧設備自動採集各類的資訊及整合到 MES 平台，我們稱之為「全面感知的資料層（the Data Layer for Comprehensive Perception）」作業。

3-7-3　可靠傳輸的資料層

「全面感知的資料層」成為有用的資訊，可以被共用在各種資訊到相關的單一系統或設備，包括機器對系統，系統對系統，或機器對機器。智慧生產之前，不同的職能人員，包括材料控制員、生產調度員、製造技師和後勤人員，使用 MES 資訊平台傳送各種標準資料至各種獨立的功能系統準備執行智慧製造的各項準備。之後，OT 營運層實際運作，從所有各種感測器獲取輸入的資料及通過各種讀取系統自動接收到 MES 的資料收集站（Data Acquisition Station）。然後，MES 資料庫將資料反饋（Data Feedback）給所有相關的系統，資料反饋稱之為「可靠傳輸的資料層」。「全面感知的資料層」至「可靠傳輸的資料層」是屬於系統對系統的作業，也就是智慧工廠所有的營運層的相關資料整合到管理層所需要的資料，例如：「3-5-3 橫向和縱向資訊整合」所述的 MES 平台即時收集倉庫、生產線等相關資料整合到 ERP 系統，經由快速計算 15 分鐘就可取得即時的 MRP 的資料。

3-7-4　智慧運算的資料層

巨大的資料可以儲存在雲端系統中，以滿足客戶或供應商的需求。雲端系統也可以自動計算及分析其巨大的資料，並成為各種智慧信息，可以提供決策使用，我們稱之為「智慧運算的資料層」。

MES 在智慧製造扮演整合平台，生產前相關獨立系統，透過 MES 平台在前置作業傳輸各種標準進入相關的智慧機器人等；在生產階段即時採集、收集、至儲存相關資料；在管理階段 MES 資料庫可以將資料反饋給所有相關的獨立系統；MES 資料庫依據需求儲存在雲端系統中，滿足客戶或

供應商的需求，也可在雲端系統獲取各種智慧信息。智慧運算的資料層也正如「3-2-3 認識大數據與 BI」所述，大數據是屬於應用層，是創新的資訊流程提供相關決策者可即時做出正確的決策。

表 3-3　智慧製造 MES 即時自動資料作業流程

階段	說明
4. 應用層	巨大的資料可以儲存在雲端系統中，滿足客戶或供應商的需求。雲端系統也可以自動計算及分析其巨大的資料，成為各種智慧信息。
3. 管理層	MES 資料庫將把資料反饋給所有相關的獨立系統。資料反饋稱之為「可靠傳輸的資料層」；例：MES 平台即時收集倉庫、生產線等相關資料反饋到 ERP 系統
2. 營運層	實際生產過程，智慧機器人或設備，嵌入各種感測器，生產過程的資料都是經由感測器自動產生，從資料採集和資料收集到資料儲存，整合到 MES 平台，稱之為「全面感知的資料層」
1. 事前設置	輸入製造資源所有相關的材料主檔及相關主檔到先進機器人或自動化機器中

3-8 模擬智慧製造的 MES 整合系統架構

實現智慧製造主要的技術來自於 CPS 虛實整合系統及 AIoT 的先進技術，包括軟體和硬體、資料採集基礎建設、智慧資料和應用程式的連接等。如表 3-4 模擬智慧製造 MES 整合系統架構，如下依序說明：

1. 前置作業：首先事前的「生產戰略模擬」有 3D 列印的智慧軟體系統模擬製造過程，及 APS 系統展開詳細的製造計劃並整合到 MES 系統中。

2. 營運作業：在「營運層」擁有「5G 企業專網」的環境及各種元件、治具、設備等皆嵌入各種感測器或致動器，發揮即時聯網數據的「全面感知的資料層」，整個營運管理是軟硬體技術之整合我們稱之為「OT 營運技術」，細分為 PLC 生產線具備自動化設備提升為「智慧製造」，及相關營運管理系統有 SPC 品質系統、SFC 現場控制系統、WMS 倉庫系統，接者整個營運作業即時資料整合至 MES 平台。

3. 傳輸作業：資料反饋稱之為「可靠傳輸的資料層」由「營運層」至「管理層」，以技術的角度是由「OT 營運技術」至「IT 資訊技術」，例如，資料傳輸由 MES 至 ERP 系統。ERP 系統是屬於完整的財務會計系統，具備多樣完整性的

主檔；在各系統整合過程中，各系統的主檔規劃及運用成為決定 MES 整合的成敗關鍵因素。

4. 應用作業：「應用層」指 BI 及大數據的應用及串聯 CRM 及 SCM 外部系統。

表 3-4　模擬智慧製造的 MES 整合系統架構

應用層（外部）	CRM 客戶關係管理				雲端（大數據）智慧運算的資料層		SCM 供應鏈管理
應用層	BI						
IT 管理層	ERP						
MES 可靠傳輸的資料層						APS	
OT 營運層（System & Computer Technology）	MES 平台					資料收集站	
	System 電腦技術	PLC 製造	SPC 品質	SFC 現場控制	WMS 倉庫	……	……
	全面感知層（感測器或致動器 / 智慧元件、治具、設備、產品、AGV、AMR、PDA、FRID、Barcodes…）						

- BI（Business Intelligence）：商業智慧
- ERP（Enterprise Resource Planning）：企業資源規劃
- MES（Manufacturing Execution System）：製造執行系統
- APS（Advanced Planning and Scheduling System）：先進的規劃和進度系統
- PLC（Programmable Logic Controller）：可程式設計邏輯控制器系統
- SPC（Statistical Process Control）：統計過程控制系統
- SFC（Shop Floor Control）：現場控制系統
- WMS（Warehouse Management System）：倉庫管理系統

⇕　表示 MES 與 OT 營運層的所有子系統具備雙向的功能，(1) APS 的製造計劃經由 MES 分解至單個智慧機器人或智慧自動化生產線；(2) MES 的各子系統的即時資料進入 MES 平台。

⬇　表示 APS 擷取 ERP 相關的業務資料，再制定詳細的製造計劃至 MES。

⇧　表示經由 MES 可靠傳輸的資料層將其相關資料傳送至 ERP 系統或雲端。

⬆　表示通過 ERP 系統中的內部資料庫整合至 BI 系統。

3-9 結語

　　工業 3.0 時代「ERP 企業資源規劃」系統其目的是提升企業營運的數位化。AI 應用是「智慧製造」的主流，其目的是降低生產成本、提高生產力、滿足市場少量多樣的彈性生產及即時數據分析。實現「智慧製造」的技術來自於 CPS 及 IoT 的先進技術。導入 5G 環境及整合 AIoT 即時的邊緣運算，提升智慧生產線效益及週邊多項的活動力，例：提供遠距教學、維護、及運送材料等作業。MES 是生產管理的骨幹，整合大量智慧元件和系統成為實現智慧製造的系統平台。

　　工業 4.0 時代是指在一個數位環境下，可以自動連接多系統、多機器和多資產等的所有物件，創建一個智慧和自主的價值鏈來控制整個生產過程，我們稱之為「智慧製造」。智慧製造 MES 即時資料作業流程，從設置各種標準嵌入到先進機器人或自動機器中，營運過程中經由感知而自動獲取即時資料，並儲存在 MES 平台；回饋相關收集的資料，即時可靠傳輸至管理層的 ERP 系統及應用層的雲端系統，可快速發揮「大數據」功能，提供相關決策者即時做出正確的決策。

本章摘要

1. 由於 CPS 及 IoT 的技術，及實現 AI 人工智慧，創造企業更高的效益。「智慧製造」應該具備的基本認知是降低生產成本、提高生產力、滿足市場少量多樣的彈性生產及即時數據分析是目的所在。

2. CPS 的具備屬性有五：連接、轉換、網路、認知及配置，具備可操作性和意識的兩個設計原則。互操作性的子概念是數位化、標準化、靈活性、通信性、即時責任和可以客製化。意識的子概念是智慧演示、預測維護、決策、自我意識、自我配置和自我優化。

3. IoT 是一個無處不在的虛擬基礎設施，因為感應器技術，經由智慧物件嵌入各種不同的感測器，可以感知、觀察和計算的理解，無需輸入資料就可及時採集資料。

4. AIoT 是結合 AI 及 IoT，帶動 AIoT 的興起主要有三大關鍵因素組成，分別是雲端資料與分析、嵌入式系統與感測器、及 5G。

5. MES 可以將所有生產管理子系統整合到 MES 系統中，從資料採集到資料收集、計算和儲存，以及資料分析和資料應用。

6. MES 系統通過連接各種獨立的橫向和縱向系統整合內部和外部系統，實現高效率的智慧工廠。橫向整合意味著可以整合所有內部職能和系統。縱向整合是產業鏈的思維，可以運用雲端建立供應商和客戶的資訊平台，方便他們即時交換相關信息。

7. 全面感知的資料層是來自 OT 營運技術整合軟硬體，設置各種標準都安裝在相關的先進機器人或自動機器中，即時收集相關生產營運的資料至各功能系統，並整合到 MES 平台，我們稱之為「全面感知的資料層」作業。

8. 感知層自動接收到 MES 的資料收集站，MES 資料庫將資料反饋給相關的各系統，資料反饋我們稱之為「可靠傳輸的資料層」。

9. 雲端系統可以自動計算及分析巨大的資料，成為各種智慧信息，可以提供決策使用，我們稱之為「智慧運算的資料層」。大數據是屬於應用層，是創新的資訊流程提供相關決策者可即時做出正確的決策。

參考文獻

1. Wen-Hsien Tsai *,Shu-Hui Lan and Cheng-Tsu Huang（2019），「Activity-Based Standard Costing Product-Mix Decision in the Future Digital Era：Green Recycling Steel-Scrap Material for Steel Industry」，https://doi.org/10.3390/su11030899，2021/03/29 擷取。

2. Wen-Hsien Tsai ,Shu-Hui Lan and Hsiu-Li Lee（2020）「Applying ERP and MES to Implement the IFRS 8 Operating Segments: A Steel Group's Activity-Based Standard Costing Production Decision Model」，https://www.mdpi.com/2071-1050/12/10/4303 , 2021/03/29 擷取。

3. Kletti, J. Manufacturing Execution System-MES; Springer: Berlin/Heidelberg, Germany; New York, NY, USA, 2007; pp. 61–78。

4. 解密 2021 臺灣智慧製造發展現況與投資需求 | 資策會產業情報研究所（MIC）（iii.org.tw），2021/03/29 擷取。

5. 獲利提升 38% 的秘密：AIoT 三大產業應用是什麼？| SAS，2021/03/27 擷取。

6. GIGABYTE（2019），「你知道 AIoT 嗎？談物聯網結合人工智慧的實務應用」，https://www.gigabyte.com/tw/Article/how-will-aiot-make-a-change-in-our-daily-life，2021/02/18 擷取。

7. 數位時代（2019），「什麼是 AIoT？人工智慧照亮 IoT 進化路，推動 3 大關鍵應用領域」，https://www.bnext.com.tw/article/53719/iot-combine-ai-as-aiot，2021/03/05 擷取。

8. iThome 李宗翰（2020），「【臺灣資安大會直擊】IT 與 OT 各有不同的資安認證標準，企業仍可建立統一的管理制度來同時對應相關的要求，而非重複進行類似的工作」，https://www.ithome.com.tw/news/139440, 擷取 2021/04/09。

9. 財經（2021），「【台達電智慧工廠 3】智慧製造解決缺工」，https://www.mirrormedia.mg/story/20210331fin004/，擷取 2021/04/18。

10. 時報資訊（2021）「《電子零件》台達電 5G 智慧工廠亮相」，https://tw.stock.yahoo.com/news/%E9%9B%BB%E5%AD%90%E9%9B%B6%E4%BB%B6-%E5%8F%B0%E9%81%94%E9%9B%BB5g%E6%99%BA%E6%85%A

7%E5%B7%A5%E5%BB%A0%E4%BA%AE%E7%9B%B8-002744476.html，擷取 2021/04/18。

11. 經濟日報（2021），「遠傳助攻 台達展示台灣第一座 5G 智慧工廠」，https://money.udn.com/money/story/5612/5354247，擷取 2021/04/18。

12. 科技新報（2021），「攜手微軟、遠傳、參數科技，台達首座 5G 智慧工廠亮相」，https://technews.tw/2021/03/30/5g-smart-factory-in-taiwan/，擷取 2021/04/18。

13. 數位時代（2021），「直擊全台首座 5G 智慧工廠！助台達電產值提升 75%，還有哪些革新技術？」，https://www.bnext.com.tw/article/62092/delta-5g-smart-factory，擷取 2021/04/18。

14. DELTA，「服務項目」，「https://www.deltaww.com/IA_portal/smart_mfg.htm」，擷取 2021/04/18。

15. 財經科技（2021），「全台首座 5G 智慧工廠亮相！台達電看好產能、業績衝高，力拚廠區 5 年全面升級」https://www.storm.mg/article/3575811，擷取 2021/04/18。

16. 呂俊德（2017），「從大數據到智慧生產與服務創新」pp.192~209。

17. 蔡文賢、范懿文、簡世文（2006），進階 ERP 企業資源規劃會計模組，前程文化事業有限公司，台北，民國 95 年 5 月。

習 題

選擇題

1.(　　) 下列智慧製造敘述，何者是不正確的？

(1)智慧製造目的是降低生產成本

(2)智慧製造可以滿足市場少量多樣的彈性生產

(3)實現智慧製造主要是來自於 CPS 及 IoT 技術

(4)智慧製造與即時數據分析無關

2.(　　) 一些研究員創建一個 5C 架構說明 CPS 虛實整合系統的屬性，其中兩個是具備人工智慧的特性，A. 連接（Connection）；B. 轉換（Conversion）；C. 網路（Cyber）；D. 認知（Cognition）；E. 配置（Configuration）。以下何者是正確的？

(1) AC　　(2) BD　　(3) DE　　(4) CD

3.(　　) 智慧工廠透過那個系統整合特定內部功能到外部供應商和客戶的大量軟體系統？

(1)企業資源規劃 ERP（Enterprise Resource Planning）系統

(2)製造執行系統 MES（Manufacturing execution system）

(3)商業智慧 BI（Business Intelligence）系統

(4)大數據（Big Data）

4.(　　) 以下敘述何者屬於智慧製造的應用層

(1)擁有「5G 企業專網」的環境及各種元件、治具、設備等皆嵌入各種感測器或致動器，可發揮即時聯網數據的「全面感知的資料層」

(2)營運層是軟硬體技術之整合我們稱之為「OT 營運技術」

(3)「OT 營運技術」至「IT 資訊技術）」，是指資料可靠傳輸可由 MES 資料收集站傳送至 ERP 系統

(4)BI 及大數據的應用及串聯 CRM 及 SCM 外部系統

5.(　　) 如下敘述智慧製造 MES 即時資料作業流程順序為何？

A. MES 平台具備「可靠傳輸的資料層」收集回饋資料並依據需求及設定可即時傳輸到 ERP 系統或相關系統

B. 各種感測器和多感測器系統在營運過程中會自動獲取資料。即時資料經由「全面感知的資料層」儲存在 MES 平台

C. 智慧製造之前的準備作業，設置材料主檔和各類主檔的各種標準，嵌入到先進機器人或自動機器中

D. MES 平台的資料傳輸至雲端系統，可自動收集各種大數據，是各種決策的資料來源

以下順序排列何者是正確的？

(1) ABCD　　(2) BCAD　　(3) CBAD　　(4) DACB

問答題

1. 試述智慧製造的目的為何？

2. 試述何謂「智慧製造」？

3. 試解釋 AIoT？

4. 試述 MES 即時資料作業流程？

5. 試描述智慧製造 MES 整合系統架構？

智慧製造與管理會計變革

學習目標

☑ 智慧製造應用與成本結構變革

☑ 即時資訊與 ERP

☑ MES 與 ERP 系統的 ABSC

☑ 智慧工廠營運規劃設計

☑ IFRS 8 與 ABSC 個案研究

☑ 科技帶動管理會計的變革

　　「智慧製造」的目的是以企業利益為優先考量，降低生產成本、提高生產力、滿足市場少量多樣高彈性的製造、縮短產品的交期、及即時數據分析。智慧製造的人力是「質」的提升，解決全球人口結構老齡化及少子化所造成的缺工問題。智慧工廠的建置，運用 CPS 及 IoT 的技術實現 AI 人工智慧，導入 5G 基礎建設及整合 AIoT 即時的邊緣運算，大幅度提升智慧生產線效益及改變智慧生產線周邊多項活動的科技化，例：遠距教學、設備維護、或送料等作業。本章將由認識「工業 4.0」實現「智慧工廠」至「工業 5.0」的「以人為本」的生產模式，洞察智慧製造帶來的管理會計變革；也規劃智慧工廠以企業利潤極大化為目標的整體營運戰略模式，在 5G 智慧製造環境，運用科技獲取最佳銷售決策、及 ABSC 產品組合決策模式，建構符合 IFRS 8 營運部門的（產品別）集團績效組織，整合 OT 及 IT 即時資訊傳輸模式，運用鋼鐵集團個案推演符合 IFRS 8 的整體營運戰略模式。本章議題分為：4-1 智慧製造應用與成本結構變革，4-2 即時資訊與 ERP，4-3 MES 與 ERP 系統的 ABSC，4-4 智慧工廠營運規劃設計，4-5 IFRS 8 與 ABSC 個案研究，4-6 科技帶動管理會計的變革，4-7 結語。

4-1　智慧製造應用與成本結構變革

　　德國政府於 2010 年提出「工業 4.0」希望實現「智慧工廠」及「萬物互聯」旨在減少人力，縮短設計與生產之間的產品生命週期，有效利用資源，帶動整個產業鏈，優化整體產業結構。以下將介紹智慧製造的應用及對成本會計的成本結構之影響。

1. 自動化生產提升至智慧製造：依據台達電提出智慧製造的關鍵因素之一，是指已具備「自動化大量生產」提升至「智慧製造」的生產模式，因應快速生產少量多樣的「智慧生產線」，以滿足大量的客製化訂單。以人力生產效益而言，其生產線工序人數從 11 人大幅縮減為 2 人，也就是說，智慧製造與傳統自動化生產線比較僅需 2 成的人力。台達電智慧工廠在穩定且安全性高的 5G 3.5GHz 企業專網的無線通訊模式下，智慧化生產設備可以處於隨時移動的狀態、資料傳輸、及場域空間的規劃有更高的機動性。值得一提，智慧製造的 OT 營運層串聯各功能別相關的智慧化設備，是軟硬體的大整合，是屬於高投資的製造模式，必須具備相當規模的企業才負擔得起。

2. 工業 5.0「人機協作」的生產模式：如果採用如上所述的「智慧生產線」模式，需要大量人力撰寫程式，因為機器人只會依指令做事，對於中小企業是負擔不起的成本。協作機器人具備輕巧、便捷及價格優惠，「人機協作」的生產模式可以改善中小企業的生產流程和提升生產力。工業 5.0「人機協作」在生產流程中，加入專業技師個人化的創造力，使產品具備「人性化」的特質，符合各別消費者表達自我的期望。協作機器人的彈性程式設計，生產過程注入專業技師的設計及創造力，使每件產品皆具有獨特性；換言之，客製化「以人為本」是工業 5.0 的核心所在，專業技師的研發創新與即時製造是趨勢所在。

3. 生產模式牽動成本結構的變革：如表 4-1「生產模式與成本會計的成本結構比較」所示，(1) 傳統生產模式必須依靠勞力，其直接人工成本是成本結構主要項目之一；但隨生產模式的改變，例如：自動化生產、智慧生產線及人機協作，原來直接人工作業已被機器取代；就成本結構而言，「製造費用 - 智慧機器折舊費用」取代「直接人工」。(2) 自動化生產線仍有多部門的間接人員在生產線附近走動，但智慧生產線的興起帶動周邊活動力的改變，原來品管的檢驗員及倉庫的送料員等，也都被智慧化設備取代；以成本結構變化而言，增加「製造費用 - 智能化設備折舊費用」及減少各部門的「製造費用 - 間接人工」。(3) 工業 5.0「人機協作」的專業技師必須具備研發創新與製造能力者，專業技師投入生產已跳脫「直接人工」僅依靠勞力的生產模式。不可否認，智慧製造大幅降低人力的需求，取而代之的是，多功能人才及增添智慧機器的投資，與生產線周邊功能別的智慧化設備。不可否認，成本會計的成本結構，隨科技的發展，正在逐步展開各產業成本結構的變化；成本會計人員應深入了解生產線，與跨部門溝通，及取得相關製造費用的合理性歸屬與分攤。

表 4-1　生產模式與成本會計的成本結構比較

（相關）成本結構	自動化生產	智慧製造 - 智慧生產線	人機協作
直接人工	無直接人工	無直接人工	專業技師具備即時研發創新與製造能力
製造費用 - 間接人工	製造、品管、倉庫等仍有多部門的人員在自動化生產線附近走動	與自動化生產比較僅剩 2 成的人力，大部份工作被智慧機器及智慧化設備取代	
製造費用 - 折舊費用	成本會計人員應深入了解生產線，與跨部門溝通。及取得相關製造費用的合理性歸屬與分攤		

4-2　即時資訊與 ERP

　　智慧製造的 OT 營運層是軟硬體的大整合，串聯各功能別相關的智慧化設備與機器是「萬物互聯」的概念；依據 3-3 台達電的智慧工廠個案所敘述，就是實現「虛實整合」充分發揮 5G 即時資訊傳輸的特性。智能化生產線的資料，從資源輸入到在製品再到成品，即時進行跟蹤採集、收集和儲存等相關資料，嚴格控制所有操作流程，以執行每一個流程的標準化，顯示即時報告，包括各種管理報告和分析。OT 營運層的「全面感知層」的作業模式，是指生產過程聯網數據的即時資料採集，包含生產的產品、品質、設備、物流管理與監控等，運用 MES 進行資料整合，也將各種單一功能系統串連起來，同步執行有關訂單、原材料、機器、工具和人員最新狀態資訊的交換任務；即時資訊的功能可以有效穩定生產，也應用於 AI 與大數據的分析。

　　立即資料採集作業及 MES 平台的「可靠傳輸的資料層」，解決了 ERP 無法即時獲取生產線等相關實際的資料；「可靠傳輸的資料層」依據需求及設定，其回饋資料可以即時傳輸到 ERP 系統；換言之，OT 營運層經由 MES 平台將相關資料即時傳輸到 IT 管理層的 ERP 系統，是 OT 與 IT 整合的範疇之一。如何善用 MES 即時資訊整合平台，創造 ERP 即時營運資訊效益極大化，從經營者的思維及結合管理會計的功能，可以有效發揮 OT+IT 系統整合效益。

4-2-1　認識 ABC 在 ERP 系統

　　Cooper 和 Kaplan（1988 年）開發 Activity-Based Costing（簡稱 ABC）基於活動的成本計算，用於會計領域創建準確的成本管理制度，在工業 2.0 大規模生產和工業 3.0 自動化生產時代，ABC 模式的準確成本核算能力得到了高度認可，至今也被大多數企業廣泛使用。ABC 已應用於各行業，並用於效率改進、設置時間縮短、性能測量、產品組合分析和預算編製等作業。

　　ABC 理論被使用在不同級別的活動，包括單位（unit-level）、批次（batch-level）、產品（product-level）和設施（facility-level）層級活

動；應用於工廠、公司、產品和客戶級別相關的活動分析。ABC 模式在成本分配分為兩個階段：(1) 將資源成本（Resource Costs）分配給使用各種資源驅動（Using Various Resource Drivers）的活動：(2) 使用各種資源驅動將活動成本（Activity Costs）分配給各種成本物件（Various Cost Objects），包含零件（Parts）、產品（Products）、管道（Channels）、區域（Districts）等。ABC 方法在企業資源規劃（Enterprise Resource Planning，簡稱 ERP）系統中被廣泛使用了很長時間。

1. ABC 成本：ABC 模式使用兩階段程序來計算產品成本，分別為各種資源驅動元素（指投入的各項成本）和活動成本。每一個成本中心通過一連串的生產過程，其總成本由相關生產過程所組成。換言之，每一個活動成本庫（本書稱之為成本中心）的所有要素都來自不同的資源成本，並可追溯至其相關生產過程。

2. ABC 運用：ABC 也被運用在自動化製造環境中的產品成本，但不足以滿足數位時代即時所需的單一物件成本之資訊。

3. 缺乏即時資訊：從管理會計的角度來看，雖然 ERP 系統似乎提供了公司或集團的所有資訊，但是，製造過程的實際細節很難即時提供所有詳細的記錄，如工作時間、機器或設備的利用、材料損失、WIP 數量控制等。

4-2-2　傳統 ABC 與創新 ABSC

作者（2019）運用 ABC 理論結合科技的發展，在 sustainability 國際期刊發表「ABSC（Activity-Based Standard Costing，簡稱 ABSC）基於活動的標準成本計算」理論，以因應智慧製造 OT 與 IT 技術整合，實現「即時資訊」的應用。如「表 4-2 傳統 ABC 結合科技發展至創新 ABSC 理論表」所示。

ABC 廣泛應用於各種行業的管理和控制，滿足企業整體成本資訊的需求，但是，無法突破即時資訊的整合與運用。AIoT 技術的發展，智慧製造之前，所有各式各樣的智慧資源物件已安裝相關的標準主檔；很容易在單位、批次、產品和設施級別上滿足各種標準成本；智慧製造的「量」、「價」同步即時採集資訊的系統設計，相信可滿足工廠、企業、產品和客戶即時資訊的需求。另外，啟動智慧製造過程中，由於 AIoT 技術，所有智慧物件皆具有自主感知、獨立預測和自我配置能力，能夠制定標準生產或服務實踐，實現完美的人機交互作業，迅速提高生產率。

　　5G 智慧工廠由於 CPS、IoT、和 AIoT 技術，在 OT 營運層所有智慧物件在智慧製造過程中，各種感測器自動採集即時的資料，其中，MES 扮演關鍵的角色，不但發揮串聯各軟硬體，及收集、存儲、計算等大量的資料；另一方面，MES 運用「可靠傳輸資料層」，將即時資料回饋給 ERP，使得 ERP 系統也具備即時資訊成為可能性。OT 及 IT 技術整合，ABSC 理論運用在智慧 ERP 系統可以大幅提升現代智慧工廠的業務運營能力、成本、服務、資源和生產率等，預期有助於實現企業獲取即時報價、及即時成本等資訊，「相關即時資訊」可協助企業因應高競爭市場的變化。

　　在數位工廠中，所有智慧元件在強大的 MES 系統中隨時被監控，包含智慧設計、智慧開發、智慧製造和智慧銷售；在產業鏈系統中，MES 扮演可靠的水平和垂直資訊整合。智慧工廠的 OT 及 IT 整合架構下，智慧 ERP 系統，由 ABC 提升至 ABSC 理論，即時分析各部門的成本，如生產、銷售、人力資源、研發、採購、專案管理、產品設計、績效測量、效率改進、產品組合分析、設置時間縮短、品質成本測量、環境品質管理，預算等；智慧 ERP 的即時資訊對企業的發展將帶來相當大的助力，相關即時資料可立即用於各種管理任務和決策；MES 是生產管理的骨幹，不但整合了 OT 營運層的大量子系統，也串聯 IT 管理層的 ERP 系統。

　　科技突飛猛進，MES 解決 ERP 即時資訊的問題，從生產過程的大量自動採集作業等，至經由「可靠傳輸資料層」即時回饋給 ERP，在資訊應用領域，商業智慧（BI）系統可以通過 ERP 系統，經過授權所有部門經理可以即時獲取相關資訊。

表 4-2　傳統 ABC 結合科技發展至創新 ABSC 理論表

工業 2.0/3.0 傳統 ABC Activity-Based Costing	科技發展 Technological Development	工業 4.0/5.0 創新 ABSC Activity-Based standard Costing
資源（Resources）：直接材料、直接人工、機器設備等	1. 5G 科技環境：CPS，IoT，AIoT，萬物互聯 2. 所有物件都嵌入各種感測器或致動器，成為智慧物件 3. 即時資訊：通過各種閱讀系統自動採集、實現收集、存儲、計算和分析 4. OT 營運技術及 IT 資訊技術的整合	智慧資源（Smart Resources）： 1. 資源標準：包括原材料、機器、工具、勞動者等材料主檔及相關主檔 2. 智慧資源物件：智慧元件、智慧機器、智慧化設備…
活動（Activities）：		智慧活動（Smart Activities）：智慧資源物件進入生產流程
產品（Products）：		智慧產品（Smart Products）
使用的系統： ERP（Enterprise Resource Planning） ERP 資料庫：包含所有的標準成本		使用的系統： 1. MES 整合平台：OT 層的軟硬體整合與串聯 2. 可靠傳輸資料層由「OT（MES）」至「IT（智慧 ERP）」

4-3 MES 與 ERP 系統的 ABSC

在智慧工廠中，「APS 先進規劃和調度系統」掘取 ERP 的業務訂單資料及展開制定詳細的製造計劃，包括列出所有分配的資源並將其整合到 MES 系統；從製造工序的角度而言，MES 將考慮如何安排工廠內所有類型的智慧機器以及如何進行良好的生產作業，從而制定最佳的生產管理計劃，例如，計算每一個生產過程中各種資源的消耗，如人員、空間、能源、材料、設備等，MES 也可以細分到每一個生產過程中的單一機器。

MES 使生產管理數位化成為可能；OT 營運層所有智慧物件在智慧製造過程中，即時採集的資料，可以即時存儲在 MES 系統中，該系統可用於控制生產計劃、加工過程、裝配過程、品質流程和貨物流程的所有營運操作活動；主因是 MES 發揮整合功能，自動連接到所有獨立系統，即時進行資料整合，包括資料採集後的收集、存儲、計算、分析、和應用。巧妙地，當生產過程不能按照原始計劃運行時，所有資訊都會自動匯集並做好適當

準備，以利即時做出正確的決策，因為所有智慧物件皆具有自主感知、獨立預測和自我配置能力。

MES 效益延伸 (1) 應用優化智慧商業模式，以利與客戶、產品和服務進行溝通；例如，連接其已經銷售給客戶的智慧產品，並為客戶提供更多的服務；(2) 整合資源能力和流程可以創造智慧業務戰略決策能力，由於智慧製造可以自動連接和共用資訊，工廠變得更加智慧，通過自主控制和管理機器來預測和維護生產線。MES 即時運用大量軟體從特定的內部功能整合到外部供應商和客戶。MES 整合系統，得利於 CPS 和 IoT 的先進技術，MES 支援網路數據收集系統，可用於實現標準化、文檔管理、質量保證和設備性能分析等。

在全球競爭的數位時代，ABSC 理論結合 MES，不但實現高效率的生產管理，也提供即時的資訊，以利即時衡量企業所有運營的績效。智慧製造過程中，ABSC 相關各種標準資料在生產之前經由 MES 平台細分安裝至相關智慧物件，當開始生產時，每一個智慧物件自動顯示其資訊及整合至 MES 平台，再即時傳輸至 ERP 系統；運用數位整合技術，所有智慧製造活動的即時資訊可以立即提供給需求者；智慧製造的 ERP 系統下即時 ABSC 成本核算，可以帶給經營者即時進行決策與管理。

4-3-1　認識 ABSC 的即時成本規劃與運用

智慧工廠到處分佈著感測器，不僅用於監控和跟蹤所有操作，還用於所有智慧元件的即時採集作業。創新 ABSC 的即時資訊，其原因是 MES 的整合，包括軟體和硬體、資料採集基礎設施以及掃描、條碼和 RFID、智慧資訊和應用程式的連接。投入製造資源包括原材料、機器、工具、勞動者等，所有資源的成本是運用各項資源的標準用量 × 各項資源的標準單價，例：材料主檔及標準包括圖紙和所需數量，及所有相關主檔的運用是屬於工作計劃的內容，包括工作說明、計劃生產工作中心、設定時間、運行時間和安裝到每一個相關機器的標準速度，所有設定的各項標準，投入生產前安裝在相關的先進機器人或智慧生產線，在智慧製造過程就可即時採集所有資料，此過程稱為「全面感知的資料層」。智慧製造 OT 與 IT 技術整合，可實現 MES 平台的即時資訊傳輸至 ERP 系統。以下四個步驟以 ABSC 觀點取得即時成本資訊：

步驟 1. 立即計算資源成本：智慧工廠使用的各種資源，包括直接原材料、直接工作力、機器小時數和其他資源。總資源成本指各項資源的標準用量 × 各項資源的標準單價的總和。在整個智慧製造過程中，所有詳細的標準用量都可以自動被視為每一個智慧資源元素，然後跟蹤到其整個生產過程；經由 MES 平台至 ERP 系統，就可以即時計算相關的資源成本。

步驟 2. 跟蹤活動資源成本：根據收集資料過程中的各種自動資料採集，如果資源僅被特定活動所運用，則可以自動跟蹤某些直接資源成本到特定活動。否則，資源成本應分配給通過適當的資源驅動所消耗資源的活動。

步驟 3. 標準化的活動成本：智慧製造除了智慧生產線之外，還有多項活動是必備的成本，我們稱之為「製造費用的間接成本」，如何合理分配到相關的智慧製造的生產過程；例如，品管進行原材料的檢驗、倉庫搬移原材料或成品、生技維護和修理機器，所應負擔的間接人工成本或智慧設備的折舊費用。所謂「標準化活動成本」指可追溯到其相關活動的每一個活動的成本，除了有明確直接歸屬的直接成本之外，還有應該分攤的間接成本，例如：設定合理的「標準費用率」，智慧製造過程可依據每一個生產活動，運用自動資料採集作業，同時進行立即計算標準的活動成本。

步驟 4. 即時每一個智慧產品總成本：通過匯總每一個智慧產品單元的資源和活動成本，可以即時自動計算每一個智慧產品的總成本。ABSC 必須落實各細項的標準成本才有機會實現即時計算成本，每一個產品完成即可即時計算智慧產品的總成本。

實現即時準確的標準成本，主要的是借助於 MES 的技術，可以細分到每一個生產過程中的單一機器及計算每一個生產過程中各種資源的消耗，如人員、空間、能源、材料、設備等，實現智慧製造「量」、「價」同步，要實現 ABSC 就不難了。

4-4 智慧工廠營運規劃設計

　　Jadicke（1961）在管理會計中應用了產品混合模式，以確定在多產品公司的各種限制，例如：銷售、生產和成本要素；實現利潤總額最大化的最佳產品組合。在數位化時代，運用雲端技術可以為產業鏈進行資料存儲，包含行銷資訊，使用大數據和雲計算作出即時最佳銷售決策，及結合 ABSC 產品組合決策模式，規劃利潤極大化，提供企業的營運策略和展開預算規劃的最佳方案。

　　本節以創建智慧工廠營運規劃設計，運用「智慧製造營運藍圖」顯示營運戰略的整個過程，包括策略、方法和工具；(1) 策略：運用大數據和雲計算，及 ABSC 生產決策模式可以協助管理當局（Chief Operating Decision Makers，簡稱 CODM）獲得最佳銷售決策；(2) 方法：可運用 ABSC 作業模式，規劃符合 IFRS 8 營運部門的（產品別）集團績效組織；(3) 工具：在 5G 智慧製造環境 OT 營運資料層的 MES，與 IT 管理資料層的 ERP 進行串聯與整合。

4-4-1 智慧製造營運藍圖

　　大數據技術具備創新資訊流程，增強洞察力，實現流程自動化，及運用龐大的資料庫進行有效的數據分析，可擴展成為企業的營運戰略模式，以創造新產品或服務提高企業的競爭優勢。智慧製造營運藍圖，如圖 4-1 所示，運用大數據和雲計算，及結合 ABSC 生產決策模式實現企業利潤最大化，滿足營運戰略的選擇；有助於 CODM 遵循 IFRS 8 運營部門的核心原則，選擇以「產品別」視為集團績效組織的戰略模式。在操作過程中，智慧 ERP 系統中的預算作業（展開銷售預測、生產目標與利潤目標）及 ABSC 的標準資料可被應用於 MES，智慧製造過程中，MES 即時資訊即時回饋至 ERP 有效的進行運營管理、控制、溝通和分析。值得一提，即時資訊可運用在不同的工廠、公司、客戶、供應商、資源和物流之間的智慧商務網路，形成完整的通信網路，實現跨組織狀態，提供即時傳輸資訊給相關需求者。

5G 數位環境及 CPS 和 AIoT 技術，發揮「互操作性」及「意識」的設計原則；所謂「互操作性的設計原則」是指將分別開發的水平、端到端、和垂直系統進行整合，實現跨產業鏈和通過 MES 的業務價值網路；「意識的設計原則」是要求製造業在發現知識、決策、和自主性，使智慧物件變得聰明；由於互操作性通過建立多個物聯網路和意識，可以實現可靠的環境，使智慧物件具備人工智慧的功能。

智慧工廠的所有物件變得有意識和智慧，這意味著它們將維護和預測機器、控制生產過程和管理製造系統，從而實現即時自動的整合作業。例如，與行業相關的原材料、人員、機器和產品嵌入不同的感測器或執行器，所有物件都成為智慧物件，造就了自動連接系統、機器、和資產，實現「萬物互聯」的智慧工廠。CPS、IoT 和 AIoT 的技術，創建智慧和自主的價值鏈，包括用於智慧物件、雲計算、物聯網、嵌入式感測器和行動電子設備的智慧環境。智慧製造即時資料採集、收集、存儲、交換和分析等，及 MES 發揮系統的端到端、水平、及垂直整合的功效。

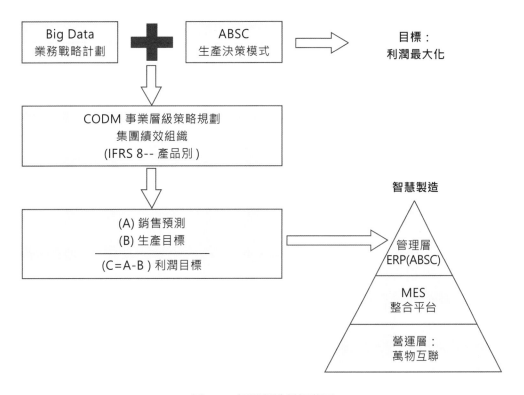

圖 4-1　智慧製造營運藍圖

4-4-2　IFRS 8 與 ABSC

　　定義 IFRS 8 運營部門，具備收入和支出，揭露有關產品別、地區別、或產品＋地區別的具體財務資訊。在 IFRS 8 運營部門，集團績效組織的每一個運營部門的財務報表皆來自於集團內部的母公司及各子公司有關的部門，進行財務資訊的整合及編制的合併財務報表。營運部門衡量的標準方法有三，收入、利潤或資產，必須揭露至少 75% 的可報導部門。(1) 收入包括有外部客戶、集團內部不同公司的銷售、和同一公司不同產品的轉撥；(2) 絕對利潤，其中虧損的營運部門以絕對值計算；(3) 資產。制定每一個運營部門的標準依據衡量的標準至少佔總金額的 10%。

　　依據 IFRS 8 的觀點而言，ABSC 生產決策模式可以幫助 CODM 管理當局展開兩項核心原則：(1) 遵循產品別模式制定「運營部門」；(2) 衡量每一個營運部門，定期揭露其收入和支出的財務資訊。

　　從生產規劃的角度而言，ABSC 生產決策模式運用各項資源在有限的條件下，獲得利潤極大化的產品組合決策，並分析各產品的財務結構，從最佳銷售到成本，以獲得各產品的利潤目標。ABSC 可擴展到智慧製造模擬生產和規劃營運預算。例：運用 ABSC 落實各細項的標準成本，智慧設計管理可以在開始生產之前運用科技（例如：3D）列印製作完美的設計原型，然後，運用智慧軟體系統進行事先模擬製造過程，換言之，模擬智慧製造「量」、「價」同步系統化，規劃營運預算就不難了。

4-4-3　MES 與 ERP 整合作業

　　建構可靠的數位環境包括數位化、標準化、通信和即時責任的互操作功能，因為，各種資源和產品物件嵌入不同的智慧感測器，並在操作過程中自動獲取相關智慧資訊。根據資料採集和處理技術，單位和批次級別的製造活動必須將資源和活動連接起來，以分別計算單一智慧物件為目標，並即時獲取生產過程中每一個智慧物件的資訊，因為，所有物件都變得智慧，所以，可以在操作過程中即時、自動地進行溝通、監控和跟蹤，發揮端到端的連接。

　　認識 ABSC 的標準成本，對於各別智慧產品執行即時準確性成本是必要的，每個智慧產品都應具有單獨的戰略成本控制，所有智慧資源均可

通過智慧產品進行識別，即時、自動化和直接跟蹤至各智慧產品的即時成本。智慧產品的標準成本制定通常可分為直接材料、直接工作力和製造費用，也必須分為直接標準成本和間接標準成本。標準成本可以是預先確定成本的管理工具，包括未來成本、預期成本和預期利潤或企業運營預算的預測成本。分析實際操作中的數量或價格差異在標準成本和實際成本之間是有所不同的。在智慧製造操作過程中可以改進數量成本差異的結果，以實現準確的智慧資料和預估每一個智慧產品的成本。智慧資料通過標準化從直接資源到活動的各種量化標準，可以實現我們的所有單一個智慧產品的即時成本。從組織角度來看，每一個智慧產品還必須自動記錄運營期間有關的製造部門、地區和產品編號等相關信息。ABSC 智慧產品標準成本，(1) 在實際智慧製造過程，即時取得的標準成本；另外，(2) 模擬智慧製造「量」、「價」同步系統化，實現準確預測智慧產品標準成本，將有助於企業規劃營運預算的作業。

智慧工廠實現 ABSC 作業模式，將透過 MES 平台在智慧 ERP 系統中實現，從智慧資源到智慧產品；科技將 MES 和 ERP 整合在一起，CODM 管理當局參考雲端大數據洞察消費者行為，取得銷售預測及結合 ABSC 的產品組合決策模式，設定企業利潤極大化的目標；ABSC 與 IFRS 8 展開事業層級的策略規劃，選擇產品別的集團績效組織，其相關資訊整合至 ERP 系統，包括：規劃集團績效組織、銷售預測，生產流程、投入成本、相關主檔的標準資料、及營運部門的管理報告設計等。也就是說，將集團和公司範圍內的資料整合到 ERP 系統中，有利各管理層執行成本規劃、控制和分析。ABSC 架構嵌入智慧 ERP 系統中，及聯繫 MES，為智慧製造建立有效的生產管理及即時標準成本的相關作業。

從 MES 資料的角度來看，整合營運層各獨立系統，並將生產流程和 ERP 連接起來使生產管理系統化成為可能；如圖 4-2「5G 智慧製造的資料傳輸作業」所示，步驟說明：

① 經由 APS 系統取得 ERP 的業務訂單資料及展開生產相關資訊給 MES。

② ERP 的 ABSC 相關標準之資料也可傳送至 MES 平台，再經由 MES 將標準資料在生產前傳送到營運層相關的智慧物件。

③ 智慧製造過程，MES 系統不但取得全面感知層的即時資料採集，也進行連接作業，例如：訂單、原材料、機器、工具和人員的最新狀態資訊也彼此互相連繫起來，以利對相關應用程式進行適當的準備與應變。

④ 資料被儲存在 MES，相關資料經由「MES 可靠傳輸資料層」分送至 ERP 及雲端。

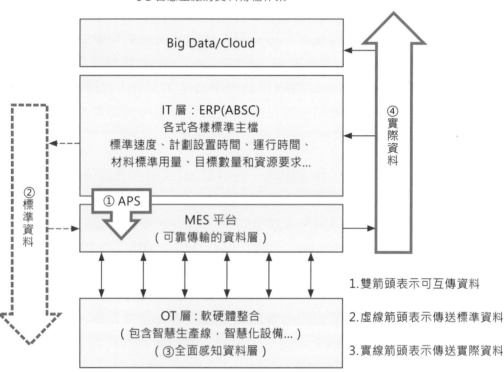

圖 4-2　5G 智慧工廠的資料傳輸作業圖

　　發揮 MES 效益，例如：(1) 智慧產品可以攜帶資訊和知識，向客戶傳達功能指導作業，及傳輸跟蹤產品的相關回饋資訊，測量產品狀態，並分析每一個產品的結果，以利開發人員進行更好的設計、預測和維護，進一步可拓展相關業務。(2) 從客戶的角度來看，MES 系統提供生產過程中需要緊急更換產品的客戶，提供新的方法，並允許他們瞭解智慧產品的資訊，為緊急修正作業提供建議。不可否認，在智慧工廠中，每一個帶有嵌入式感測器的智慧產品都可以將資訊從智慧資源元件傳遞到活動過程，也為使用者傳遞功能及指導知識，並跟蹤智慧產品，測量智慧產品的狀態，並分析智慧產品的結果。

　　ABSC 成本會計結算作業，根據其直接投入的資源和活動進行成本計算（包含：間接成本，可採用標準費用率），每種類型的資源都將追溯到相關活動，並成為成本中心相關活動的元素，例：特定單獨智慧產品的總成本包含直接成本及相關活動的成本，而同一批次成本可以除以其生產數量及計算每一個智慧產品的單位成本。關於 ABSC 即時結算已完成的智慧產品之實際標準成本，是否符合生產前的所制定的標準成本，是值得探討的議題，因為智慧製造過程，智慧物件皆具有自主感知、獨立預測和自我配置能力，能夠制定標準生產；換言之，原來設定的標準用量或製作方式，在智慧製造過程中，可能原來設計不佳等各式各樣的原因，直接被智慧機器／設備即時更改及生產，所以，ABSC 即時結算各個智慧產品的成本有其必要性，也具有單獨智慧產品的成本控制效益。

4-5　IFRS 8 與 ABSC 個案研究

　　本個案的設計以產品別的「集團績效組織」模式，呈現跨國際集團企業在智慧製造架構下的營運規劃設計，不僅遵循 IFRS 8，還運用 ABSC 模式取得最佳產品組合決策、及利潤最大化視為集團的營運目標，相關資料庫也被儲存在 ERP 系統。本個案運用圖 4-1 智慧製造營運藍圖，設計 BBB 集團所採用 ABSC 生產決策模式的應用，意味著一個國際集團企業如何制定事業層級的策略規劃，其過程，(1) 結合 Big Data 業務戰略計劃及 ABSC 生產決策模式的系統化，規劃 BBB 集團利潤最大化的產品組合決策模式；(2)CODM 管理當局選擇「產品別」制定「事業層級」的策略規劃及建立「集團績效組織」(3) 建立營運規劃模式：最佳產品組合決策以集團企業利潤最大化為目標，展開「銷售預測」、「生產目標」及「利潤目標」；(4) 細分各營運部門、或業界稱之為事業部（Business Unit，簡稱 BU）、或事業群（Business Group，簡稱 BG）的管理報表。本個案之 ERP 系統設計，首先從 BBB 集團生產製程圖，如圖 4-3 所示，瞭解原料到產品的整個集團的生產製程，及建立公司層級的「集團組織」至事業層級的「集團績效組織」。

　　此個案假設產銷一致，所以每一類產品的生產數量與銷售預測是相等的，如「圖 4-3 生產製程圖」所示，整合所有工廠和各製程的關聯性，其次，根據 IFRS 8 制定集團收入範圍：包括客戶、集團內部的銷售

（Intersegment Sales）、及同一公司的轉撥（Transfers）作業；接者，比較煉鋼過程中、原料和製造方法不同、成本要素和產量也都不同。最後，在不同的製造過程中產出三種不同的副產品及後續用途。

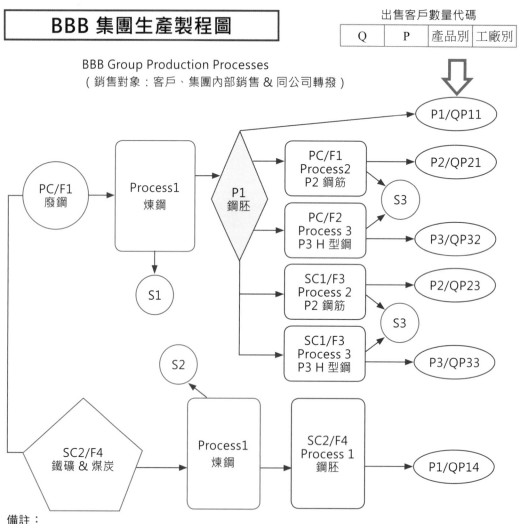

備註：
1. 公司別 (工廠別)：PC 母公司 (F1,F2)/SC1 子公司在台灣 (F3)/SC2 子公司在越南 (F4)
2. 產品別 (事業部)：P1 鋼胚 (A-BU)/ P2 鋼筋 (B-BU)/ P3 H 型鋼 (C-BU)
3. P2&P3 原料來自 P1(包含：集團內部銷售，及同公司轉撥)
4. 副產品 (下腳料，用途)：S1(爐渣，出售)/S2(爐渣，出售)/S3(廢鋼，回收再生產)
5. 出售給客戶數量代碼共 4 碼：QP(第三碼有 1,2,3 產品別)(第四碼有 1,2,3,4 工廠別)

圖 4-3　BBB 集團生產製程圖

4-5-1 BBB 集團組織介紹

1. 建立集團組織及相關代碼：代碼說明如「表 4-3 集團組織相關代碼」所示，假設 BBB 母公司（PC）是台灣的上市公司，有兩個子公司（SC1 在台灣和 SC2 在越南），和有四個工廠（F1 及 F2 歸屬 PC 公司、F3 歸屬 SC1 公司 、和 F4 歸屬 SC2 公司），以公司層級呈現「BBB 集團組織」，如圖 4-4 所示。

表 4-3　集團組織相關代碼

Codes	Descriptions	備註
PC	Parent Company	假設：台灣的上市公司
SC1/SC2	Subsidiary Company	SC1 在台灣；SC2 在越南
F1/F2/F3/F4	Factory	F1 及 F2 歸屬 PC 公司、F3 歸屬 SC1 公司、F4 歸屬 SC2 公司
P1/P2/P3	Product	P1 鋼胚在 F1 或 F4 生產；P2 鋼筋在 F1 或 F3 生產；P3 H 型鋼在 F2 或 F3 生產
A-BU/B-BU/C-BU	Product-BU	產品別事業部

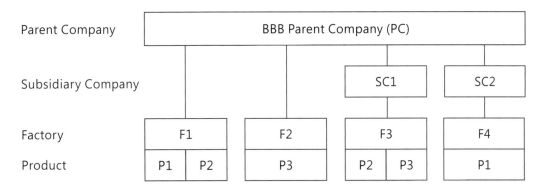

圖 4-4　BBB 集團組織

2. BBB 集團績效組織：採取產品事業部（Business Unit，簡稱 BU）模式，分別為 A-BU 生產 P1（鋼胚，分別在 F1 或 F4 工廠生產）、B-BU 生產 P2（鋼筋，分別在 F1 或 F3 工廠生產）、和 C-BU 生產 P3（H 型鋼，分別在 F2 或 F3 工廠生產），如圖 4-5 所示，BBB 集團績效組織。

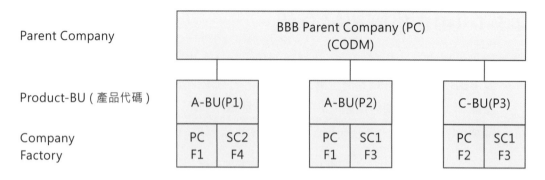

圖 4-5　BBB 集團績效組織

4-5-2　營運規劃模式

　　ABSC 生產決策模式結合市場資訊及企業內部營運資源，計算出集團企業最佳產品組合決策及利潤最大化為目標，展開「銷售預測」、「生產目標」及「利潤目標」。BBB 集團採取「產品別」制定「集團績效組織」，分別有 A-BU、B-BU、及 C-BU 事業部，及各事業部必須有獨立的財務報表，以備 CODM 審查各事業部之營運績效。各事業部必須具備完整的營運目標，分別有銷售、生產和利潤之目標都被設定在 ERP 系統，並推演符合 IFRS 8 的整體營運戰略模式；首先，「如表 4-3 集團組織相關代碼」視為集團的組織主檔，並維護在 ERP 系統，提供系統建構「集團組織」和「集團績效組織」的戰略模式；其次，規劃方法包括銷售預測、ABSC 產品組合決策模式分析、各種收入和資源限制等，如下分別說明：

1.　本個案具備特殊性作業介紹：(1) P1 鋼胚分別在 F1 及 F4 工廠生產，但採用不同的煉鋼製程技術，F1 工廠，採用現代電弧爐（Electric Arc Furnace，簡稱 EAF）技術，採購「廢鋼」為原料，不僅節約了許多傳統的採礦、煉焦和煉鐵等製造工序，還節約了大量自然資源和能源；另外，F4 越南工廠採取高爐（Blast Furnace，簡稱 BF）傳統技術，其製造過程中會產生高汙染。F1 及 F4 工廠皆生產相同的 P1 產品，但 EAF 電弧爐和 BF 高爐的生產方式全然不同，從原料投入到副產品產出是完全不同的。(2) P1 鋼胚不僅是銷售給客戶，也是半成品，P1 是 P2 及 P3 產品的原料來源，所以 P1 也兼具集團內部銷售及同公司的轉撥之「半成品」特性：依據 IFRS 8 規定，BBB 集團收入結構也增加其複雜度。

2. 銷售預測：BBB 集團運營政策中每類產品的銷售數量必須考慮市場限制、集團內部轉撥及銷售限制。依據圖 4-3 BBB 集團生產製程圖，已列出相關出售客戶各產品的銷售數量代碼，及以上所述，P1 也是 P2&P3 產品的原料來源，因此，我們增列 P1 的需求量為「qP1」提供給「轉撥」及「集團內部銷售」的部份，如表 4-4 銷售預測表所示；假設代碼規劃模式視為各事業部「銷售預測」的數量，P1 產品在 F1 或 F4 生產。① F1 生產的 P1 產品銷售給客戶（QP11），及轉撥（QP111）至鋼筋製程為了生產 P2 產品（QP21）。② P1 半成品從 F1 轉撥（QP112）到 F2，為了生產 P3 產品（QP32）。③ F1 的 P1（QP113）銷售給 SC1 子公司，為了分別生產 P2（QP23）和 P3（QP33）。④ F4 僅生產 P1 產品直接銷售給客戶（QP14）。

表 4-4　銷售預測表

單位：公噸

BBB 集團 ----- 銷售預測						
公司代碼	工廠代碼	A-BU/ P1 鋼胚			B-BU/ P2 鋼筋	C-BU/ P3 H 型鋼
		QP1=QP11+QP14； qP1=QP111+QP112+QP113			QP2= QP21+QP23	QP3= QP32+QP33
		客戶	內部轉撥	集團銷售	客戶	客戶
PC	F1	QP11	QP111		QP21	
	F2		QP112			QP32
SC1	F3			QP113	QP23	QP33
SC2	F4	QP14				
假設：qP1 指內部銷售，包含「內部轉撥」及「集團內部銷售」 內部轉撥：QP111（視為 QP21 的原料來源）+QP112（視為 QP32 的原料來源） 集團內部銷售：QP113（視為 QP23 及 QP33 的原料來源）						

依據「表4-4 銷售預測表」得知，BBB集團有三類產品，分別為：P1鋼胚、P2鋼筋、及P3 H型鋼的產品，分別歸屬A-BU、B-BU、及C-BU事業部。特殊的，A-BU也提供P1鋼胚給B-BU及C-BU事業部，為了生產 P2及P3產品，P2及P3生產線分別在相同或不同工廠/公司。依據IFRS 8規定，BBB集團必須揭露收入包括客戶、同公司的轉撥，和集團內部銷售的財務報表。

2-1.集團內部銷售的帳務處理：

(1) PC 公司生產的 P1 產品，轉撥至同公司的 P2 或 P3 生產線，業界用語稱之為「轉撥作業」的內部銷售，制定「轉撥計價」模式視為集團內部交易之

銷售政策。其「轉撥計價」也是各事業部相當在意的議題，因為價格的高低都會影響事業部之間的利潤。

(2) PC 公司生產的 P1 產品，銷售至 SC1 子公司，是不同公司的概念，其帳務處理如同出售給客戶的作業是一樣的，唯獨差異是其銷售價格比照「轉撥計價」的價格模式。

以上所述，A-BU的P1產品已「轉撥」或「集團內銷售」給B-BU或C-BU事業部，如果至期末P1產品仍在生產線或存貨，編制集團的合併財務報表時，A-BU出售給集團內部的交易所產生的利潤是必須沖銷的。

2-2. 產品訂價政策：

(1) 產品訂價：P1 鋼胚 /P2 鋼筋 /P3 H 型鋼其銷售給客戶的單價分別為 UP1=NTD14,000；UP2=NTD18,000；UP3=NTD20,500。另一方面，集團內部 P1「轉撥計價」銷售單價為 uP1=NTD13,500，P1 單價分為「UP1」及「uP1」，因售價差異，當比較成本結構也會有差異。

(2) 副產品訂價：不同的製程，產出不同的副產品，包括：S1 爐渣、S2 爐渣、和 S3 廢鋼。可銷售的副產品分別來自 EAF 電弧爐及 BF 高爐所產出的（S1）和（S2）爐渣下腳料，其單價分別為 US1=NTD300，和 US2=NTD30。S3 廢鋼視為可回收再利用的副產品，及也可成為 P1 的直接原料，設定其回收的單價與採購廢鋼的單價 UM1 是相同的。

3. 生產目標：依據「表 4-4 銷售預測表」展開

3-1. 各事業部生產目標分別為：A-BU 目標產量是 QP1+qP1、B-BU 是 QP2、及 C-BU 是 QP3。假設 . 評估各工廠生產規模其產量限制有：QP11 ≦ 10,000；QP21 ≦ 17,600；22,000 ≦ QP32 ≦ 24,000；14,000 ≦ QP23 ≦ 17,200；QP33 ≦ 19,300；及 QP14 ≦ 36,000（公噸）。

3-2. 成本結構共分為六大成本類別，包括直接原料成本、人工成本、電力成本、碳稅成本、機器固定折舊成本、和間接成本以下將分別說明：

(1) P1 直接原料：

① PC 的 F1 工廠：採取 EAF 電弧爐的智慧製造，其直接原料是「廢鋼（代碼：M1）」。假設 1. 生產作業：M1 廢鋼原料倒入智慧 EAF 電弧爐，每批重量設定為 B（B ＝ 100公噸），每批生產 P1 產品的產出量為 R（公噸）。假設 2. 標準用量：P1 每公噸廢鋼之標準用量為 rM1，也等於生

產鋼胚（P1）每公噸需要廢鋼的標準用量 B/R（公噸）。假設 3. 批次量：F1 工廠生產 P1 產品的月批次數為 X；因此，預估 P1 直接原料廢鋼需求量是（QM1=B×X）。假設 4. 購料成本：廢鋼的每公噸成本為（UM1 ＝ NTD9,100），所以，M1 廢鋼原料的總成本等於（CM1 ＝ QM1×UM1）。

② SC2 的 F4 越南廠：採取 BF 高爐傳統製造，其直接原料是「鐵礦石（代碼：M2）」和「煤炭（代碼：M3）」。F4 工廠採取 24 小時連續性生產模式，假設 1. 標準用量：生產 P1 的原料之標準用量有二，M2 鐵礦石標準用量是 rM2（公噸），及 M3 煤炭是 rM3（公噸），所以需求量分別為鐵礦石（QM2 ＝ QP4×rM2），及煤炭（QM3 ＝ QP4×rM3），假設 2. 購料成本：鐵礦石及煤炭的每公噸成本分別為（UM2 ＝ NTD3,200）及（UM3 ＝ NTD2,200）；所以 M2 和 M3 的原料成本分別為（CM2 ＝ QM2×UM2）和（CM3 ＝ QM3×UM3）。

③ 副產品產出：爐渣副產品產量分別為 QS1 ＝ QM1 －（QP11 ＋ qP1）及 QS2 ＝ 0.5×QP14（公噸）視為可銷售的副產品，其單價如 2-2. 產品訂價政策之 (2) 副產品訂價所述。

④ 標準用量及採購量：P1 的標準用量分為 F1 及 F4 所需要的原料用量；F1 廢鋼原料標準用量 rM1 ＝ 1.11（公噸）；F4 鐵礦石及煤炭原料標準用量 rM2 ＝ 2.9 及 rM3 ＝ 0.9（公噸），所以各原料的採購量分別為：QM1 ＝ 1.11×(QP11 ＋ qP1) 也等於 QM1 ＝ 100×X；QM2 ＝ 2.9×QP14、及 QM3 ＝ 0.9×QP14。

⑤ 限制條件：F1 工廠生產 P1 產品的月批次數 X ≦ 950；另外 F4 購料的限制量為 QM2 ≦ 100,000 及 QM3 ≦ 50,000。

(2) P1 半成品：假設 1. 半成品標準用量，生產每公噸的 P2 及 P3 產品，分別需要 1.02 及 1.03（公噸）的 P1 半成品，依據「表 4-4 銷售預測表」得知 P1 半成品需求數量（qP1 ＝ QP111 ＋ QP112 ＋ QP113），相對的展開 QP111 ＝ QP21×1.02；QP112 ＝ QP32×1.03 和 QP113 ＝ QP23×1.02 ＋ QP33×1.03。另外，假設 2. 可回收的副產品，P2 及 P3 生產過程之下腳料是廢鋼（S3）屬於可回收的副產品，其單價的制訂與購料的廢鋼（UM1 ＝ NTD9,100）是相同，如同上一段，本小節 (1) P1 直接原料的①所述。

(3) 直接人工：正常和加班的直接人工，符合政府政策包括基本工資、限制加班時數。

① 假設 1. 各廠直接人工的人數：BBB 集團直接人工總數為 1000 人（不包含 F1 的 EAF 智慧製造的人力），分別為：F1/150 人、F2/250 人、F3/300 人和 F4/300 人。

② 假設 2. 台灣廠區直接人工的標準工資和工作時數：台灣的工廠，每一位勞工每月最低工資 NTD26,400 和工作時數為 176 小時，包括 22 工作日和每日 8 小時的工作時數；每小時工資率分為正常班（1H/NTD 150 元）、平日加班（1H/NTD 225）和假日加班（1H/NTD 300）；在台灣的 3 個工廠（F1、F2、F3），每位勞工限制每月不超過 40 小時的加班時數，及每日僅能工作 9 小時為限。

③ 假設 3. 越南廠區直接人工的標準工資和工作時數：F4 越南廠，每一位勞工每月最低工資 NTD6000 元（VND4,539,000，匯率為 1NTD ＝ 756.5 VND），和月工作時數為 200 小時，工資率分為正常班（1H/NTD 30）、平日加班（1H/NTD 45）、假日加班（1H/NTD 60）。F4 越南廠是屬於 24 小時連續生產的煉鋼廠，必須採取三班制的輪班作業。每月工作日為 30 天，包括 25 天正常班和 5 天假日加班。

④ 假設 4. 直接人工的標準工時：標準資料，例如，標準速度、計劃設置時間和運行時間顯示，生產每公噸的 P2 鋼筋及 P3 H 型鋼，其直接人工的標準工時分別為「1.5H」及「2H」、及 P1 鋼胚在 F1 越南廠生產每公噸的時間是「2H」。

⑤ 假設 5.EAF 智慧製造採取批次煉鋼：F1 有 70 名專業技師從事 EAF 智慧煉鋼作業，固定每月 22 工作日，每日工作 8 小時，其專業技師的薪資是台灣直接人工的兩倍薪資，所以本個案每月的專業技師薪資總計 NTD3,696（仟元）。

⑥ 假設 6. 各廠區及各產品的直接人工成本：分別為 F1(P1)NTD3,696；F1(P2)NTD3,960；F2(P3)NTD7,500；F3(P2)NTD4,120；F3(P3)NTD5,638；F4(P1)NTD2,520 仟元。

(4) 電力成本：僅適用於 EAF 智慧製造，煉鋼過程採用高電力成本，假設，F1 電力成本 NTD103,986 仟元。其他製程的電費非主要成本，其電力成本包含在其他費用的成本。

(5) 碳稅成本：符合政府政策的碳稅成本。假設，F1 及 F4 的碳稅成本分別為 NTD330 及 NTD4,515 仟元。

(6) 機器成本：雖然，在相關智慧製造作業流程中分配和安裝智慧機器，皆具有自動採集資料的功能，但是，本個案簡化作業將機器折舊費用視為每月的固定成本。假設，各廠（產品別）的折舊費用分別為 F1(P1) NTD42,000；F1(P2)NTD3,000；F2(P3)NTD4,500；F3(P2)NTD3,000；F3(P3)NTD3,500；F4(P1)NTD8,500 仟元。

(7) 間接成本：僅採取客戶的收入之百分比，視為間接成本，假設：各產品的間接成本分別為 P1(QP1×UP1×3%)、P2(QP2×UP2×5%)、及 P3(QP3×UP3×5%)；間接成本皆與生產過程無關，但所有產品都必須按固定比例分擔間接成本。

4. 智慧製造與 ABSC 說明：必須根據成本分配（包括資源、活動和成本物件）對所有智慧產品進行戰略成本控制，所有智慧元件的戰略成本應該是即時、自動和直接的跟蹤每一個智慧產品的活動。資源包括原料、機器和工作力等；每一個產品的直接原料，採用 Bill of Material（簡稱 BOM）設計稱之為「標準用量」。在生產前，不同產品的智慧機器必須設置相關標準速度、預定設置時間和運行時間。每一個產品按直接人工的標準工時設定目標規劃及進行生產管理和控制，以提高生產過程中的勞動效率。操作過程中的所有物件都嵌入各種智慧感測器，成為可以即時自動連接和交換資訊的智慧物件。智慧工廠具備認知和配置屬性，有助於管理工廠，預測和維護他們的機器，並控制他們的生產過程。ABSC 對智慧製造的必要性包括：(1) 將智慧資源（直接資源成本）追蹤到相關智慧活動；(2) 分配間接成本並為相關活動提供適當的分配基礎：(3) 跟蹤相關活動成本到流程；(4) 跟蹤最終產品相關流程的成本；換言之，製造過程中的原料、工作力、機器小時數等智慧資源，使用各種嵌入式感測器創建智慧產品，可通過智慧工廠的 MES 平台自動連接端到端。智慧製造之前，智慧 ERP 系統中的 ABSC 的標準資料數據可以應用於 MES，並經由 MES 設定到營運層的各別相關智慧機器或設備；實際智慧製造的相關數據，也經由 MES 平台回饋至 ERP 系統，結合 ABSC 的目標，可即時執行運營管理、控制、溝通和分析等作業。

5. ABSC 應用在智慧製造：數位時代在 AIoT 技術，(1) 資料採集的終端設備是智慧基礎設施，包括比例介面、數據介面總線系統、計數器脈衝操作信號、附帶文檔標籤和 ID 讀卡機等。第一個自動資料採集是來自「全面感知的資料層」；

(2)MES 發揮資料整合作業，包含資料採集、收集、和存儲；這些資料成為有用的資訊，可以即時提供相關的單系統或設備，包括機器對系統，系統對系統，或機器對機器，我們稱之為「可靠傳輸的資料層」。(3) 這些大量的資料也可以存儲在雲系統，以滿足客戶或供應商的需求；雲系統還可以自動計算其大量資料，並成為不同需求者的各種智慧信息，稱之為「智慧運算的資料層」。(4) 依據，圖 4-2「5G 智慧工廠的資料傳輸作業圖」所示，ABSC 與智慧工廠之間的關聯性，通過各種感測器即時採集資料及輸入 MES 平台的資料站，然後將數據回饋輸入 ERP 資料庫。ABSC 生產決策模式將獲得最佳解決方案，每一個事業部通過 ERP 系統可自動產出相關預估損益表，及各事業部預估合併損益表。待實際營運與預算作比較，有利於 CODM 即時進行績效評估作業。

6. 預估（費用性質）損益表：在本節中，遵循 IFRS 8 和 ABSC 生產決策模式及運用代碼方式表達每一個工廠之各產品別的損益結構，如表 4-5 BBB 集團預估損益表所示，從各種收入（如表 4-4 銷售預測表）到各項的成本，並整理多個假設和數學公式設計。

表 4-5　BBB 集團預估損益表

單位：新台幣千元

公司代碼	PC			SC1		SC2
工廠代碼	F1		F2	F3		F4
產品代碼（事業部）	P1(A-BU)	P2(B-BU)	P3(C-BU)	P2(B-BU)	P3(C-BU)	P1(A-BU)
A1. 客戶收入	$QP11 \times UP1$	$QP21 \times UP2$	$QP32 \times UP3$	$QP23 \times UP2$	$QP33 \times UP3$	$QP14 \times UP1$
A2. 集團內部銷售	$QP113 \times uP1$					
A3. 同公司轉撥	$(QP111 + QP112) \times uP1$					
A4. 副產品	$QS1 \times US1$					$QS2 \times US2$
A. 收入 ＝A1+A2+A3+A4						
B. 半成品		$QP111 \times uP1$	$QP112 \times uP1$	$QP113 \times uP1$		
C1. 採購原料	$QM1 \times UM1$					$QM2 \times UM2 + QM3 \times UM3$
C2. 副產品	$QS3 \times UM1$（負數）	$QP21 \times 0.02 \times UM1$	$QP32 \times 0.03 \times UM1$	$QP23 \times 0.02 \times UM1$	$QP33 \times 0.03 \times UM1$	
		$=QS3 \times UM1$				
C. 原料成本 ＝C1+C2 or B-C2						
D. 人工成本	$3,696	$3,960	$7,500	$4,120	$5,638	$2,520
E. 電力成本	$103,896					
F. 碳稅成本	$330					$4,515

G. 機器成本	$42,000	$3000	$4,500	$3,000	$3,500	$8,500
間接成本 H.	3%×QP11 ×UP1	5%×QP21 ×UP2	5%×QP32 ×UP3	5%×QP23 ×UP2	5%×QP33 ×UP3	3%×QP14 ×UP1

I. 利潤 =A-C-D-E-F-G-H
備註： UP1 = NTD14, UP2 = NTD18, UP3 = NTD20.5(仟元)；uP1 = NTD13.5(仟元)； US1 = NTD300, US2 = NTD30。 UM1 = NTD9.1, UM2 = NTD3.2, UM3 = NTD2.2(仟元)。 條件限制： 1. QP11 ≦ 10,000；QP21 ≦ 17,600；22,000 ≦ QP32 ≦ 24,000；14,000 ≦ QP23 ≦ 　 17,200；QP33 ≦ 19,300 及 QP14 ≦ 36,000。 2. QS1 = QM1-(QP11+qP1)；QS2 = 0.5×QP14。 3. QP111 = QP21×1.02；QP112 = QP32×1.03 及 QP113 = QP23×1.02 ＋ QP33× 　 1.03。 4. qP1 = QP111+QP112+QP113；QM1 = 1.11×(QP11+qP1)；QM = 100×X；X ≦ 950； 　 QM2 = 2.9×QP14；QM3 = 0.9×QP14；QM2 ≦ 100,000；及 QM3 ≦ 50,000。

4-5-3　BBB 集團預估損益表

　　BBB 集團採取 ABSC 生產決策模式從各種收入到成本的所有營運假設和限制，經過系統化運算，取得利潤極大化之產品組合，獲取相關資訊有：Profit ＝ $536,371、QP11 ＝ 1,910、QP14 ＝ 34,482、QP21 ＝ 17,600、QP23 ＝ 17,052、QP32 ＝ 24,000、QP33 ＝ 17,500、QP111 ＝ 17,952、QP112 ＝ 24,720、QP113 ＝ 35,418、QS1 ＝ 8,800、QS2 ＝ 17,241、QS3 ＝ 1,938、QM1 ＝ 88,800、QM2 ＝ 99,997.8、QM3 ＝ 31,033.8、X ＝ 888；對應至「表 4-5 BBB 集團預估損益表」及計算得出「表 4-6 BBB 集團預估損益表（by 廠別＋產品別）」，再進行各事業部合併作業，如「表 4-7 BBB 集團預估損益表（by 事業部）」。

　　依據表 4-6 所示，從 A-BU 事業部分析，P1 產品分別在 F1 及 F4 生產，F1 提供少部分的 P1 產品銷售給外部客戶，大部分的 P1 產品以「轉撥計價」模式銷售給集團內部；另外，與 F4 生產 P1 產品比較，從原料的投入和製造方法不同，其成本結構完全不一樣。各事業部資訊 ERP 系統化，可以為各級管理層提供即時相關資訊服務。表 4-7 BBB 集團預估損益表（by 事業部）的分析報告，依據 4-4-2 所述，採取「收入」視為衡量「營運部門」的標準，必須揭露至少 75% 的可報導部門，所以，本個案應揭露 (A－BU)51.5% ＋ (C－BU)28% ＝ 79.5% 的可報導部門 。

表 4-6　BBB 集團預估損益表（by 廠別＋產品別）

單位：新台幣仟元

項目	PC						SC1				SC2	
	F₁				F₂		F₃				F₄	
	P₁		P₂		P₃		P₂		P₃		P₁	
	(A-BU)	%	(B-BU)	%	(C-BU)	%	(B-BU)	%	(C-BU)	%	(A-BU)	%
A1:客戶收入	26,740	2.5%	316,800	100.0%	492,000	100.0%	306,936	100.0%	358,750	100.0%	482,748	99.9%
A2:集團內部銷售	478,143	44.1%		0.0%		0.0%		0.0%		0.0%		0.0%
A3:同公司轉撥	576,072	53.2%		0.0%		0.0%		0.0%		0.0%		0.0%
A4: 副產品	2,640	0.2%		0.0%		0.0%		0.0%		0.0%	517	0.1%
A.收入=A1+A2+A3+A4	1,083,595	100.0%	316,800	100.0%	492,000	100.0%	306,936	100.0%	358,750	100.0%	483,265	100.0%
B1.半成品			242,352	76.5%	333,720	67.8%	234,806	76.5%	243,338	67.8%		0.0%
C1:採購原料	808,080	74.6%		0.0%		0.0%		0.0%		0.0%	388,267	80.3%
C2:副產品	- 17,636	-1.6%	3,203	1.0%	6,552	1.3%	3,103	1.0%	4,778	1.3%		0.0%
B.半成品成本=B1-C2			239,149	75.5%	327,168	66.5%	231,702	75.5%	238,560	66.5%		0.0%
C.原料成本=C1+C2	790,444	72.9%		0.0%		0.0%		0.0%		0.0%	388,267	80.3%
D.人工成本	3,696	0.3%	3,960	1.3%	7,500	1.5%	4,120	1.3%	5,638	1.6%	2,520	0.5%
E.電力成本	103,896	9.6%		0.0%		0.0%		0.0%		0.0%		0.0%
F.碳稅成本	330	0.0%		0.0%		0.0%		0.0%		0.0%	4,515	0.9%
G.機器成本	42,000	3.9%	3,000	0.9%	4,500	0.9%	3,000	1.0%	3,500	1.0%	8,500	1.8%
H.間接成本	802	0.1%	15,840	5.0%	24,600	5.0%	15,347	5.0%	17,938	5.0%	14,482	3.0%
I.利潤=A-B-C-D-E-F-G-H	142,427	13.1%	54,851	17.3%	128,232	26.1%	52,767	17.2%	93,114	26.0%	64,980	13.4%

表 4-7　BBB 集團預估損益表（by 事業部）

單位：新台幣仟元

項目	A-BU	%	B-BU	%	C-BU	%	合計	%
A1:客戶收入	509,488	32.5%	623,736	100.0%	850,750	100.0%	1,983,974	65.2%
A2:集團內部銷售	478,143	30.5%	-	0.0%	-	0.0%	478,143	15.7%
A3:同公司轉撥	576,072	36.8%	-	0.0%	-	0.0%	576,072	18.9%
A4: 副產品	3,157	0.2%	-	0.0%	-	0.0%	3,157	0.1%
A.收入=A1+A2+A3+A4	1,566,860	100.0%	623,736	100.0%	850,750	100.0%	3,041,346	100.0%
可報導部門 ％	51.5%		20.5%		28.0%		100.0%	
B1.半成品	-	0.0%	477,158	76.5%	577,058	67.8%	1,054,215	34.7%
C1:採購原料	1,196,347	76.4%		0.0%	-	0.0%	1,196,347	39.3%
C2:副產品	- 17,636	-1.1%	6,306	1.0%	11,330	1.3%	-	0.0%
B.半成品成本=B1-C2	-	0.0%	470,851	75.5%	565,728	66.5%	1,036,579	34.1%
C.原料成本=C1+C2	1,178,712	75.2%		0.0%	-	0.0%	1,178,712	38.8%
D.人工成本	6,216	0.4%	8,080	1.3%	13,138	1.5%	27,434	0.9%
E.電力成本	103,896	6.6%	-	0.0%	-	0.0%	103,896	3.4%
F.碳稅成本	4,845	0.3%	-	0.0%	-	0.0%	4,845	0.2%
G.機器成本	50,500	3.2%	6,000	1.0%	8,000	0.9%	64,500	2.1%
H.間接成本	15,285	1.0%	31,187	5.0%	42,538	5.0%	89,009	2.9%
I.利潤=A-B-C-D-E-F-G-H	207,407	13.2%	107,618	17.3%	221,346	26.0%	536,371	17.6%

4-6 科技帶動管理會計的變革

　　科技是無疆界的知識與運用，資深會計人琅琅上口的料、工、費的成本結構，當工業 3.0 啟動自動化設備之時，自動化生產線已取代了直接人工；智慧製造的崛起，間接人工也被智慧化設備所取代。AIoT 技術使「人工智慧」發揮了深度學習及自主性的能力，即時的邊緣運算可以改變原來規劃的各項標準，也撼動設定標準成本的目的與功能，例如：BOM 標準用量的設定，是製造業備料的標準，隨智慧製造崛起，智慧生產線即時更改標準用量，使得實際標準用量與生產前的標準用量有所差異。不可否認，科技的進步及其自主性的能力，帶動管理會計的變革與挑戰。另外，智慧製造即時資料的採集，MES 即時整合及資料傳輸至 ERP 系統，OT+IT 整合技術已成趨勢；實現即時標準成本、預算及報價也將成為可能。如下表 4-8 管理會計的變革與原因分析。

表 4-8　管理會計的變革與原因分析

管理會計的變革	原因分析
ABC（Activity-Based Costing）➔ ABSC（Activity-Based standard Costing）	即時資訊的崛起
成本結構變革： 「智慧機器折舊」取代「直接人工」 「智能化設備折舊」減少「間接人工」	直接人工被機器取代 間接人工被智慧化設備取代
在智慧製造操作過程中，智慧機器可以更改數量，以實現準確的智慧資料	原來設定的標準用量因為所有智慧物件皆具有自主感知、獨立預測和自我配置能力，能夠制定標準生產或服務實踐，迅速提高生產率
OT+IT 整合技術，ERP 資料來源，來自系統與系統的即時傳輸也將成為趨勢	MES 即時整合及資料傳輸至 ERP 系統
實現即時標準成本、預算及報價也將成為可能	

4-7 結語

　　IFRS 支援全球會計框架和公司治理原則，CODM 管理當局遵循 IFRS 8 運營部門的核心原則，及 ABSC 基於活動的標準成本計算生產決策模式，提供產品組合最佳決策以實現企業利潤極大化，也滿足了產品營運部門的戰略思維。創建「圖 4-1 智慧製造營運藍圖」，顯示營運戰略的整個過程，包括策略、方法和工具，將 IFRS 8 與 ABSC 聯繫起來，數位的環境將 ERP 及 MES 整合成為可能。科技帶動管理會計的變革，即時資訊及系統整合也將成為趨勢所在。

本章摘要

1. OT 及 IT 技術整合，ABSC 理論運用在智慧 ERP 系統可以大幅提升智慧工廠的業務運營能力、成本、交付、服務、資源和生產率等，預期有助於實現企業獲取即時報價、及即時成本等資訊，「相關即時資訊」可協助企業因應高競爭市場的變化。

2. 立即資料採集作業及 MES 平台的「可靠傳輸的資料層」，解決了 ERP 無法即時獲取生產線等相關實際的資料；「可靠傳輸的資料層」依據需求及設定，其回饋資料可以即時傳輸到 ERP 系統。

3. 工業 5.0 的協作機器人具備輕巧、便捷及價格優惠，「人機協作」的生產模式可改善中小企業的生產流程和提升生產力。客製化「以人為本」是工業 5.0 的核心所在，專業技師的研發創新與即時製造是趨勢所在。

4. 「ABSC（Activity-Based Standard Costing，簡稱 ABSC）基於活動的標準成本計算」理論，以因應智慧製造 OT 與 IT 技術整合，實現「即時資訊」的應用。依據 IFRS 8 的觀點而言，ABSC 生產決策模式可以幫助 CODM 管理當局展開兩項核心原則：(1) 遵循產品別模式制定「運營部門」；(2) 衡量每一個營運部門，定期揭露其收入和支出的財務資訊。

5. 科技是無疆界的知識與運用，自動化生產線已取代了直接人工；智慧製造的崛起，間接人工也被智慧化設備所取代；AIoT 技術使「人工智慧」發揮了深度學習及自主性的能力，即時的邊緣運算可以改變原來規劃的各項標準，也撼動設定標準成本的目的與功能。科技的進步及其自主性的能力，帶動管理會計的變革與挑戰。OT ＋ IT 整合技術已成趨勢；實現即時標準成本、預算及報價也將成為可能。

參考文獻

1. Wen-Hsien Tsai　x ,Shu-Hui Lan and Cheng-Tsu Huang（2019），「Activity-Based Standard Costing Product-Mix Decision in the Future Digital Era: Green Recycling Steel-Scrap Material for Steel Industry」，https://doi.org/10.3390/su11030899，2021/05/29 擷取。

2. Wen-Hsien Tsai ,Shu-Hui Lan and Hsiu-Li Lee（2020）「Applying ERP and MES to Implement the IFRS 8 Operating Segments: A Steel Group's Activity-Based Standard Costing Production Decision Model」，https://www.mdpi.com/2071-1050/12/10/4303 , 2021/05/29 擷取。

習　題

選擇題

1.(　　) 以下敘述工業 5.0「人機協作」的生產模式，何者正確？

A. 因為機器人只會依指令做事，所以需要投入大量人力撰寫程式

B. 「人機協作」的生產模式可改善中小企業的生產流程和提升生產力

C. 產品具備「人性化」的特質，「以人為本」是工業 5.0 的核心

D. 專業技師的研發創新與即時製造是趨勢所在

E. 「人機協作」與「智慧生產線」是一樣的

(1) ABD　　(2) ACD　　(3) BCD　　(4) BCE

2.(　　) 以下敘述何者與即時資訊有關？

(1)實現「虛實整合」充分發揮 5G 即時資訊傳輸的特性

(2)「全面感知層」的作業模式，是指生產過程聯網數據的即時資料採集

(3)OT 營運層是軟硬體的大整合，是「萬物互聯」的概念

(4)以上皆是

3.(　　)　「ABSC（Activity-Based Standard Costing，簡稱 ABSC）基於活動的標準成本計算」理論，實現「即時資訊」的應用，關鍵技術何者正確？

(1)MES 經由「可靠傳輸資料層」即時回饋給 ERP

(2)即時採集所有資料的「智慧運算的資料層」技術

(3)在數位化時代，運用雲端技術

(4)以上皆非

4.(　　)　何者與「轉撥計價」無關？

(1)指集團內部的交易作業

(2)指同一公司，不同事業部的交易作業

(3)視為集團內部交易之銷售政策

(4)指一般與客戶之間的交易

5.(　　)　以下敘述「直接人工」何者正確？

A. 自動化生產線與「直接人工」無關

B. 智慧製造的崛起與「直接人工」無關

C. 工業 5.0 的專業技師只付出勞力與直接人工是一樣的

D.「直接人工」的成本結構在智慧製造已經不存在

(1) ABC　　(2) ACD　　(3) ABCD　　(4) ABD

問答題

1. 試述為何智慧製造的人力是「質」的提升？

2. 試述 ABC（Activity-Based Costing，簡稱 ABC）與「ABSC（Activity-Based Standard Costing，簡稱 ABSC）的差異性？

3. 試述 5G 智慧製造的資料傳輸作業？

4. 簡述 MES 的效益？

5. 簡述科技帶動那些管理會計的變革？

IFRS之e化策略規劃

學習目標

- ☑ 瞭解 IFRS＋IT 的運用
- ☑ 瞭解集團 IFRS＋IT 系統運用模式
- ☑ 瞭解如何建立經營者的思維
- ☑ 瞭解營運政策範疇
- ☑ 瞭解公司層級的策略規劃
- ☑ 瞭解事業層級的策略規劃
- ☑ 瞭解功能層級的策略規劃

　　策略最大的挑戰在於經營者清楚的選擇做什麼？策略定義近似「謀略」的定位，也是取與捨的抉擇。IFRS 策略規劃應該反應經營者的思維；企業成功的關鍵是經營者能持續檢核策略的可行性及因應時局變化而機動性調整策略的元素；策略定位清楚後的首要任務，就是重新審視組織內的流程與作業活動，從中找出符合策略定位與價值的活動。IFRS 的 e 化規劃展開模式，從高階主管的策略規劃，至中階幹部的管理控制，與基層管理的作業執行。如何將策略規劃及管理控制的元素整合至 ERP 系統；IFRS 的 e 化順序是由非結構化到半結構化至結構化；與企業管理活動，由上而下的經營管理的對應是一致的；也就是說，由策略規劃對應到非結構化的概念、至管理層建立相關制度進入所謂 IFRS 的半結構之 e 化步序；策略規劃與管理控制步驟確認後再由 IT 人員導入及完成系統後，就進入所謂 IFRS 的結構化之 e 化步序，並得以正式進入企業營業活動的 ERP 作業執行。本章將針對經營者、高階主管角色及 ERP 推動的非結構化的步序為主，探討 IFRS 之 e 化策略規劃的內容。本章內容分為：5-1 IFRS ＋ IT 的運用，5-2 集團 IFRS ＋ IT 系統運用模式，5-3 建立經營者的思維，5-4 營運政策的範疇，5-5 公司層級的策略規劃，5-6 事業層級的策略規劃，5-7 功能層級的策略規劃，5-8 結語。

5-1 IFRS ＋ IT 的運用

　　IFRS 納入 ERP 系統，必須經由經營者的思維建構企業內部之「營運政策」，因應營運政策推展及落實，必須整合企業經營管理的策略規劃、管理控制及結合 IFRS 法令並予系統化。首先了解企業經營管理的策略規劃包含有：公司層級、事業層級、及功能層級。財務長必須要很清楚知道有關公司及事業層級的策略規劃，才有機會建構一套合適企業所需要的功能層級之策略規劃，我們稱此功能層級為「會計政策」。

　　會計政策緊密結合在企業的營運政策，建立會計政策必須考慮企業的規模大小、公司組織結構、事業部組織結構及 IFRS 法令之要求等，進行及規劃屬於「單一公司」或「集團企業」的財務部門最高功能層級的會計政策。會計政策是屬於原則基礎（principle-based）的概念，企業個體必須揭露重要會計政策之彙總、衡量之基礎及每個對理解財務報表具有攸關性的特定會計政策（IAS 1 第 108 段）。

　　建立 IFRS ＋ IT 企業經營管理會計架構，如圖 5-1 所示，必須充分發揮 IFRS 的精神，由經營者的思維去建構企業的營運政策，之後才展開內部管理制度以及善用資訊工具使得企業內部營業活動系統化；營運政策確認後，才展開功能層級的會計政策，建立管理制度包含會計制度及績效評估，其中會計制度包含公司層級裡面各功能層級之部門的內部控制及流程規劃，與行政授權和簽核作業等；另外績效評估是藉由組織的規劃界定相關責任歸屬，例如運用預算制度，建立公司層級裡面各功能部門的績效評估之標準；或者經由集團組織再展開至事業層級的集團績效組織之各事業部（或 IFRS 8 稱之為營運部門）的營運目標達成率，視為事業部的績效評估之標準。建立績效評估過程中，除了企業內部之營運過程所帶來的經營風險之外，企業也必須面對外部市場或環境的變化所帶來的風險，其風險評估標準的制定也是屬於會計政策的績效評估的範圍；因此運用預算制度以及定期評估企業經營的成果及風險，才可確實掌握企業經營整體的狀況。執行面的控管必須運用 IT 的技術將會計政策及管理制度給予系統化；ERP 系統可運用系統結構，建立政策面及管理面的參數設定等模式，以達成執行面控管系統化。

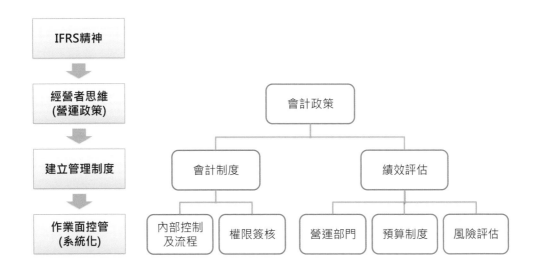

圖 5-1　IFRS ＋ IT 企業經營管理會計架構

5-2 集團 IFRS ＋ IT 系統運用模式

　　集團的定義：指母公司及其所有子公司，換言之就是母公司投資一家以上之子公司則可稱之為集團。「集團組織」是法人的概念，指母公司及其所有子公司的組合。

　　台灣中小型企業有很多公司也具備「集團組織」的型態，就員工人數而言，母公司在台灣的員工人數僅有數十位，但在海外有一家以上的子公司，其員工人數可能數倍於在台灣母公司的員工人數，此種中小型企業的「集團組織」具備所謂的「母小子大」之集團特色。

　　集團組織遵循 IFRS 或商業會計法如下說明：

1. 台灣上市櫃公司及公開發行公司：母公司在台灣，因營運需求，於海內外設立生產基地或銷售據點等子公司，母公司必須依據 IFRS 國際財務報導準則第 10 號的法令要求，定期編製及揭露集團合併財務報表，係對母公司一個體控制一個或多個其他個體時，建立合併財務報表之表達及編製原則。

2. 台灣的中小型企業：母公司為了符合顧客需求或貼近市場，進行海外投資設廠及銷售據點等；依據商業會計法第 57 條說明：商業在合併、分割、收購、解散、終止或轉讓時，其資產之計價依其性質，以公允價值、帳面金額或實際成交價格為原則。另依據商業會計法第 44 條部分說明：具有控制能力之長期股權投資，採用權益法處理。母公司編製「合併財務報表」，將集團視作單一經濟個體編製合併財務報表。

　　IFRS 10 強調集團母公司以合併財務報表為主體，加強會計理論跟原則判斷類型的選擇，不應該像以往傳統作業僅重視演算技巧等之展現。建立集團統一的資訊處理系統，已成為一重大議題，不只是僅編製集團合併財務報表的基礎，也是集團管理制度進化的起點。ERP 系統規劃應該整合集團的營運政策、管理制度及作業績效等面向，與集團企業的財務報導整合的概念，以充分發揮 ERP 之效益；換言之，資訊系統係用來將蒐集的資料加以彙整，並將其轉換成攸關資訊，當資料經過分析和加工變成資訊後，就可以提供企業情報流給各階的管理者使用。

　　合併財務報表指母公司整合母公司個體及各子公司個體的財務報表，以編製集團合併財務報表，集團系統的運用，因為企業規模、產業特色、成本考量…. 等因素，可能整個集團共用一套系統或各母子公司使用的系統不一。所以集團資訊架構也因為系統之運用不同，需探討方式也不一樣。

5-2-1　推動 IFRS 的 e 化之專案

　　IFRS 的 e 化之專案步序，是運用企業管理層由上而下的營運活動的思維，從策略規劃、管理控制與作業執行三個面向及整合 ERP 系統化推動步驟，由非結構化到半結構化至結構化作業，並與相關管理層展開 IFRS 法令的 e 化專案；也就是說，高階管理者扮演策略規劃的角色，釐清企業經營方向，在系統的用語稱之為「非結構化」，隨者策略規劃的確認，中階管理者展開管理制度並增加思考系統之規劃，此過程稱之為「半結構化」作業；IT 技術人員將「非結構化」和「半結構化」的訊息整合到系統，以利基層管理者運用電腦及企業整體的經營活動完整的 e 化，我們稱之為「結構化」作業，同時也順利完成 IFRS 的 e 化步序由上而下的展開作業；參見圖 5-2。

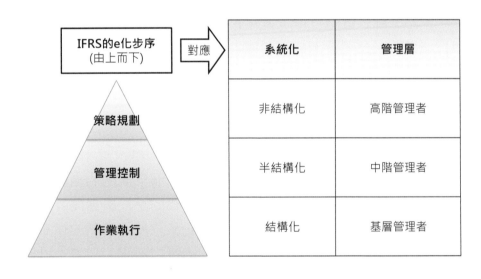

圖 5-2　IFRS 的 e 化步序由上而下的展開作業

　　策略最大的挑戰在於經營者清楚的選擇企業要做什麼？策略定義隨企業規模及目標制定而進行的預判與計畫，策略規劃是屬於高階管理者（包含：經營者、董事長、總經理、各事業部最高主管、及各功能別最高主管）或高度受過訓練的專家之責任。因應 IFRS 法令的要求與企業實際的需要，

策略的規劃分為三個層級，分別為：公司層級、事業層級及功能層級的策略規劃；策略執行過程中，也必須要經常被研究檢討或修正的。

　　策略規劃及管理控制整合至 ERP 系統化步序有三：策略規劃如同系統的「非結構化（unstructured）」的概念，是企業進行長期目標及資源分配所展開的政策，也是高階管理者決策制定的基礎；管理控制相同於系統的「半結構化（semi-structured）」，是介於結構化與非結構化之間，是透過組織的規劃及內部流程進行有效的管理與控制，使企業的資源得以有效率的運用，通常由中階幹部規劃及負責其標準解答與主觀判斷兩者的結合；「結構化（structured）」是指例行性的執行作業且重複性，具備高度結構化，可善用電腦工具，提升企業整體之效益，也可稱之為可程式化作業，作業執行中充分發揮組織的效益，有明確的責任歸屬及確實有效率落實執行的效果。

5-3　建立經營者的思維

　　選擇策略、制定策略目標，並在企業內由上而下設定相對應的目標，其角色扮演涵蓋了公司全部的經營權；包含領導全公司的員工，明確定義公司的使命與目標，決定公司所從事的事業及形成與執行涵蓋眾多事業單位的策略，並且對於不同的事業單位進行資源配置的工作。

5-3-1　達成企業目標之整體策略

　　企業目標整體策略，如圖 5-3 所示，是由上而下展開的相關作業：從定義使命及願景，接者設定目標並建立達成目標的手段與展開有系統的計畫整合及協調各種活動。所謂企業使命是指企業依據什麼樣的存在意義發展各種經營活動；願景是企業全體員工長期去努力追求的理念；目標是量化的標準，衡量企業內部各部門績效評估之依據，例如：年度預算、標準成本等；促進全體員工達成目標的手段，必須採用足以激發員工發揮潛能的制度，例如：績效獎金等；建立有效的作業制度化及系統化等，將有助於有系統的整合企業內部整體的營業活動。

　　有效的發揮企業經營的整體效益，必須運用有效的內部控制，建立企業的「好目標」及「好策略」可合理確保企業目標的達成。企業管理「目

標」是指一個企業力圖達成什麼，企業管理的組成要素則意味著需要什麼
來達成它們，也是董事會和管理階層可合理保證他們瞭解企業將可達成企
業目標的預測能力，例：策略目標、經營目標、財務報導之可靠性目標和
遵循相關法令目標的程度；所謂策略目標是指與高階層主管所制定的目標，
並與使命相關聯及支撐其使命；經營目標是指有效果和高效率的，充分利
用企業內部資源；編制財務報表的目標不但要出具財務報表的可靠性，也
要遵守 IFRS 法令目標並符合企業的需求及運用。

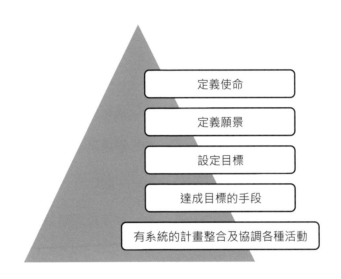

圖 5-3　達成企業目標整體策略圖

5-3-2　經營者角色的扮演

　　經營者應建立企業的方向感，宣揚企業使命，建立企業的願景與理念，
使企業擁有本身之企業文化。企業的核心價值在於高階管理者領導企業
員工之核心能力有「企業管理哲學與經營風格」，所謂管理哲學，主要是
指高階管理者經營企業的觀念或指導思想；經營風格係指企業有別於其他
企業的個性特徵彰顯企業的內在品質，例：建立「企業使命」、「經營理
念」、信條或價值觀等。

　　企業文化被認為是企業無形的內部控制，是指一個企業內部成員共有
的思想信仰、行為規範、取向態度、好惡情感、價值觀及所追求的企業目
標與利益；價值觀可視為企業文化的根源與競爭優勢的驅動力；企業文化
是人為的創造物，企業管理階層的決策行為得到檢驗是正確的時候，企業

的員工才會忘掉自己原來的不信任，並經過不斷地強化這種觀念後，就逐漸形成所謂「企業文化」，潛移默化的影響其員工的做事方式，此時企業文化也愈見強勢；因此企業文化其實是不斷地跨文化的交流加以重組與整合，並以適應新環境的改變。

5-3-3　企業經營管理展開作業

　　一家企業經營管理作業的展開，如圖 5-4 所示，以經營者為核心，建立企業的「營業方針」及制定「營運政策」；再依據營運政策展開「營運計畫及方案」；執行過程必須可「控制日常作業」及定期「考核經營績效」；並持續改善保持企業的競爭力。

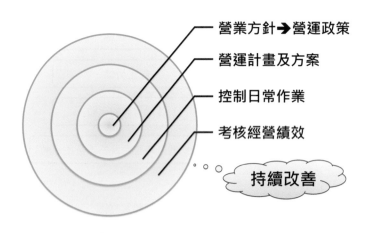

圖 5-4　企業經營管理展開作業

5-4　營運政策的範疇

　　營運政策的目的是達成企業目標之整體策略，營運政策範疇劃分為三大策略規劃包含：公司層級、事業層級、及功能層級的策略規劃（參見圖 5-5）：

1.　公司層級的策略規劃：設定所有策略性目標，分配資源於不同事業領域。

　　決定公司應該放棄哪個事業或應該併購哪些事業等；負責公司層級之策略管理者還要提供公司外部關注公司策略性發展者及股東之聯絡管道，公司所追求之策略，應與股東利益最大化的目標一致。

2. 事業層級的策略規劃：事業層級目標明確指出母公司對事業單位的期望，也設定具有挑戰性的目標，鼓勵事業層級之管理者為未來的經營研擬更有效的策略與組織結構，擁有充分的自主權，可以自行擬定達成目標的策略。

3. 功能層級的策略規劃：主要的責任在銷售、採購、生產、薪工、融資、投資、研發、人力資源、會計、電腦化資訊系統…等方面各別發展策略管理，以幫助實現公司層級與事業層級之策略目標。

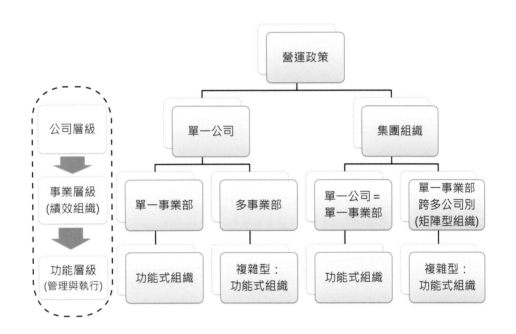

圖 5-5　營運政策的範疇

5-5 公司層級的策略規劃

　　公司層級就是法人概念，營運政策首要思考的議題就是公司層級之策略規劃。如果經營者考慮所有經營活動僅在國內進行，只要設立單一的公司就可達成經營者營運的目的。因應單一公司的企業經營業務逐漸成長，必須於海內外設立子公司，成立生產基地或銷售據點等；企業的組織結構也產生變化，由單純的單一公司成長為「集團組織」的概念，如圖 5-6 虛線所示。

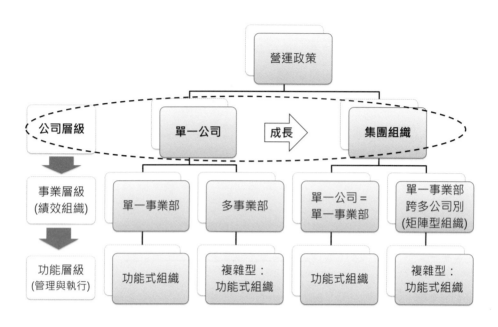

圖 5-6   公司層級成長圖

5-5-1　母公司編制集團合併財務報表

　　IFRS 國際財務報導準則第 10 號「合併財務報表」係對一個體控制一個或多個其他個體時，建立合併財務報表之表達及編製原則。規定屬母公司之個體提出合併財務報表，要求母公司以合併財務報表為主，個體財務報告為輔；合併財務報表係指母公司及所有子公司以單一經濟個體方式所表達之集團的合併財務報表，真實呈現集團整體的經濟活動及財務結果。合併程序：將母公司及子公司將性質相同的資產、負債、權益、收益及費損逐項加總後整體表達（IAS 27---4 &18 段）。

　　母公司具備對子公司之控制力，母公司得以對子公司進行主導或監管財務與營運的決策力。母公司編製合併財務報表過程中必須注意事項有：

1. 母公司對子公司投資比例：如果未達 100% 部分，也就是說子公司之權益非屬母公司直接或間接持有，稱之為「不具控制力權益」；必須作少數股權的揭露。

2. 集團內部交易：產品尚未出售至客戶端，其收益不得認列，必須進行集團內交易之沖銷作業。

3. 會計政策調整：子公司的會計政策與母公司不一致也必須進行調整作業。

4. 會計年度調整：子公司所使用的會計年度不一致必須進行調整作業。

5. 重大事項調整：「集團合併財務報表」編製過程所發生之重大事項得以進行期後事項的調整。

6. 轉投資公司的認列：母公司的轉投資公司如果有關聯企業或合資，必須認列及揭露其損益。

集團組織的價值：加強集團監理，配合 IFRS 10 法令的要求，上市櫃集團母公司必須以集團合併財務報表為主，可規避企業的財務報導不實，造成財報舞弊事件，例：國內外之安隆事件、雷曼兄弟及博達科技案等。

5-5-2 集團母公司對子公司經營管理之監理

母公司對子公司的監督與管理，包含對子公司的控制作業，建立適當的組織控制架構，與子公司間整體之經營策略、風險管理與指導原則，訂定與各子公司間的業務區隔、訂單接洽、備料方式、存貨配置、應收應付帳款之條件、帳務處理等之政策及程序；訂定母公司監督與管理各子公司重大財務、業務事項，包括事業計畫及預算、重大設備投資及轉投資、舉借債務、資金貸與他人、背書保證、債務承諾、有價證券及衍生性金融商品之投資、重要契約、重大財產變動等之政策及程序。

母公司控制子公司最佳指標通常指母公司可決定子公司的策略走向、再投資的決策，及核准子公司的融資計畫、年度營運計畫、資本支出，和決定子公司的盈餘分配及決定解散子公司營運之權力等…。

5-6 事業層級的策略規劃

確認公司層級是單一公司或集團組織後；再以企業營運決策者，決定資源分配及績效評估的觀點為基礎，建立合適的事業層級的績效組織。也就是說，「事業層級」是由「公司層級」延伸而來。母公司提出集團的合併財務報表，也必須一併彙總 IFRS 8 營運部門之資訊，係以集團合併財務報表的基礎，建置各營運部門的獨立資訊。事業層級的組織規劃應符合經營有效果和高效率的目標，充分利用企業內部資源；營運部門所編制的財務報表目標不但要出具財務報表的可靠性，也要遵守 IFRS 8 法令目標並符合企業的需求及運用。

營運部門也就是企業界稱之為「事業部」、「事業群」等，具備可獨立作戰經營的事業個體，可客觀考核每一事業個體之經營績效及權責劃分的有效管理作業；各事業個體不但有共同平台進行彼此競爭與比較，也可促進企業提升整體效益。

事業層級如圖 5-7 虛線所示是延伸公司層級的集團組織的概念，展開成為績效組織達成企業整體的目標，分類的過程與經營者的思維有很大關係及企業的條件（包含：產品、市場、人才、資金 ...）有關。事業層級展開說明有二：

1. 單一公司：可能僅有單一事業部或多事業部。

2. 集團組織：可能依據各別單一公司視為單一事業部，或單一事業部為達成營運效益目標採用矩陣型組織，其單一事業部將可能跨越同一集團內的多公司別。

集團績效組織的價值：落實集團企業策略的推動，避免多頭馬車拖垮效率的窘境；不但可客觀考核每一營運部門之工作績效，也可促進整體效益及推動分權管理有效原動力。

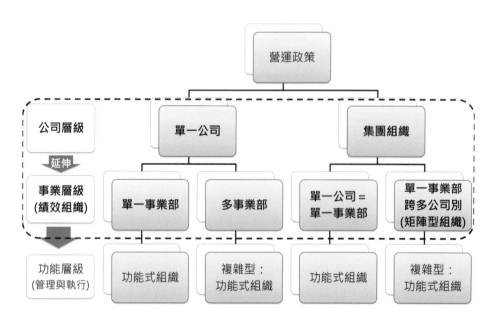

圖 5-7　公司層級延伸至事業層級圖

5-6-1 IFRS 8 營運部門法令及運用

　　IFRS 8 營運部門也就是「財務會計準則公報第 41 號 營運部門資訊之揭露」，集團的營運部門的資訊應獨立建置，以利建立各營運部門的績效評估作業。

　　營運部門之規劃是屬於事業層級的策略規劃，必須有獨立財務報表，包含：資產負債表、綜合損益表、及現金流量表。制定企業的績效組織，必須符合 IFRS 8 法令的績效組織規劃，由澄清定義 → 量化門檻 → 利潤分析模式如圖 5-8 IFRS 8 營運部門規劃架構所示，解釋及說明如下：

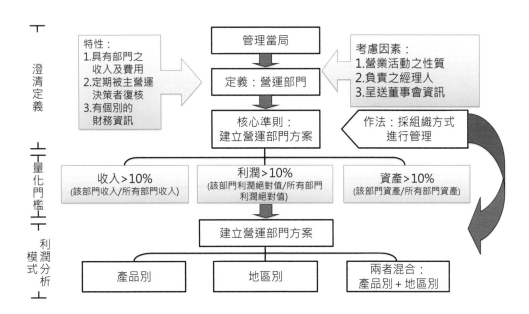

圖 5-8　IFRS 8 營運部門規劃架構

一、澄清定義

　　指必須釐清營運部門的特性及須考慮之因素

　　營運部門係企業之組成部分必須具備三特性：

(1) 營運部門從事可能賺得收入並發生費用之經營活動（包括集團內之交易）。

(2) 營運部門之營運結果定期接受管理當局之營運決策者的複核。

(3) 營運部門必須要有單獨的之財務報表。

營運部門必須考慮的因素有三：

(1) 營業活動之性質：建立營運部門的核心準則是企業應揭露財務報表，評估企業所從事營業活動與所處經濟環境之性質及財務影響之資訊；應用核心準則時，對投資人而言最攸關的資訊應是以產品別為編制基礎之資訊。

(2) 負責之經理人：指部門經理人直接對主要營運決策者負責，並定期會報所管轄之營運活動、財務結果、預測或計畫等。

(3) 呈送董事會之資訊：營運部門必須要有個別分離之財務資訊。

二、量化門檻

指建立營運部門有三種方案選項，分別為：收入、利潤及資產，企業應分別報導符合下列任一量化門檻之營運部門資訊：

(1) 該營運部門之報導收入（包括對外部客戶之銷售及部門間銷售或轉撥）達所有營運部門收入（內部及外部）合計數之 10% 以上者。

(2) 該營運部門之報導損益絕對值達下列兩項絕對值較大者之 10% 以上者：(1) 無報導損失之所有營運部門之報導利益合計數；及 (2) 有報導損失之所有營運部門之報導損失合計數。

(3) 該營運部門之資產達所有營運部門資產合計數之 10% 以上者。

未符合任何量化門檻之營運部門，若管理階層認為與該部門相關之資訊對財務報表使用者有用時，亦可被視為應報導部門而分別揭露。

針對上市櫃公司必須依據量化門檻選擇三種方案（收入、利潤或資產）的其中一個方案決定營運部門的建立；接著決定哪些營運部門視為「應報導部門」。

三、利潤分析模式

單一公司或集團企業規劃營運部門時必須以企業內部組織結構為基礎，以『管理階層的觀點』及運用「產品」、「地區」或「產品及地區兩者的混合」三種分類來建立，分別稱之為「產品事業部」、「地區事業部」或「混合事業部」；是以「利潤分析模式」建立的「單一公司績效組織」或「集團績效組織」，IFRS 8 所謂的「營運部門資訊」必須與規劃「績效

組織」的方法是一致的，也就是說管理當局是運用組織的方式，對各營運部門（或稱為 XX 事業部）進行管理與控制作業。

四、營運部門的建立

必須由澄清營運部門的定義，及整合量化門檻與利潤分析模式方案的選擇；規劃過程中，必須以「單一公司」或「集團組織」的基礎，依據管理當局的營運政策建立符合企業之需求的「績效組織」，如圖 5-7；針對「單一公司」的績效組織，我們可分類有二：(1) 單一公司只有一個事業部；(2) 單一公司有多個事業部。另外「集團績效組織」，我們也可分為有二：(1) 每一個公司就是一個營運部門；(2) 「集團組織」運用「利潤分析模式」展開「集團績效組織」，整個集團也超過一個以上的營運部門，所使用的組織模式稱之為「矩陣型組織」；當企業使用矩陣型組織時，通常以「產品別」為基礎，組成部分作為營運部門之認定基礎。運用「矩陣型組織」普遍為大型「集團組織」的複雜組織所使用。

5-6-2　應報導部門

針對上市櫃公司依據 IFRS 8 法令規定，必須由所有營運部門中，運用量化門檻的其中一個標準（收入、利潤、或資產）選出 75% 以上的營運部門，對外揭露財務資訊視為應報導部門。

1. 應報導部門：若營運部門所報導之外部收入總額少於企業收入之 75%，則應辨識額外之營運部門作為應報導部門，直至應報導部門之收入至少達企業收入之 75% 為止。非屬應報導之其他經營活動及營運部門之相關資訊，應合併並揭露於「其他部門」種類。參見圖 5-9 辨識應報導部門之流程圖。

2. 應報導部門資訊的揭露：分為四部分首先是「一般性資訊」必須具備營運部門的組織架構基礎及選擇應報導部門採用的量化門檻的方案，以及說明營運部門的收入來源；接者「報導資訊」指所有應報導部門的收入、損益、資產與負債，報導過程中營運部門間的「衡量基礎」及「調節」也必須被考慮；所謂衡量基礎有五項分別為：(1) 部門間所有交易之會計基礎；(2) 部門損益、資產及負債之衡量基礎；(3) 損益、資產及負債的調節；(4) 與前期不一之性質及影響；(5) 不對稱分攤之性質及影響。所謂調節分為三項指：(1) 營運部門資訊與企業財報相對應之合計數之調節；(2) 營運部門衡量如何計算之解釋；(3) 編制企業財報與準備部門資訊之會計政策及差異（IFRS 8）。

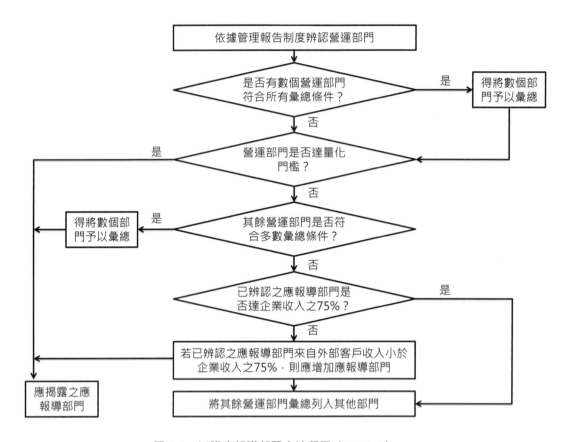

圖 5-9　辨識應報導部門之流程圖（IFRS 8）

3. 舉例：營運部門資訊（第 41 號公報樣本，圖 5-10）

　　有一多角化公司有三個應報導部門：家電部門、貿易部門及投資部門、家電部門係製造各類家電用品，銷售予家電零售商。貿易部門係從事商品代理、化妝品之買賣。投資部門係從事辦公大樓之出租業務。

　　應報導部門係策略性事業單位，以提供不同產品及勞務。由於每一策略性事業單位需要不同技術及行銷策略，故須分別管理。

1. 應報導部門收入合計應銷除部門間之收入 $2,500。

2. 部門損益不包括商譽損失 $300，所得稅費用 $700 及退休金費用 $4,000。

3. 部門資產不包括遞延所得稅 $1,200 及商譽 30,000。

4. 部門負債不包括應付退休金負債 $20,000。

部門資訊 101/12/31	家電部門	貿易部門	投資部門	其他部門	調節及銷除	合計
收入						
來自外部客戶收入	$ 5,000	$ 5,800	$ 11,500	$ 4,000		$ 26,300
部門間收入		1,500		1,000	-2,500	0
利息收入		200	500			700
收入合計	$ 5,000	$ 7,500	$ 12,000	$ 5,000	-$ 2,500	$ 27,000
利息費用	20	30				50
折舊與攤銷	40	50	35	50		175
投資損失			105			105
其他重大非現金項目						0
資產減損			500			500
部門損益	$ 4,650	$ 6,450	$ 10,450	$ 3,650	-$ 5,000	$ 20,200
資產						
採權益法之長期股權投資			8,000			8,000
非流動資產						0
資本支出	2,300	1,456		860		4,616
部門資產	$ 65,000	$ 48,650	$ 120,000	$ 54,000	$ 31,200	$ 318,850
部門負債	$ 33,000	$ 24,200	$ 45,000	$ 11,000	$ 20,000	$ 133,200

圖 5-10　營運部門資訊（樣本）

5-6-3 營運部門實務作業說明

說明 1：確認「集團組織」，再進行規劃「集團績效組織」

　　IFRS 8「營運部門」規定，揭露營運部門係以集團合併財務報表的基礎展開；也就是說，確認「集團組織」後再透過「集團績效組織」規劃，建立獨立作戰經營的營運部門。

說明 2：營運部門的規劃

　　營運部門規劃由管理當局決定的，及依據 IFRS 8 法令要求，營運部門必須有獨立資訊揭露，決定營運部門的標準有三種方式選擇：依據「產品別」或「地區別」或「產品別＋地區別」；再依據量化門檻的方式有三：營運部門的收入、損益的絕對值或資產，決定總計 75% 以上的應報導部門（針對上市櫃公司 IFRS 8 法令規定）。

　　營運部門具備三特性：(1) 獨立損益資訊：包含有營業收入及營業成本（或費用），可獨立計算損益；(2) 定期被主要營運決策者績效審核：評估

績效＆制定分配予該部門資源之決策；(3) 個別獨立的財報：具分離的財務資訊。

說明 3：集團組織舉例個案展開：如何由「集團組織」→ 展開至「集團績效組織」

　　假設說明：母公司分別投資三個生產基地的子公司（甲、乙、丙生產基地），另經由子公司「乙生產基地」再投資四個銷售據點的孫公司（丁、戊、已、庚分公司）；所有的子公司及孫公司有不同的產品別；甲生產基地生產 A、B、C 產品，乙生產基地生產 B、D、F 產品，丙生產基地生產 A、D、E 產品，丁分公司銷售 A、E 產品，戊分公司銷售 B、C、D 產品，已分公司銷售 C、E、F 產品，庚分公司銷售 A、B、F 產品，其集團組織圖參見圖 5-11：

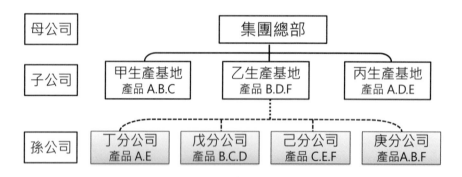

圖 5-11　集團組織圖

作法 1：建立集團績效組織，是運用利潤中心的概念建立可獨立計算績效之營運部門或稱之為事業部（Business Unit）；依據 IFRS 8（財務會計準則公報第 41 號）設定營運部門標準可採用有三種方式：產品別／地區別／產品別＋地區別。

　　例如，選擇「產品別」視為營運部門，運用集團組織圖（如圖 5-11），展開不同產品 A、B、C、D、E、F 的產品事業部（如圖 5-12）。

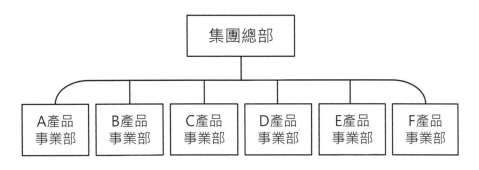

圖 5-12　集團績效組織圖（產品事業部）

作法 2：每個產品事業部，分佈在不同的生產基地及銷售據點，其各法人之各產品別也必須具備有獨立帳務；運用集團組織圖及展開各個法人的產品別，稱之為集團矩陣型組織（如圖 5-13）。矩陣型組織具備橫向及縱向管理交叉，透過集團事業層級的策略及選用「產品別」視為集團績效組織的依據，由各產品事業部自行擬定各產品的策略規劃，也有助於落實各產品的整體發展；因此跨國的營運部門，也必須整合位於不同國度之生產基地、或銷售據點的不同產品別之帳務。

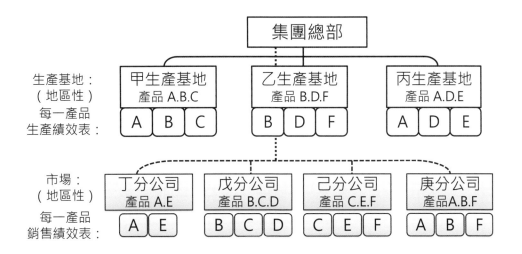

圖 5-13　集團矩陣型組織圖（產品事業部）

作法 3：依據集團矩陣型組織，如何整合產品事業部？

舉例說明：A 產品事業部如圖 5-14 劃圈所示。

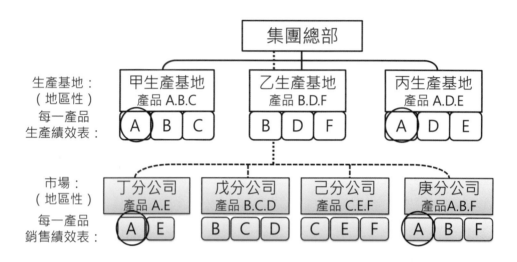

圖 5-14   集團矩陣型組織圖 --A 產品事業部（劃圈）表示

說明：A 產品事業部的合併財務報表，必須進行整合集團內各公司有關 A 產品的部分，換言之 A 產品事業部合併財務報表必須跨公司的整合 A 產品位於不同的生產基地與銷售據點的財務報表包含：（甲生產基地、丙生產基地）＋（丁分公司、庚分公司）（如圖 5-15）。

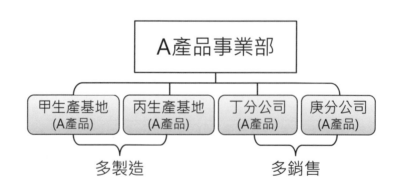

圖 5-15   A 產品事業部

「A 產品事業部」整合必須橫跨不同的法人，考慮的層面如同編製集團合併財務報表；除了每個法人的所有產品別必須有獨立的帳務，及同一集團下相同的產品必須跨不同的公司，進行「A 產品事業部」的合併財務

報表；合併過程也必須將重疊部分，或未實現損益等進行沖銷作業，以利確實反映實際「A 產品事業部」的損益。

5-7 功能層級的策略規劃

　　功能層級的策略規劃主要的責任在「生產」、「銷售」、「人力資源」、「研發」、「財務會計」、「電腦化資訊系統」（我們簡稱為：產、銷、人、發、財、資）是屬於各方面功能別的發展策略管理，目的是幫助及實現公司層級與事業層級之策略目標。本章節將僅針對符合 IFRS 的會計政策為主，企業在執行過程中必須緊密結合企業的營運政策（如圖 5-16）。

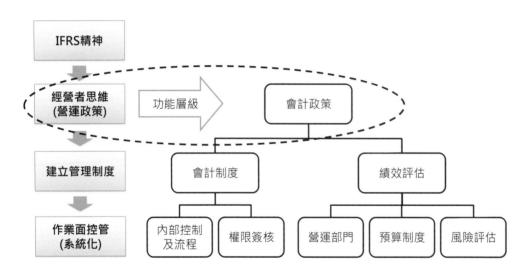

圖 5-16　會計政策緊密結合營運政策圖

5-7-1 會計政策的規劃

　　會計專業應該協助各種組織（包含：集團組織、集團績效組織、及單一公司的功能式組織）建立相關的制度與流程，確保組織運作的時候有一定的準繩，以利有效的收集與整理相關資訊。所以各組織的財務會計、成本與管理會計、內部控制、內部稽核與外部審計形成整體資訊體系的各個環節。會計政策指企業編製財務報表所採用之基本假設、基本原則、詳細準則、程序及方法等。對同一會計事項有不同之會計政策可供選擇時，為使財務報表能允當表達財務狀況、經營成果及財務狀況之變動情形，企業

宜選用最適當之會計政策（會計研究發展基金會）。商業會計法第 12 條：商業得依其實際業務情形、會計事務之性質、內部控制及管理上之需要，訂定其會計制度。

集團組織的會計政策規劃步序首先由公司層級開始，母公司釐清所有轉投資公司之定位，是屬於子公司、關聯企業、合資或理財性的投資者。繪製「集團組織圖」僅指母公司及子公司，包含註明母公司對所有子公司的持股 %；接下來規劃「集團績效組織」以「集團組織」為基礎，遵循集團的營運政策規劃「集團績效組織」如本章 5-6 所述；然後進行功能層級（包含：產、銷、人、發、財、資）；「集團會計政策」的制定範圍包含有企業組織、流程、綜合損益表項下之收入與費用項目、資產負債表項下的資產與負債等項目。參見圖 5-17 策略規劃步序：

策略規劃步序		
公司層級的策略規劃： 集團組織	事業層級的策略規劃： 集團績效組織	功能層級的策略規劃： 產、銷、人、發、財、資
符合 IFRS 10 法令	符合 IFRS 8 法令	會計政策：確保組織運作
釐清轉投資定義：	建立績效組織：	展開會計政策：
集團組織＝母公司＋子公司	營運部門組成分類：	組織
	公司＝事業層級	流程
	一公司＝多事業層級	綜合損益表：收入、支出項目
	一事業部跨多公司別	資產負債表：資產、負債項目

圖 5-17   策略規劃步序

5-8 結語

IFRS 策略規劃應該反應經營者的思維，IFRS ＋ IT 就是運用電腦科學和通訊技術來設計、開發、安裝和遵循國際財務報導準則之資訊系統及應用軟體。推動 IFRS 的 e 化作業，首先必須釐清經營者的思維並建立企業的營運政策，再展開 IFRS 策略規劃包含：公司層級、事業層級、及功能層級的策略規劃，目的是達成企業目標之整體策略。自 2013 年台灣所有上市櫃

公司是屬於集團組織的母公司必須遵守 IFRS 10 法令，就是以「公司層級」的角度，強調集團母公司必須以合併集團財務報表為主體；另外以「事業層級」的角度遵守 IFRS 8 法令必須揭露 75% 以上應報導部門；所有上市櫃公司必須明確提出企業的「會計政策」也就是屬於功能層級的策略規劃的範疇。

本章摘要

1. IFRS 策略規劃應該反應經營者的思維；營運政策的目的是達成企業目標之整體策略，其範疇劃包含：公司層級、事業層級、及功能層級的策略規劃。

2. 會計政策緊密結合在企業的營運政策裡面，建立會計政策必須考慮企業的規模大小、公司組織結構、事業部組織結構及 IFRS 法令之要求等，進行及規劃屬於「單一公司」或「集團企業」的財務部門最高功能層級的會計政策。

3. IFRS 10 強調集團的母公司以合併財務報表為主體，加強會計理論跟原則判斷類型的選擇。建立集團統一的資訊處理系統，已成為一重大議題，不只是僅編製集團合併財務報表的基礎，也是集團管理制度進化的起點。ERP 系統規劃應該整合集團的營運政策、管理制度及作業績效等、與集團企業的財務報導整合概念，充分發揮 ERP 之效益。

4. 符合 IFRS 8 法令的績效組織規劃說明，由澄清定義 → 量化門檻 → 利潤分析模式，營運部門必須有獨立資訊揭露，決定營運部門的標準有三種方式選擇：依據「產品別」或「地區別」或「產品別＋地區別」，再依據量化門檻的方式有三：營運部門的收入、損益的絕對值或資產，決定總計 75% 以上的應報導部門（針對上市櫃公司規定）。

5. 「集團會計政策」的制定範圍包含有企業組織、流程、綜合損益表項下之收入與費用項目、財務狀況表項下的資產與負債等項目。

參考文獻

1. 國際財務報導準則第 10 號合併財務報表，財團法人中華民國會計研究發展基金會，2021/04/24 擷取。

2. 國際財務報導準則第 8 號營運部門，財團法人中華民國會計研究發展基金會，2021/04/25 擷取。

3. 會計研究發展基金會，會計研究月刊 Accounting Research Monthly，第 296~316 期。

4. 諶家蘭（2013），〈IFRS@ERP〉，會計研究月刊，第 326 期，民國 102 年 1 月，頁 80-93。

5. 徐麗珍、劉小娟（2011），〈接軌 IFRS，移轉訂價應有的新思維〉，會計研究月刊，第 304 期，民國 100 年 3 月，頁 54-57。

6. 黃士銘、周玲儀、黃秀鳳、黃乙玲（2012），〈利用 E 化建構 IFRSs 後企業內部控制新架構〉，會計研究月刊，第 314 期，民國 101 年 1 月，頁 43-50。

7. 諶家蘭（2012），〈從企業導入 IFRSs 看資訊系統因應之道〉，會計研究月刊，第 316 期，民國 101 年 3 月，頁 34-41。

8. 謝國松（2011），〈關聯企業與合資企業投資（一）〉，會計研究月刊，第 306 期，民國 100 年 5 月，頁 124-127。

9. 謝國松（2011），〈關聯企業與合資企業投資（二）〉，會計研究月刊，第 307 期，民國 100 年 6 月，頁 114-118。

10. 謝國松（2011），〈關聯企業與合資企業投資（三）〉，會計研究月刊，第 309 期，民國 100 年 8 月，頁 62-66。

11. 謝國松（2011），〈關聯企業與合資企業投資（四）〉，會計研究月刊，第 311 期，民國 100 年 10 月，頁 122-127。

12. 商業會計法，民國 103 年 6 月 18 日總統華總一義字第 10300093261 號令修正公布，http://gcis.nat.gov.tw/main/publicContentAction.do?method=showPublic&pkGcisPublicContent=3756，2021/02/24 擷取。

習 題

選擇題

1.(　　) 企業經營管理策略規劃的範圍？

　　(1) 公司層級策略規劃

　　(2) 事業層級策略規劃

　　(3) 功能層級策略規劃

　　(4) 以上皆是

2.(　　) 有關 IFRS 10 下列敘述何者有誤？

　　(1) IFRS 10 強調集團母公司以集團合併財務報表為主體，個體財報為輔

　　(2) 非集團組織也可適用 IFRS 10

　　(3) 台灣所有上市櫃公司具備集團母公司特色，都必須定期揭露集團合併財務報表

　　(4) 台灣中小型企業不需要遵循 IFRS 10

3.(　　) IFRS 的 e 化步序何者為非？

　　(1) 運用企業營業活動思維從策略規劃→管理控制→作業執行

　　(2) 運用系統化概念由非結構化→半結構化→結構化

　　(3) 運用由上而下管理層從高階管理者→中階管理者→基層管理者

　　(4) 以上皆非

4.(　　) 經營者角色的扮演為何為非？

　　(1) 建立企業的方向感

　　(2) 建立企業的願景與理念

　　(3) 宣揚企業使命

　　(4) 企業不需擁有本身的企業文化

5.(　　) IFRS 8 法令集團績效組織規劃步序？

　　　　A. 量化門檻　B. 澄清定義　C. 利潤分析模式

　　　　(1) BCA

　　　　(2) CAB

　　　　(3) BAC

　　　　(4) ACB

問答題

1. 試述 IFRS 的 e 化步序？

2. 試述經營者角色的扮演？

3. 何謂集團組織？

4. 試述集團績效組織？

5. 會計政策策略規劃步序？

CHAPTER 6

IFRS之e化管理控制

學習目標

- ☑ 瞭解會計政策展開作業
- ☑ 瞭解集團組織
- ☑ 瞭解集團交易與關係人交易差異
- ☑ 瞭解單一公司組織規劃及運用
- ☑ 瞭解公司的作業流程與內部控制
- ☑ 瞭解公司的預算與績效評估
- ☑ 瞭解公允價值評估

功能層級的策略規劃包含：「生產」、「銷售」、「人力資源」、「研發」、「財務會計」、及「電腦化資訊系統」（我們簡稱為：產、銷、人、發、財、資）各功能層級的發展策略與各部門的管理制度是息息相關的，所有功能層級的目的都是幫助及實現公司層級與事業層級之整體策略目標。財會部門在企業組織角色扮演是屬於企業的把關者，本章以 IFRS「會計政策」為主軸，協助企業重新思考企業作業流程、組織、系統調整等，也就是進入所謂「IFRS 之 e 化管理控制」，此階段通常由中階管理者整合經營決策，以管理為出發點，設計理念，體現 IFRS 的治理精神，作業活動改善和流程再造等。因此本章內容將分為 6-1 會計政策展開作業，6-2 釐清集團組織與執行，6-3 集團交易與關係人交易差異，6-4 單一公司組織規劃及運用，6-5 內部作業流程與控制，6-6 預算與績效評估，6-7 公允價值評估，6-8 結語。

6-1　會計政策展開作業

符合 IFRS 會計政策必須緊密結合企業的營運政策，會計政策的展開是整合「管理」與「控制」的手段與方法來達成企業整體的營運目標。管理視為一種程序，控制係為一種管理過程，使企業組織得以有效運用資源及確保資產的安全性並合理達成資訊之可靠性與完整性，也必須遵循政策、計畫、程序、法令及規章等規定，及有效地達成既定的營運目標。企業個體必須揭露，重要會計政策之彙總、衡量之基礎及每個對理解財務報表具有攸關性的特定會計政策（IAS 1 第 108 段）。

「會計政策」的制定範圍包含有企業組織、流程、綜合損益表之收入與費用會計項目、資產負債表的資產與負債的會計項目。依據商業會計法第 41-1 條：資產、負債、權益、收益及費損，應符合下列條件，始得認列為資產負債表或綜合損益表之會計項目：一、未來經濟效益很有可能流入或流出商業。二、項目金額能可靠衡量。

「會計政策」分為集團原則性的會計政策，與單一公司的會計政策。就「集團」而言，組織必須經由公司層級的「集團組織」再展開至事業層級的「集團績效組織」；「集團組織」重要議題是集團母公司必須編制集

團的合併財務報表；「集團績效組織」藉由組織規劃來界定相關責任的歸屬及各營運部門的績效評估。

　　單一公司的會計政策必須整合企業內部的管理制度包含會計制度及績效評估，是運用「功能層級」的組織規劃進行企業流程規劃及內部控制，以及行政授權和簽核等作業；也考慮成本結帳、預算管理及定期可評估企業經營的成果，本書將功能層級的組織規劃分二大類稱之為「成本中心」及「費用中心」。建立「成本中心」的目的是定期收集所有與成本結帳有關之資料並定期進行成本結算及可掌握到每個單一產品的成本結構或每一工單的成本，每家公司「成本中心」的組織規劃不一定相同，但必須與生產管理的活動力作結合。歸屬「費用中心」的部門，是從預算管理的權責基礎下，各部門主管必須對部門費用負責。運用預算制度等方式，定期評估各部門的績效，及運用功能式損益表可具體呈現各部門差異金額。另一方面，建立績效評估過程中，企業於「資產負債表日」評估企業資產或負債的各會計項目，對企業可能產生內部經營風險，或外部市場與環境變化的外部風險，IFRS 法令要求必須定時（月 / 季 / 年）運用「公允價值（含匯率政策）」的概念進行各項的評估作業；企業經營的成果及隨時掌握企業內外部風險，才可確實掌握企業整體經營狀況。單一公司的會計制度之 e 化整合範圍如圖 6-1 所示：

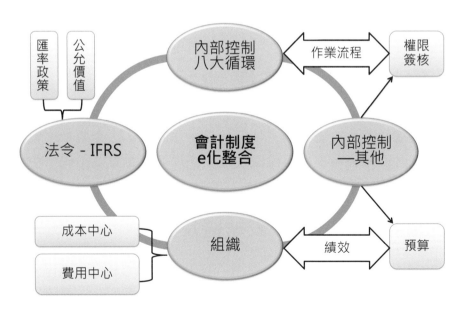

圖 6-1　會計制度之 e 化整合範圍

6-1-1　會計政策與組織的關聯性

　　管理階層負有設計公司組織之責任，決定完成的任務，選擇執行任務的人選、任務編組、命令系統以及決策點位置。組織在公司的管理上是非常重要的，會計制度的設計上，也是不可或缺的，組織涉及法令面、經營管理面，公司得因為經營的改進或業務的擴充，組織也必須進行變更；因此，如何建立一套良好的組織，是相當重要議題。組織規劃模式，應由集團組織及集團績效組織，至單一公司包含：功能層級部門組織及整合公司的會計制度與人事職位、職稱，配合公司各管理作業面流程控管及授權。

1. 集團組織：是法人的概念，指母公司及所有子公司的組合，本章 6-2 將依據 IFRS 10 法令詳述相關作業。

2. 集團績效組織：規劃營運部門區分為同公司或跨公司所考慮的內容是不一樣的；(1) 同公司有費用分攤及各資產與負債確認的問題；(2) 跨公司有營運部門資訊的整合的問題，例如：以「產品別」視為營運部門，可能就會有「矩陣型組織」的帳務資訊的整合（如本書 5-6 事業層級的策略規劃已詳述相關作業）。集團績效組織結構的改變，將影響的範圍有：「集團績效組織圖」、「管理報表」、「會計流程」、「會計政策」、「資訊系統運用」等。

3. 單一公司：成本中心、費用中心必須與會計項目屬性相結合，本章 6-4 將詳細介紹有關的會計作業。

6-2　釐清集團組織與執行

　　集團組織包含：投資架構及持股比例；IFRS 10 法令要求，集團母公司係以合併財務報表為主，而稅額之課徵係以個別企業為基礎。中小企業視需求編製合併財務報表。

6-2-1　集團合併財務報表結構及說明

　　自 2013 年起依據法令要求，台灣所有上市櫃公司具備集團母公司者必須定期揭露集團合併財務報表，其編制過程應注意事項有：確認集團組成份子，係指母公司轉投資的子公司應納入集團的合併財務報表。集團合併財務報表之基礎，將集團視作單一經濟個體，合併程序是將母公司和所有

子公司的各別資產負債表與綜合損益表進行合併作業，首先把資產、負債、權益、收益和費用各相同項目逐項相加後，接者進行集團內交易的沖銷作業；然後針對非控制權益（或稱不具控制力股權），指母公司對所有子公司其持股比率未達 100% 者，必須於財務報表表達；最後母公司所轉投資的非子公司（指：關聯企業、合資、及理財性投資）必須選擇權益法、比例法或公平價值認列投資損益。但商業會計法第 44 條的內容：對具有控制力或重大影響力之長期股權投資，僅採用權益法處理。集團合併報表結構說明如圖 6-2 所示及各項說明如下。

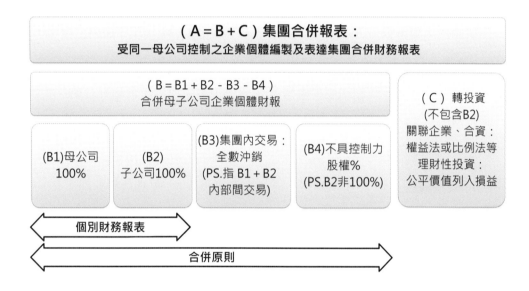

圖 6-2　集團合併報表結構

　　集團合併財務報表如圖 6-2 所示，分別有 B1 母公司：母公司必須制定集團統一的會計政策，建立會計的應計基礎的及觀念架構；B2 子公司：集團所有子公司採用不同之會計政策，當編制合併財務報表過程中應予以適當調整；B3 集團內交易：集團內交易必須作全數沖銷作業；B4 不具控制力：指集團所有子公司非母公司 100% 持有部分稱之為非控制權益，必須於集團合併財務報表揭露；C 轉投資：母公司的轉投資公司屬於關聯企業、合資、理財性投資之定期損益的認列；以上作業必須確實遵循集團一致的會計政策。

1. 子公司（B2）的衡量：母公司購併子公司之會計政策，註明購併之日期與說明購併方法及交易方式；合併商譽的會計處理及如何處理股權淨值與

取得成本；母公司應對子公司取得控制之日起至終止控制之日止,將子公司之收益及費損包含於合併財務報表。子公司之收益及費損應以收購日合併財務報表所認列資產及負債之金額為基礎。例如,收購日後於合併綜合損益表中認列之折舊費用,應以收購日合併財務報表中所認列相關折舊性資產之公允價值為基礎。

2. 集團內交易(B3)沖銷作業:集團內個體間交易所產生之損益而認列於資產(例如存貨、與不動產、廠房及設備)者應全數銷除,也就是指集團內個體間之帳戶餘額及交易應予銷除等。集團內個體間交易所產生之損失可能顯示已發生減損,而應於合併財務報表中認列減損損失。集團內個體間交易損益之銷除所產生之暫時性差異,應適用國際會計準則第 12 號「所得稅」之規定。

2-1 集團內交易餘額與損益必須完全沖銷IAS 27第20段

唯有準則明確要求或認同時,資產、負債或所得與費用才可相互抵銷,否則抵銷是被禁止(IAS 1修訂版第32&33段);集團合併沖銷展開舉例說明:

(1) 集團內交易分為:順流、逆流、側流等交易。

　　順流交易:母公司出售資產(存貨)予子公司 --- 合併沖銷分錄:

　　例 Dr 稅前損益 Cr 存貨(數據來源:母公司收入－成本)

　　逆流交易:子公司出售資產(存貨)予母公司 --- 合併沖銷分錄:

　　例 Dr 稅前損益 Cr 存貨(數據來源:子公司收入－成本)

　　側流交易:指集團內之兄弟間彼此間之交易。

(2) 集團內損益必須完全沖銷:股利、資產者的損益等。

(3) 所得稅產生暫時性差異:未實現損益沖銷等。

2-2 IFRS 10 法令要求,集團母公司係以合併財務報表為主,而稅額之課徵係以個別企業而非集團之營運結果為基礎,即便就集團而言有未實現利益,賣方仍會因為出售予關係人而被課稅。因此,該未實現利益之消除將會造成合併財務報表上存貨之帳面價值與其課稅基礎不同而產生暫時性差異。

3. 母公司對子公司之非控制權益(B4):母公司應於合併資產負債表權益項下與母公司權益分開列報。

4. 轉投資（C）：於關聯企業與合資的會計政策，不包含所有子公司，針對關聯企業或合資可選擇權益法或比例法等認列損益及理財性投資得以公平價值列入損益。

5. 集團合併財務報表（B）之報導日：編製合併財務報表之母公司及其子公司財務報表，應有相同之報導日。如母公司之報導期間結束日與子公司不同時，為合併財務報表之目的，子公司應編製與母公司財務報表日同日之額外財務資訊（除非實務上不可行），以利母公司能合併子公司之財務資訊。若實務上不可行，則母公司應使用子公司最近財務報表，並調整有關財務報表日與合併財務報表日之間所發生重大交易或事項之影響，以合併子公司之財務資訊。在任何情況下，子公司財務報表日與合併財務報表日之差異不得超過三個月，且報導期間之長度及財務報表日間之差異應每期相同。

6-2-2　台灣中小企業之集團組織

一、集團合併財務報表需求性

　　台灣已修訂商業會計法於民國 105 年上路，中小企業無編製合併財務報表，及大部分中小企業之財務資訊不負有公眾受託的責任。但仍有些中小企業集團母公司可能被外部使用者（指不參與管理業務的所有者、現有和潛在的所有者、信用評等機構或貸款銀行）要求編製合併報表。依據商業會計法第 57 條：商業在合併、分割、收購、解散、終止或轉讓時，其資產之計價應依其性質，以公允價值、帳面金額或實際成交價格為原則。及商業會計法第 44 條：具有控制能力或重大影響力之長期股權投資，採用權益法處理。

　　母公司採用合併財務報表的好處與 IFRS 具一致性，皆具有簡化的優點，節省準則制定成本及法律條文較具彈性，可公允表達財務狀況與經營成果，不但可以與國際接軌，且可統一集團的會計語言，並提高集團內各公司的財務報表之比較性；提供成長型中小型企業，未來公開發行後，採用全套國際財務報導準則之準備平台，有助於中小型企業之國內或國際籌資；透過集團的合併財務報表可完整表達中小企業集團的營運全貌。

二、合併財務報表對中小企業之影響

分為兩部分：

1. 有利影響及效益：提高中小企業財務報導品質，可降低資訊不對稱的不利影響，提高投資效率；對外部投資者而言，可增加其資本分配效率；對內部管理者可降低融資成本、代理成本及改善投資計畫選擇，提升投資效率；提供集團較佳的企業經營決策及管理能力。提供較具評價攸關性的財務資訊，更能協助投資者評估未來現金流量、股利支付能力與投資風險；提高財務透明度與財務資訊的可比較性，增強對中小企業財務報表的信心；與國際接軌，有助於國際間相互授信與商業活動。

2. 不利影響及增加成本：增加提供合併財務報表的額外專屬成本，例如人力、軟硬體、財報簽證等有形成本，以及時間的投入等無形成本。

三、不需編製合併報表：

母公司本身是另一家公司之子公司與最終母公司依照 IFRS 10 規定已編製合併財務報表；及僅擁有一家公司也不需編製合併報表。

6-3　集團內交易與關係人交易差異

1. 集團內交易：指母公司及所有子公司的交易。

2. 關係人定義（如圖 6-3）：指與編製財務報表之個體（報導個體）有關係之個人或個體。

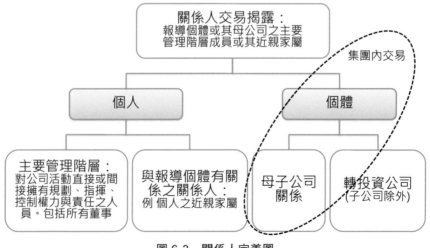

圖 6-3　關係人定義圖

3. 關係人交易揭露（IAS 24）：企業與關係人間之重大交易需於財務報表附註中揭露。所謂的關係人包含：子公司、兄弟公司、關聯企業、合資、投資、該企業及其母公司之主要管理階層（包含與其關係密切之家庭成員）、對該企業有控制力／聯合控制力／重大影響力之個體（包含與其關係密切之家庭成員）。如與關係人有發生交易，管理階層需揭露該交易之性質、金額、未結清餘額及其他有助於閱讀者理解報表之資訊（如交易數量及金額、未結清餘額及訂價政策）。關係人交易應分別依照關係人的類別及主要交易類型予以揭露。在不影響財務報表閱讀者於理解關係人交易對於企業之影響的情況下，類似性質之項目則可予以彙總揭露。以上所述，關係人交易範圍遠大於集團內交易，集團內交易僅限於屬於部分的關係人交易只有集團組織內所有的法人（母公司及所有子公司）個體部分（如圖 6-3 虛線部分）。

6-4　單一公司組織規劃及運用

　　單一公司組織規劃重要性，不但緊密結合企業「內部流程與控制」及「預算」作業，也必須結合「會計項目分類屬性」及運用「功能式損益表」完整呈現企業整體營運績效表；換言之，單一公司組織管理必須與會計制度設計作結合。單一公司組織分為「成本中心」及「費用中心」目的是用來彙集各部門之相關成本或費用，通常製造業成本中心的直接成本分為直接材料、直接人工、製造費用（簡稱：料、工、費），成本中心責任者必須對其所有直接成本負責；費用中心指間接部門（非生產部門）分為製造費用屬性及營業費用（分為：銷售費用、管理費用、及研發費用）屬性之部門，費用中心責任者必須對其部門費用負責。單一公司有兩個以上的成本中心，其製造費用屬性之支援部門（間接部門）就有分攤至不同的成本中心的製造費用之成本結帳議題；所以每一個成本中心結帳資料來源包括直接成本（料、工、費）及支援部門所分攤之製造費用，結帳後之結果就可獲得各成本中心之產品的成本結構，如圖示 6-4。

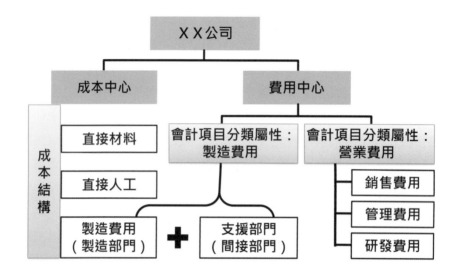

圖 6-4　單一公司組織規劃與成本結帳關聯圖

說明 1：單一公司功能式組織（樣本）如圖示 6-5。

　　通常一般公司組織自「總經理」展開有幕僚單位「稽核室」及各部門分為研發部、業務部、製造部、資材部、品管部、管理部，各部門再依據組織需求展開相關各課別等。

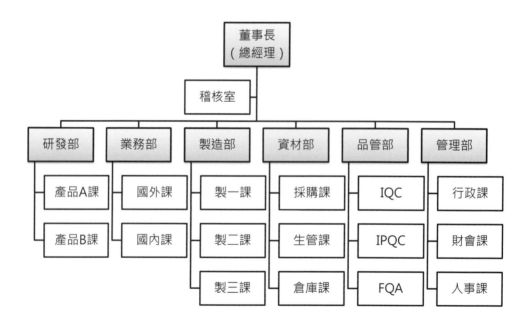

圖 6-5　單一公司功能式組織

說明 2：各部門對應公司組織分類及會計項目分類如表 6-1 所示。

製造部屬於成本中心，必須對銷貨成本項下之成本結構（分為：直接材料、直接人工、製造費用）負責，資材部及品管部是屬於製造費用屬性之費用中心，每個月成本結帳必須轉入成本中心的製造費用進行結帳作業。其餘的部門皆屬於營業費用屬性之費用中心，與成本結帳無關，但每月必須列入綜合損益表項下之營業費用（分為銷售費用、管理費用、研發費用），業務部屬於銷售費用、稽核室及管理部屬於管理費用、研發部屬於研發費用。

表 6-1　各部門對應公司組織分類及會計項目分類

部門別		公司組織分類		對應會計項目分類	
		成本中心	費用中心		
製造部	製一課	√		銷貨成本	直接材料
	製二課				直接人工
	製三課				製造費用
資材部			√		
品管部			√		
業務部			√	營業費用	推銷費用
稽核室			√		管理費用
管理部			√		
研發部			√		研發費用

6-5　內部作業流程與控制

企業內部作業流程設計是依據公司組織而設計，目的是建立部門之間的作業流程可達到環環相扣的目的，及有效發揮部門間牽制的完整內部控制作業。公司的組織不是一成不變的，必須隨企業的活動力適時及機動性的進行組織調整作業。內部的流程改善、成本控制都與公司組織有關。企業內部作業順暢不但可降低企業投入成本，也可提升企業競爭力及顧客滿意度。單一公司營運之內部控制分為「營運內部控制八大循環」及「其他控制內容」其內容詳述如下，各家公司應該依據企業需求建立合適的內部控制。

1. 營運內部控制八大循環：幾乎涵蓋企業所有的核心交易活動，是以交易循環區分的控制。

   (1) 銷售及收款循環：包括訂單處理、授信管理、運送貨品或提供勞務、開立銷售發票、開出帳單、記錄收入及應收帳款、銷貨折讓及銷貨退回、客訴、產品銷毀、執行與記錄票據收受及現金收入等之政策及程序。

   (2) 採購及付款循環：包括供應商管理、代工廠商管理、請購、比議價、發包、進貨或採購原料、物料、資產或勞務、處理採購單、經收貨品、檢驗品質、填寫驗收報告書或處理退貨、記錄供應商負債、核准付款、進貨折讓、執行與記錄票據交付及現金付款等之政策及程序。

   (3) 生產循環：包括環境安全管理、職業安全衛生管理、擬訂生產計劃、開立用料清單、儲存材料、領料、投入生產、製程安全控管、製成品品質管制、下腳及廢棄物管理、產品成分標示、計算存貨生產成本、計算銷貨成本等之政策及程序。

   (4) 薪工循環：包括僱用、職務輪調、請假、排班、加班、辭退、訓練、退休、決定薪資率、計時、計算薪資總額、計算薪資稅及各項代扣款、設置薪資記錄、支付薪資、考勤及考核等之政策及程序。

   (5) 融資循環：包括借款、保證、承兌、租賃、發行公司債及其他有價證券等資金融通事項之授權、執行與記錄等之政策及程序。

   (6) 不動產、廠房及設備循環：包括不動產、廠房及設備之取得、處分、維護、保管與記錄等之政策及程序。

   (7) 投資循環：包括有價證券、投資性不動產、衍生性商品及其投資之決策、買賣、保管與記錄等之政策及程序。

   (8) 研發循環：包括對基礎研究、產品設計、技術研發、產品試作與測試、研發記錄及文件保管、智慧財產權之取得、維護及運用等之政策及程序。

2. 其他控制內容：隨資訊科技日新月異，除了八大循環之外，與企業有關之控制另列入「其他控制內容」參見表 6-2。

　　其他控制內容與本章內容有關包括：「預算管理」、「職務授權」，企業當執行系統規劃過程中也必須列入其中之重要議題之一。本章 6-6 節將介紹預算與績效之議題；職務授權也可系統化，所謂授權，係高階管理者決定對事業層級或功能層級的管理者或員工授予權責；適度的授權，可

以提高員工工作的興趣，有助於潛力、創造力與應變能力的發揮，使各事業、部門、單位或個人能掌握實際狀況，迅速處理企業的運作；另有一個目的係為使高階管理者不致整日忙於瑣碎的例行業務，並將精力集中於重要事務。授權不是放棄權責，授權者仍須時時考核被授權者之績效，監督其執行情形；授權之後，與各事業、部門、單位或個人間意見溝通的管道仍應維持暢通，隨時作充分的溝通以避免失去控制。授權者與被授權者之間互動，例如，職務、職權、職責均應詳細且明確地規定，使功過分明，便於考核。

表 6-2　其他控制內容

相關部門	相關作業
出納	印鑑使用、票據領用、背書保證、負債承諾及或有事項、資金貸與他人之管理
會計／股務	預算管理、財務及非財務資訊之管理、關係人交易之管理、財務報表編製流程之管理（包括適用國際財務報導準則之管理、會計專業判斷程序、會計政策與估計變動之流程等）、對子公司之監督與管理、董事會議事運作之管理、股務作業之管理、薪資報酬委員會運作之管理、防範內線交易之管理
總務	財產管理
人事	職務授權及代理人制度之執行
電腦	個人資料保護之管理、資訊處理部門之功能及職責劃分、系統開發及程式修改之控制、編製系統文書之控制、程式及資料之存取控制、資料輸出入之控制、資料處理之控制、檔案及設備之安全控制、硬體及系統軟體（購置、使用及維護）之控制、系統復原計畫制度及測試程序之控制、資通安全檢查之控制、公開資訊申報相關作業之控制。

6-5-1　內部控制與權限簽核整合作業

單一公司部門間之運作是環環相扣的，運用功能層級之架構建立部門間權責劃分的基準；各功能別之部門主管因營業活動需求，運用權限簽核而賦予之權力與責任，使營業活動得以順利推展。舉例：運用人事職等及行政職稱建立權限簽核之授權制度，參考表 6-3。

表 6-3　人事職等及職稱表

職等	職位	職稱		
		技術職稱	行政職稱	幕僚職稱
T2			董事長	
T1			（副）總經理	
D2	高級管理師	高級工程師	處長／廠長	特別助理
D1	高級工程師			
M2	管理師		經理	高級專員
M1	工程師	工程師	副理	
S2	副工程師	副工程師	（副）課長	專員
S1	副管理師		副管理師	
A2	助理工程師			
A1	助理管理師	助理工程師	助理管理師	

舉例：部門費用及資本支出權限將依據表 6-3 人事職等及職稱表之「行政職稱」，說明部門主管被授權之部門費用有零用金、倉庫領用存貨、請購單（部門費用或固定資產）等授權額度參見表 6-4，指在一定金額以內由部門行政主管（總經理、處長／廠長、經理、課長）核定即可。

表 6-4　部門費用 & 資本支出部門主管權限表

單位：NTD

行政職稱	零用金	存貨領用（部門費用）	請購單（部門費用）	請購單（預算內：固定資產）
董事長				
（副）總經理	10,000 以下		100,000 以下	200,000 以下
處長／廠長	5,000 以下		50,000 以下	100,000 以下
經理	2,000 以下		20,000 以下	
副理	1,000 以下		5,000 以下	
（副）課長	500 以下		2,000 以下	

1. 零用金作業流程：各部門保管小額現金，供各部門因公事小額現金給付，事後向財務部申請補足零用金；作業流程是各部門（申請部門）經由行政主管核准及附上合法外來憑證轉財務部門作業。

2. 請購單作業流程：各部門不得自行採購，必須經由採購部門統一進行採買；作業流程是各部門（申請部門）請購單依據部門費用或固定資產經由行政主管核

准 → 轉採購（進行詢價、比價、議價等程序）開立訂購單給供應商 → 供應商送貨 → 申請部門及技術部門驗收 → 採購辦理請款程序 → 相關資料轉財務部完成入帳作業 → 依據付款作業辦法進行直接付款給供應商。

3. 存貨領用部門費用化：必須列入庫存管理辦法辦理。

6-6　預算與績效評估

　　預算是一項經營企業重要工具，也是透過組織規劃建立成本中心、費用中心來控制各部門成本及費用。企業營運目標與年度預算展開，一個經營得體的公司，往往在年度開始前，透過年度預算，各部門很清楚未來一年之營運方針，組織也必須隨企業需求而調整；企業內部各部門的績效評估可透過預算制度、標準成本、彈性預算等方法定期評估各部門的績效。運用圖 6-5 單一公司功能式組織，展開一家公司「預估功能式綜合損益表」架構如表 6-5 所示。各部門定期的績效評估作業，依據責任部門提出各項標準資料庫的建立與實際結帳數據所產生的差異，「差異數」不但是依據「數字管理」進行追蹤異常原因及改善方向，也是評估各部門績效方法之一。

表 6-5　單一公司的預估功能式綜合損益表架構

預估綜合損益表	標準資料	差異（責任部門）	
A 預估銷貨收入	標準（目標）單價 × 數量	責任部門：業務部	
− B 預估銷貨成本	B1 標準直接材料：標準材料單位成本 × 數量	價差：資材部－採購課	量差：製造部
	B2 標準直接人工：標準工資率 × 數量	異常工時、工資率：責任歸屬部門	
	B3 標準製造費用：標準費用率 × 數量	製造部、資材部、品管部預算與實際差異	
C ＝預估銷貨毛利（A − B）	預估毛利	責任者：總經理	
− D 預估營業費用	預算銷售費用	業務部預算與實際差異	
	預算管理費用	稽核室、管理部預算與實際差異	
	預算研發費用	研發部預算與實際差異	
＝ E 預估營業利益（C − D）	預估營業利益	責任者：總經理	

預估綜合損益表	標準資料	差異（責任部門）
＋ F1 預估營業外收入	預估利息、匯兌、其他收入（或費損）…	責任歸屬部門
－ F2 預估營業外支出		
＝ G 預估稅前淨利（E ＋ F1 － F2）	預估稅前淨利	責任者：總經理

6-6-1 預算制度

是一份詳細計劃，以數量化的方式表達及說明在一段期間內資源將如何被取得及使用，因此制定預算之程序構成「預算制度」。總預算結構圖，如圖 6-6 所示；指一特定期間內，涵蓋組織營運各階段的一套完整預算，總預算＝整體預算＝利潤計劃是預算制度的主要產物，必須連結組織、各階段作業的完整利潤計劃、各自獨立但彼此各有關聯的預算或表格。附樣本表格分別有：表 6-6 部門費用預算表、表 6-7 資本支出預算表、表 6-8 預估銷貨成本表、表 6-9 預估綜合損益表、表 6-10 部門費用預算與實際比較表、表 6-11 預估與實際損益差異比較表。

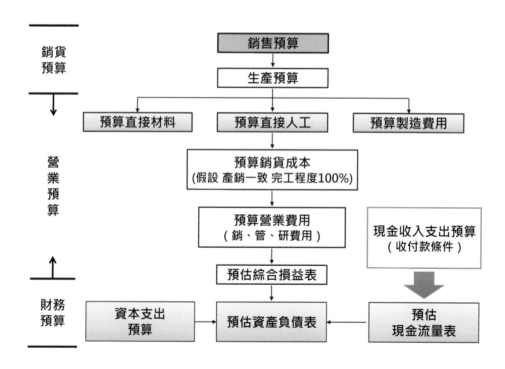

圖 6-6　總預算結構圖

預算表格（樣張）

1. 部門費用預算表格（年度）

部門別：

表 6-6　部門費用預算表格

AAA 公司

部門費用 預算

_____ 年

單位：NT 仟元

項目		月份	一月 預算	二月 預算	三月 預算	四月 預算	五月 預算	六月 預算	七月 預算	八月 預算	九月 預算	十月 預算	十一月 預算	十二月 預算	合計 預算
可控制費用	文具用品														
	郵電費														
	燃料費														
	修理費														
	交際費														
	加班費														
	……														
	……														
	小計														
不可控制費用	薪資														
	折舊														
	分攤費用														
	……														
	……														
	小計														
合計															

2. 資本支出預算表表格

部門別：

* 表會計部門填寫

表 6-7　資本支出預算表

AAA 公司

資本支出預算表

____ 年

單位：NT 仟元

項目 月份	* 會計項目	說明	預估金額	* 預估折舊年限	* 預估月折舊金額	實際月份	實際金額	* 實際月折舊金額	* 差異金額	%	差異分析
1											
2											
3											
4											
5											
6											
7											
8											
9											
10											
11											
12											
……											
合計											

3. 預估銷貨成本表

表 6-8　預估銷貨成本表

銷貨成本表　　　　　　　單位：NT 仟元

_____年_____月

項目	代碼	會計項目	金額
存貨： 直接材料	A1	期初材料存貨	
	A2	本期進料	
	A3	期末材料存貨	
	A=A1+A2-A3	本期用料	
直接人工	B	直接人工	
製造費用	C1	間接人工	
	C2	電力費	
	C3	租金	
	C4	伙食費	
	C5	包裝費	
	C6	修繕費	
	C7	物料	
	C8	消耗用品	
	C9	保險費	
	C10	什項購置	
	C12	折舊費用	
	C13	雜費	
	C14…	……	
	C=(C1……)	製造費用	
存貨： 在製品 (WIP)	D=A+B+C	本期製造成本	
	D1	期初在製品	
	D2	期末在製品	
存貨： 製成品 (FG)	E=D+D1-D2	本期製成品成本	
	E1	期初製成品	
	E2	期末製成品	
銷貨成本 COGS	F=E+E1-E2	本期銷貨成本	

4. 預估綜合損益表

表 6-9　預估綜合損益表

AAA 公司
預估綜合損益表
＿＿＿年＿＿＿

單位：NT 仟元

會計項目	一月預算	%	二月預算	%	三月預算	%	四月預算	%	五月預算	%	六月預算	%	七月預算	%	八月預算	%	九月預算	%	十月預算	%	十一月預算	%	十二月預算	%	合計	%
銷貨收入																										
銷貨成本																										
毛利																										
營業費用																										
營業淨利																										
營業外收入																										
營業外支出																										
稅前淨利																										
所得稅																										
稅後淨利																										

表 6-10　部門費用預算與實際比較表

AAA 公司

部門預算與實際比較表（部門別）

_____ 年

單位：NT 仟元

部門別：_____

項目 \ 月份	一月 預算	一月 實際	二月 預算	二月 實際	三月 預算	三月 實際	四月 預算	四月 實際	五月 預算	五月 實際	六月 預算	六月 實際	七月 預算	七月 實際	八月 預算	八月 實際	九月 預算	九月 實際	十月 預算	十月 實際	十一月 預算	十一月 實際	十二月 預算	十二月 實際	合計 預算	合計 實際	差異分析 %
可控制費用 文具用品																											
郵電費																											
燃料費																											
修理費																											
交際費																											
加班費																											
……																											
……																											
小計																											
不可控制費用 薪資																											
折舊																											
分攤費用																											
……																											
……																											
……																											
小計																											
合計																											

表 6-11　預估與實際損益差異比較表

AAA 公司

預估與實際損益差異比較表

_____年_____月　　　　　　　　　　　　　單位：NT 仟元

	預算	%	實際	%	差異	%
銷貨收入						
銷貨成本						
毛利						
營業費用						
營業淨利						
營業外收入						
營業外支出						
稅前淨利						
所得稅						
稅後淨利						

6-6-2　標準成本制

標準成本制是指制定出產品所需要之成本相關標準，記入產品成本之成本結構，通常有直接材料（例：BOM（量 × 價））、直接人工（例：標準工時、標準工資率）、製造費用（例：標準機器小時、標準費用率）；目的是用來改善及提升生產作業之效率或提供業務報價之用，也是評估各成本中心及費用中心的績效之一。

6-6-3　彈性預算

指企業藉由預算設定企業的目標，執行過程中，與實際目標有落差時，運用「變動成本法」的基礎，隨著業務量的變化而調整支出的控制數，以符合實際經營活動之需要，用來控制變動成本的工具，稱之為「彈性預算（flexible budget）」。

6-7 公允價值評估

　　公允價值的優點是緊密結合當期的市場價值或未來現金流量的現值，可合理反映出相關資產或負債的價值。ROC GAAP 財務報表是記錄歷史，IFRS 國際財務報導準則認為財務報表具有預測上之價值；IFRS 法令要求編制財務報表時，必須對企業內部之資產及負債於資產負債表日，運用公允價值的概念進行企業經營風險的評估作業。討論此議題前必須先了解何謂「功能性貨幣」、「匯率政策」，企業再依據需求制定各項資產或負債定期進行公允價值評估作業。公允價值評估分類有投資、存貨、有形資產類、無形資產類及負債類。

6-7-1 功能性貨幣

　　依國際會計準則第 21 號（IAS 21）「匯率變動之影響」，對「功能性貨幣」的定義係指個體營運所處主要經濟環境之貨幣。商業會計法第 7 條之規定，公司財務報導仍須以新臺幣為表達貨幣。公司登記在臺灣其功能性貨幣一般仍採用新臺幣；而選擇功能性貨幣應依各公司的實務來決定。

　　集團組織功能性貨幣注意事項有：

(1) 母公司決定其功能性貨幣。

(2) 決定其分公司、子公司、關聯企業或合資公司之功能性貨幣，包括考量是否應與母公司本身之功能性貨幣相同。

(3) 如該企業之功能性貨幣與集團表達貨幣不同時，母公司、分公司、子公司、關聯企業或合資之財務報表應換算至集團之表達貨幣。

(4) 合併、權益法應以集團之表達貨幣進行。

(5) 依據前述程序結果，企業將以母公司之功能性貨幣或其他表達貨幣，表達其財務報表或合併財務報表。

6-7-2 匯率政策

匯率政策有三分類，分別為歷史匯率、現時匯率、及年度平均匯率，其用途分別為「歷史匯率」是指交易發生之當時匯率；「現時匯率」是指同 "資產負債表" 日的匯率；「年度平均匯率」常用於損益項目之衡量；首先集團組織將面臨「外幣財務報表之換算」的問題及各公司針對外幣資產與負債項目公允價值評估作業，評估過程中必須先區分其屬性是屬於「貨幣性」或「非貨幣性」資產或負債，再決定與外幣有關的各項會計項目應選擇使用之匯率政策。通常針對「貨幣性資產或負債」是指具有固定或可決定貨幣收付金額之資產或負債項目定期進行公允價值評估作業。

6-7-3 投資

依據商業會計法第 44 條所述：金融工具投資應視其性質採公允價值、成本或攤銷後成本之方法衡量，於資產負債表日進行市場評估，與實際歷史成本差異列入「未實現損益」，當期處置部分列入「已實現損益」。具有控制能力或重大影響力之長期股權投資，有轉投資的子公司、關聯或合資公司，應定期採用權益法認列損益。

6-7-4 有形資產類

參考商業會計法第 41-2 條：商業在決定財務報表之會計項目金額時，應視實際情形，選擇適當之衡量基礎，包括歷史成本、公允價值、淨變現價值或其他衡量基礎。分別說明如下：

1. 不動產、廠房及設備（固定資產）：ROC GAAP 作業以稅法規定為主要思考模式及提列折舊一般採用的直線法基礎認列；IFRS 固定資產作業思維改變，以個別固定資產提列折舊，由企業依據固定資產使用之活動狀況來預期資產之經濟使用年限，其殘值認列也採取預期可能處分之價值，折舊的計算將可合理反映企業預期資產經濟效益之消耗型態為基礎認列。台灣中小企業可適用相關法令有：

   (1) 商業會計法第 46 條：折舊性資產，應設置累計折舊項目，列為各該資產之減項。

資產之折舊，應逐年提列。資產計算折舊時，應預估其殘值，其依折舊方法應先減除殘值者，以減除殘值後之餘額為計算基礎。資產耐用年限屆滿，仍可繼續使用者，得就殘值繼續提列折舊。

(2) 商業會計法第 47 條：資產之折舊方法，以採用平均法、定率遞減法、年數合計法、生產數量法、工作時間法或其他經主管機關核定之折舊方法為準；資產種類繁多者，得分類綜合計算之。

2. 存貨價值評估：根據商業會計法第 43 條，存貨以成本與淨變現價值孰低衡量，當存貨成本高於淨變現價值時，應將成本沖減至淨變現價值，沖減金額應於發生當期認列為銷貨成本。

3. 應收帳款的減損作業：ROC GAAP 以帳齡分析法提列呆帳，IFRS 採用預期損失模型改變減損作業模式。商業會計法第 45 條：應收款項之衡量應以扣除估計之備抵呆帳後之餘額為準，並分別設置備抵呆帳項目；其已確定為呆帳者，應即以所提備抵呆帳沖轉有關應收款項之會計項目。

4. 外幣貨幣性資產：例，外幣現金、外幣存款、外幣應收帳款、票據，針對外幣兌換損益認列之政策分為外幣兌換及外幣兌換損益認列（分為外幣換算及避險）。必須依據「匯率政策」定期評估外幣資產，列入未實現損益。

6-7-5　無形資產類

無形資產是指沒有實物形態的、可辨認的非貨幣性資產，無形資產的定義具備三特點：(1) 具可辨認性、(2) 可被企業控制、(3) 具有未來經濟效益；常見的無形資產有專利權、著作權、商標權、特許權及商譽等。無形資產取得分為「外部取得」及「內部產生」；企業內部產生又分為「研究階段」與「發展階段」；研究階段所發生之相關支出如果無法證明未來經濟效益可流入企業，故宜發生時直接認列費用；發展階段屬於無形資產之支出能可靠衡量、技術可行性及可供出售或使用、具備未來經濟效益、具充足之資源可完成此項發展專案計畫。針對無形資產有用壽命內的攤銷，如果企業不能可靠估計無形資產的有用壽命，則有用壽命應假定為 10 年。

例：商譽指由事業合併中所取得、由其他資產所產生、無法個別辨認並單獨認列的未來經濟效益之資產。無形資產後續攤銷及減損，說明如表 6-12。

表 6-12　無形資產後續攤銷及減損表

無形資產	發展中	有耐用年限	非確定耐用年限	商譽
是否攤銷	否	是	否	否
攤銷方法		須評估殘值及攤銷期間，按合理有系統方式攤銷		
資產負債表日	每年定期評估進行減損測試			
減損損失	可迴轉	可迴轉	可迴轉	不可迴轉

企業應就每類無形資產揭露如下內容：

(1) 有用壽命或所用的攤銷率。

(2) 使用的攤銷方法。

(3) 報告期初和期末的帳面金額總額和累計攤銷額。

(4) 包含無形資產攤銷額的綜合損益表單列項目。

(5) 報告期期初和期末帳面金額的調節，分別列示：①增加②處置③通過企業合併而取得④攤銷 ⑤減損損失 ⑥其他變化。以前期間無需進行調整。

6-7-6　負債類

負債主要包括三大項目流動負債、長期負債和其他負債；流動負債通常又分為「確定負債」與「或有負債」。

1. 確定負債：因正常營業活動所產生之負債，包括應付帳款、應付票據、應付費用及預收款項；提供企業短期資金的金融負債，包括短期借款、應付短期票券及一年到期的長期負債。

   外幣貨幣性負債：例，外幣應付帳款、票據；必須依據「匯率政策」定期評估外幣負債，列入未實現損益。

2. 或有負債：是一種潛在的債務，是否成為確定負債，將視未來情況發展而定。

6-8 結語

　　所有功能層級的目的都是幫助及實現公司層級與事業層級之整體策略目標。「IFRS 之 e 化管理控制」以「會計政策」為主軸，協助企業重新思考企業作業流程、組織、調整系統等，不但整合經營決策也發揮組織的功能，落實企業管理與控制作業。上市櫃集團母公司必須依法編制合併財務報表；「集團績效組織」藉由組織規劃來界定相關責任的歸屬及各營運部門的績效評估。單一公司組織管理必須與會計制度設計結合，運用組織規劃落實內部作業流程與控制，運用預算評估績效及公允價值評估作業掌握企業內外部經營風險，結合「會計項目分類屬性」及運用「功能式損益表」完整呈現企業整體營運績效。

本章摘要

1. 功能層級的策略規劃包含：「生產」、「銷售」、「人力資源」、「研發」、「財務會計」、及「電腦化資訊系統」（我們簡稱為：產、銷、人、發、財、資）各別功能層級的發展策略與各部門的管理制度是息息相關的，所有功能層級的目的都是幫助及實現公司層級與事業層級之整體策略目標。

2. 「會計政策」的制定範圍包含有企業組織、流程、綜合損益表項下之收入與費用項目、資產負債表項下的資產與負債等項目。

3. 單一公司的會計政策必須整合企業內部的管理制度包含會計制度及績效評估，是運用「功能層級」的組織規劃進行企業流程規劃及內部控制，以及行政授權和簽核等作業。

4. 建立「成本中心」的目的是定期收集所有與成本結帳有關之資料並定期進行成本結算及可掌握到每個單一產品的成本結構或每一工單的成本，每家公司「成本中心」的組織規劃不一定相同，但必須與生產管理的活動力作結合。「費用中心」的部門是從預算管理的權責基礎下，各部門主管必須對部門費用負責。

5. IFRS 法令要求必須定時（月／季／年）運用「公允價值（含匯率政策）」的概念進行各項的評估作業；企業經營的成果及隨時掌握企業內外部風險才可確實掌握企業整體經營狀況。

6. 組織涉及法令面、經營管理面，公司得因為經營的改進或業務的擴充，組織也必須進行變更；因此，如何建立一套良好的組織，是相當重要議題。組織規劃模式，應由集團組織及集團績效組織至單一公司，包含：功能層級部門組織及整合公司的會計制度與人事職位、職稱，配合公司各管理作業面流程控管及授權。

7. IFRS 10 法令要求，集團母公司係以合併財務報表為主，而稅額之課徵係以個別企業而非集團之營運結果為基礎。

8. 母公司的轉投資公司因持股股權的多寡而決定其為子公司、關聯企業、合資或理財性投資。

9. 單一公司組織規劃重要性，不但緊密結合企業「內部控制」及「預算」作業，也必須結合「會計項目分類屬性」及運用「功能式損益表」完整呈現企業整體營運績效表；單一公司組織分為「成本中心」及「費用中心」目的是用來彙集各部門之相關成本或費用。

10. 公司組織的建立不是一成不變的，必須隨企業的活動力適時及機動性的進行組織調整作業。內部的流程改善、成本控制都是與公司組織有關。各家公司應該依據企業需求建立合適的內部控制。

11. 內部控制與權限簽核整合作業說明：單一公司部門間之運作是環環相扣的，運用功能層級之架構建立部門間權責劃分的基準；各功能別之部門主管因營業活動需求，運用權限簽核而賦予之權力與責任，使營業活動得以順利推展。

12. 預算是一項經營企業重要工具，也是透過組織規劃建立成本中心、費用中心來控制各部門成本及費用。預算制度是一份詳細計劃，以數量化的方式表達及說明在一段期間內資源將如何被取得及使用，因此制定預算之程序構成「預算制度」。

13. 企業藉由預算設定企業的目標，執行過程中，與實際目標有落差時，運用「變動成本法」的基礎，隨著業務量的變化而調整支出的控制數，以符合實際經營活動之需要，用來控制變動成本的工具，稱之為「彈性預算」。

14. 「功能性貨幣」的定義係指個體營運所處主要經濟環境之貨幣。

15. 外幣資產與負債項目公允價值評估作業，評估過程中必須先區分其屬性是屬於「貨幣性」或「非貨幣性」資產或負債，再決定與外幣有關的各項項目應選擇使用之匯率政策。

參考文獻

1. 國際財務報導準則第 10 號合併財務報表，財團法人中華民國會計研究發展基金會，2012 年。

2. 公開發行公司建立內部控制制度處理準則 - 全國法規資料庫，https://law.moj.gov.tw/LawClass/LawAll.aspx?pcode=G0400045，2021/05/16 擷取。

3. 杜榮瑞、薛富井、蔡彥卿、林修葳（2013），會計學，五版，臺北市，臺灣東華書局股份有限公司，民國 102 年。

4. 鄭丁旺（2014），中級會計學（上冊），十五版，作者自行出版，台北，民國 109 年 9 月。

5. 黃士銘、陳譽民、黃秀鳳（2010），「綜觀內控自評之應用及 E 化趨勢─企業不可不知的治身之道」，會計研究月刊，第 296 期，民國 99 年 7 月，頁 96-103。

6. 張書瑋、邱妍馨（2010），「新世代財務長的 IFRS 八堂課」，會計研究月刊，第 300 期，民國 99 年 11 月，頁 62-69。

7. 黃曉雯（2011），「活用預算，強化管理」，會計研究月刊，第 310 期，民國 100 年 9 月，頁 76-83。

8. 諶家蘭（2011），「導入 IFRSs 對於內部控制與資訊系統之影響」，會計研究月刊，第 313 期，民國 100 年 12 月，頁 76-83。

9. 黃士銘、周玲儀、黃秀鳳、黃乙玲（2012），「利用 E 化建構 IFRSs 後企業內部控制新架構」，會計研究月刊，第 314 期，民國 101 年 1 月，頁 43-50。

10. 賴森本（2013），「內部控制需要加入創意思考」，會計研究月刊，第 330 期，民國 102 年 5 月，頁 104-113。

11. 莊蕎安（2013），「內控新架構三大亮點」，會計研究月刊，第 332 期，民國 102 年 7 月，頁 60-69。

12. 商業會計法，民國 103 年 6 月 18 日總統華總一義字第 10300093261 號令修正公布，http://gcis.nat.gov.tw/main/publicContentAction.do?method=showPublic&pkGcisPublicContent=3756，2021/02/24 擷取。

習 題

選擇題

1.(　　) 下列何者是單一公司組織必須考慮的範圍？

A. 集團績效組織

B. 集團組織

C. 成本中心

D. 費用中心

E. 營運部門

(1) ACDE (2) ABC (3) BCD (4) ABCDE

2.(　　) 何者是關係人交易也是集團內交易？

(1)母公司之主要管理階層（包含與其關係密切之家庭成員）

(2)對企業有控制力／聯合控制力／重大影響力之個體（包含與其關係密切之家庭成員）

(3)集團組織內所有的法人（母公司及所有子公司）個體部分

(4)兄弟公司

3.(　　) 下列何者屬於成本中心的部門？

(1)製造部

(2)資材部

(3)品管部

(4)業務部

4.(　　) 以下有關公司組織敘述何者有誤？

(1)企業內部作業流程設計是依據公司組織而設計

(2)建立部門之間的作業流程可達到環環相扣的目的

(3)公司組織的建立是一成不變的

(4)內部的流程改善、成本控制都是與公司組織有關

5.(　　) 以下有關「預算」的範圍何者正確？

　　(1)預算是一項經營企業重要工具，透過年度預算，各部門很清楚未來一年之營運方針

　　(2)企業內部各部門的績效評估可透過預算制度、標準成本、彈性預算等方法定期評估各部門的績效

　　(3)定期評估各部門的績效，可依據責任部門提出各項標準資料庫的建立與實際結帳數據所產生的「差異數」視為評估各部門績效方法之一

　　(4)以上皆是

問答題

1. 成本中心與費用中心的定義？

2. 單一公司會計制度之 e 化整合範圍？

3. 集團合併財務報表結構說明？

4. 何謂標準成本及目的？

5. 何謂彈性預算及目的？

IFRS之e化作業控制

學習目標

- ☑ 瞭解 ERP 系統之運用與設計
- ☑ ERP 系統組成要素
- ☑ 集團組織資訊系統化
- ☑ 集團績效組織資訊系統化
- ☑ 單一公司資訊系統化

　　IFRS 的 e 化作業控制，整合非結構化的決策制定，以掌握策略規劃的長期目標及資源分配的政策；及半結構化介於結構化與非結構化之間的標準解答與主觀判斷的資訊結合，完成組織目標，資源取得及有效率之運用等；結構化指例行性作業且重複性，具備高度結構化，可善用電腦工具，提升企業整體之效益，也可稱之為可程式化作業，換言之，IFRS 的 e 化作業控制使責任歸屬者可有效率及有效果的執行。企業整體系統的考量，必須由建立政策面及管理面之過程中結合 IT 工具所使用的技術，成為具結構化的資訊埋入 ERP 系統。企業整體 ERP 系統規劃，結合 IFRS 的精神，透過經營者思維建立管理當局的營運政策，及各功能別的高階主管展開產、銷、人、發、財、資（生產、銷售、人事、研發、財務會計、資訊）之非結構化相關的功能政策；確認後，運用 IT 的用語，由非結構化的營運政策及各功能別的政策，再展開至半結構化的各功能別的管理制度，最後整合到結構化之執行面及落實企業整體 e 化的營業活動。企業資訊系統化將蒐集的資料加以彙整，並將其轉換成攸關資訊，當資料經過分析和加工後，就可以提供企業情報流給內部各階層管理者使用。針對 IFRS 議題，以財務會計最高主管（Chief Financial Officer，簡稱 CFO）制定的會計政策為核心，展開 IFRS 的 e 化專案的推動。本章議題分為 7-1 系統之設計與使用，7-2 系統組成要素，7-3 集團組織資訊系統化，7-4 集團績效組織資訊系統化，7-5 單一公司資訊系統化，7-6 結語。

7-1　系統之設計與使用

　　策略的定義是一種預判與計畫，策略必須是要經常研究與檢討的，策略最大的挑戰在於清楚的選擇做什麼？有效的善用系統是以管理為出發，設計理念，體現 IFRS 的治理精神；作業活動改善和流程再造，就是重新思考工作流程、組織、安排人力、調整系統的過程；企業運用系統以責任中心財務分析為導向，執行許多小事業單位，如事業群、利潤中心、成本中心、費用中心等；各利潤中心經營績效結果，可產生獨立損益表、資產負債表或管理報表等。

　　IFRS 法令系統化確認財務報告範本、財務報導流程、各部門業務作業、及部門間的流程進行有效的修正與調整，系統準備好各部門也必須進

行必要測試後才得以正式上線使用。ERP 系統旨在幫助企業經營管理，以企業整體資源為規劃主體；就 IFRS 為主題，應選相關會計政策再制定各公司的會計制度，將政策面及制度面埋入 ERP，落實 IFRS 法令系統化作業。

配合 IFRS 規劃及建立電腦化之舉例說明如表 7-1。

表 7-1　配合 IFRS 規劃及建立電腦化之舉例說明

	作業控制	管理控制	策略規劃
結構化（電腦化）	IFRS 財務報告範本 企業流程、財務報導流程、資訊系統，及各部門業務作業調整結果，進行必要測試、修正與調整 IFRS 系統化	修正調整企業流程、財務報導流程、資訊系統，及各部門作業	倉庫位置選擇 配銷系統 ERP 系統選擇 銷售及收款循環系統化 採購及付款循環系統化
半結構化	存貨控制 客戶信用管理	評估轉換 IFRS 對企業流程、財務報導、資訊系統、稅務議題、內部控制、各部門日常營運之影響，並提出解決方案 會計制度	存貨計畫 新產品計畫 收款政策 付款政策…. 客戶信用控管
非結構化	擬訂初步 IFRS 轉換計劃 進行人員 IFRS 教育訓練 持續辦理相關人員 IFRS 訓練	擬訂初步 IFRS 轉換計劃 進行人員 IFRS 教育訓練 設計與執行 IFRS 擬定完整 IFRS 轉換計劃 持續辦理相關人員 IFRS 訓練	選定 IFRS 相關會計政策 建立營運部門 與 IFRS 利害關係人溝通

　　導入 IFRS ＋ IT 基本功是企業充分運用資訊科技，改善企業管理流程和作業流程，因應企業內部環境的變化，建立管理性與整合性的合併財務資訊，不但改善企業財務報表流程效率，也提升資訊透明度；實現正確性和即時性掌握企業外部環境的多變，確保企業營運成本效益及達成績效管理。

　　IFRS ＋ ITS 運用 ERP 執行企業整體的營運管理，其範圍很大，包含了公司的各方位管理，但最不容易突破的卻是 "財務會計" 與 "管理會計"；運用 ERP 系統來建立一套合適的會計制度或資訊系統，確保企業資訊完整記錄、監督控制、協調配合、是企業 e 化過程必要的整體規畫，也是公司治理最重要的基礎建設。"財務會計" 與 "管理會計" 兩者以財務為主體

所發展的 ERP 系統的核心，將企業管理整合於資訊系統；運用系統有成的企業可達到整合的乘數效應。

7-2　系統組成要素

系統使用者，應該在使用系統前，清楚了解系統結構及運用。就系統組成要素有四，分別說明如下：

7-2-1　組織結構

ERP 組織結構是權責劃分的依據，運用代碼規劃不同層級的組織，如下將分別介紹公司層級、事業層級、成本中心、及費用中心。

1. 公司層級：指集團組織由許多公司所組成，集團共用同一套系統下，每一家公司皆有自己的公司代碼（Company Code）。

2. 事業層級：指具備集團組織架構，另再以利潤中心概念劃分不同的事業部（Business Unit）或事業群（Business Group），各事業部的業務範圍，跨越單一公司的型態，依據 IFRS 8 營運部門（Operating Segments）所述，就是本書所謂的「集團績效組織」。另外，僅是單一公司，但有多個產品事業部，也是屬於事業層級。為了各事業部有獨立的帳務或跨公司的帳務整合，每個事業部皆有自己的事業部代碼（Business Unit Code），其代碼也將跨越集團內的不同公司。

3. 成本中心：是屬於單一公司的範疇，就製造業而言，通常指「製造部門」，同一公司可能擁有不同的成本中心，各成本中心有專屬的成本中心代碼，其目的是收集直接歸屬的成本，有直接材料、直接人工、及製造費用等，為了每個月成本結帳作業及掌握各成本中心的生產狀況。

4. 費用中心：就單一公司的而言，依據功能屬性劃分不同的部門，每個部門（製造部門除外）皆稱之為「費用中心」，也搭配功能式損益表，各功能式部門依據屬性歸屬不同的費用分別有：製造費用、銷售費用、管理費用、及研發費用。每個部門皆有其部門代碼。

7-2-2 主檔資料

　　主檔資料的目的是控制交易資料，此資料庫可幫助日常交易的處理。主檔舉例說明如下：

1. 總帳項目主檔：

    (1) 會計項目表

        a. 作業性會計項目表（Operating Chart of Accounts）。

        b. 特定國家或另類會計項目表（Country or Alternative Chart of Accounts）：必須將作業性會計項目表及特定國家會計項目表間對照的會計項目代碼輸入會計主檔中。

        c. 集團會計項目表（Group Chart of Accounts）：使用共同會計項目的需求而設立。

    (2) 總帳會計群組（G/L Account Groups）：總分類帳主檔資料按特徵分類及歸屬其所屬的會計群組；換言之，當建立一個新的會計項目時，必須輸入會計群組的欄位資料。

2. 客戶主檔：與客戶交易往來所需要的所有資訊，例如：客戶名稱、地址、控制交易資料、如何過帳及處理的資料等共同資料、及公司代碼。

3. 供應商主檔：與供應商交易往來所需要的所有資訊，例如：供應商名稱、地址、控制交易資料、如何過帳及處理的資料等共同資料、及公司代碼。

4. 資產主檔：固定資產的會計項目是由明細帳層級作維護，可透過調節帳戶與總分類帳連結。資產主檔記錄包含關於資產的一般性資料、帳戶代碼、資產取得日期、資本化日期、總分類帳的帳戶、資產歸屬之成本中心與工廠及業務範圍、座落位置、稅務資訊、折舊方法、資產價值及歷史記錄等。

5. 人事主檔：每位員工基本資料、員工編號、職等、職稱、歸屬部門別、薪資結構等。

6. 料號主檔：指每項原材料、自製零件、商品、成品皆有所屬之料號主檔，包含料號、存貨屬性、品名、規格、單位、單價、儲存位置等。

7-2-3　交易資料

交易資料記載日常的交易情況，具有存在的期間；僅針對會計作帳作業說明如下：

依據會計作業處理，「傳票」的功能，為了記載企業歷史的文件，每一項交易至少被記錄一份文件，每一份文件都有各自的文件編號。文件編號來源為①由系統指定，但要限定範圍；②由使用者於輸入文件時輸入。「傳票」展開相關作業說明：

1. 標頭（Header）：有關文件管理的資料，如文件編號、過帳資料、公司代碼等。

2. 明細項目（Line item）：指會計分錄中的借貸項，每一列代表一個借項或貸項，所以，每一筆交易最少應有兩個明細項目，且借貸需平衡。

3. 傳票紙本管理：是透過標頭的文件編號進行裝訂成冊的管理，及依據法令年限保留紙本傳票。依據商業會計法第 36 條：會計憑證，應按日或按月裝訂成冊，有原始憑證者，應附於記帳憑證之後。會計憑證為權責存在之憑證或應予永久保存，或另行裝訂較便者，得另行保管；但須互註日期及編號。商業會計法第 38 條：各項會計憑證，除應永久保存或有關未結會計事項者外，應於年度決算程序辦理終了後，至少保存五年。各項會計帳簿及財務報表，應於年度決算程序辦理終了後，至少保存十年。但有關未結會計事項者，不在此限。

4. 檔案的運用：可透過標頭或明細項目之主要項目進行預覽、排序及存檔作業。

5. 會計作業及會計項目：會計作業是以記載交易事件為主，忠實報導交易事件影響的標的是財務狀態的改變。會計項目是會計工作的基礎，當交易事件發生時，首先將會計項目以分錄型態記入日記簿中；爾後再過帳到各個會計項目設置的分類帳，據以歸類。

7-2-4　表格資料

報表編製運用主檔及交易檔等，依企業之情況而設定日常作業不可或缺的表格式資料；例如，財務報表、應收帳款的帳齡分析表、應付帳款明細表、固定資產明細表…。另可善用管理分析報表，建立控制政策，例：確保債權，企業對顧客發生延遲付款，建立一套確保債權的控制程序，以加速對延遲付款的催收和減少呆帳損失；另藉由顧客繳款資料的檢視，辨

明有那些顧客付款延遲，透過比較分析是暫時性的延遲付款或是習慣性的延遲付款，以判斷客戶是否有財務危機及倒帳的可能性。

7-3 集團組織資訊系統化

建立一套良好的組織設計，是相當重要議題；集團組織規劃模式，應由集團組織的公司層級、集團績效組織的事業層級、單一公司組織、部門組織及整合公司的會計制度、人事職位、職稱善加配合公司各管理作業流程控管及授權。組織設計之相關作業說明如（表 7-2）：

表 7-2　組織設計之相關作業

組織分類	涉及範圍	說明	目的與成果
集團組織	公司層級的策略規劃	根據 IFRS 10 法令：本書 5-5 節及 6-2 節	集團合併財務報表
集團績效組織	事業層級的策略規劃	根據 IFRS 8 法令：本書 5-6 節	營運部門的合併財務報表
集團組織單一公司組織	功能層級的策略規劃	本書 5-7 節：符合 IFRS 的會計政策	實現公司層級與事業層級之整體策略目標
單一公司組織	組織規劃	本書 6-4 節：單一公司組織規劃及運用	運用組織規劃結合功能式損益表架構
單一公司組織	管理面	本書 6-5 節：內部作業流程與控制	運用組織規劃達成企業內部的內部流程與控制
單一公司組織	績效面	本書 6-6 節：預算與績效評估	運用組織規劃達成企業內部的預算目標
部門組織	公司內部授權、責任歸屬	本書 6-5-1 節：內部控制與權限簽核	職務授權系統化

7-3-1 集團使用同一套系統

母公司負責編製合併財務報表依據集團的投資架構及持股比例。各公司的資訊包含：公司代號及確認其功能性貨幣、外幣換算的匯率、關係人代碼、營運部門代碼、及會計項目表標準不同部份，應建立對照表以利財務報表的合併作業。

集團內各個法人（指母公司及所有子公司），在 ERP 系統每家公司擁有專屬的資料庫。合併財務報表是另一資料庫的概念，由母公司負責整合母公司及所有子公司的財務報表合併資訊，應考慮因素有：

1. 會計項目的運用：編製合併財務報表時，應有統一標準的會計項目表，使集團內所有子公司的財務報表有所對應。

2. 財務報表之「表達貨幣」：集團的匯率政策應予系統化，集團所使用貨幣及其兌換之匯率，採用一致的匯率計算作業。

3. 集團內交易及抵銷系統作業規劃：母公司對子公司的交易稱之為順流交易、子公司對母公司是逆流交易、與兄弟公司之間的交易稱之為側流交易；因此母公司及所有子公司之間的交易，必須制定集團內交易的「訂價政策」；如果集團內交易的產品，尚未銷售至消費端的「抵銷作業」，也應於系統化過程中作有效的規劃。

4. 非控制股權表達：指所有子公司的持股比例未達 100% 之財務報表應予揭露。

5. 建立營運部門代碼：自 2013 年起所有上市櫃公司必須揭露集團的營運部門之 75% 資訊；因此營運部門代碼，必須列入母公司及所有子公司個別公司的 ERP 系統，再將相同的營運部門資訊整合到另一資料庫，其考慮的因素如上述（1~3 內容），如同編製集團的合併財務報表；也就是說，集團內所有營運部門的財務報表之金額合計數，應該等於集團的合併財務報表的金額合計數。

6. 母子公司之間的會計政策差異處理：透過集團的合併財務報表作業，並規劃調整子公司的財務報表，與母公司的會計政策達成一致性；使整個集團的合併財務報表之會計政策是相同的。

7-3-2 集團非使用同一套系統

通常指大型的集團組織，母子公司皆擁有自已的系統，可透過專用的套裝資訊系統，產生集團所需要的合併財務報表。集團的合併財務報表必須分別擷取各母子公司之個別財務報表有：綜合損益表、資產負債表、現金流量表、及各營運部門（事業部）的財務報表等，進行相對應會計項目逐項加總；但仍應考慮的因素如 7-3-1. 所述的 1~6 內容；運用設計對應格式及調整作業，達成集團的合併財務報表及各營運部門的合併財務報表。

7-4 集團績效組織資訊系統化

　　營運部門是屬於「事業層級」的策略規劃，是由「公司層級」延伸而來，如本書 5-6 節事業層級的策略規劃。營運部門分為單一公司擁有多個營運部門；或集團組織俱備多個營運部門，就是每單一營運部門橫跨多公司別的組合，稱之為「集團矩陣型組織圖」（請詳閱本書 5-6-3 營運部門實務作業說明）。營運部門的帳務處理系統，必須充分了解集團績效組織或單一公司的事業層級的組織結構，其帳務處理就有分攤及整合等作業；另組織結構不是一成不變的，也可能因營運政策的改變，系統必須具備調整的功能。各公司的各營運部門之財務資訊應獨立建置，其目的，不但要建立各營運部門績效評估作業，也必須考慮各營運部門的合併財務報表作業。

1. 建立營運部門：確認集團組織之後；再以企業主要營運決策者，決定資源分配及績效評估的觀點為基礎，建立合適的集團績效組織，包含，每一個營運部門具備可獨立作戰經營的事業個體，可客觀考核每一事業個體之經營績效及權責劃分的有效管理作業；各事業個體不但有共同平台進行彼此競爭與比較，也可促進集團企業提升整體效益。

2. 影響的範圍：①確認資訊系統運用的完整性；②內部組織結構；③管理報表；④會計流程及會計政策；⑤劃分各營運部門的損益表、資產負債表及現金流量表。

3. 集團績效組織系統的規劃：如同集團組織的系統是共用一套系統或各母子公司使用系統不一致；也將影響跨公司別的營運部門資訊整合的作業。

   (1) 集團組織共用一套系統，也必須一併規劃營運部門系統化相關作業有：①跨公司別的營運部門的合併財務報表；②營運部門各別之損益表、資產負債表及合併沖銷的調整。使各營運部門可具體呈現相關的合併項目。

   (2) 集團組織非共用同一套系統，也必須一併規劃營運部門系統化相關作業，可透過專用的套裝資訊系統，分別取得各公司所屬的營運部門之財務報表，並將產生集團績效組織的各營運部門的合併財務報表。

4. 實務作業說明：

   (1) 單一公司有多個營運部門：同公司就有功能部門（或稱支援部門）的費用分攤問題至各營運部門的作業，及獨立的各資產與負債帳務管理。

(2) 單一公司對功能式組織影響：電腦系統的設計必須包含部門作業流程、內部控制、職等授權規劃、權限簽核系統化等。

(3) 單一營運部門橫跨多公司別：集團績效組織，對同一個營運部門有合併財務報表的表達貨幣及沖銷之會計項目的議題等；作業如同編製集團組織的合併財務報表。

(4) 管理報表：目的是控管企業整體的經營狀況，定期可運用預算制度進行各部門或營運部門的績效評估作業。

7-5　單一公司資訊系統化

單一公司的資訊系統化是整體性的概念，隨企業規模大小，其對 e 化的需求也不一樣，企業達到某種規模善加運用 ERP 系統將可發揮企業的管理與控制功效，單一公司建立基本功的管理架構將分別依序介紹如下：

7-5-1　如何建立會計制度

會計是一項服務性活動，旨在提供組織等經濟個體的量化財務資料給使用者，以利使用者藉此資料制定明智決策及改善方向。提供組織有關會計活動與報告，需要兼顧企業內部使用者與企業外部使用者的資訊需求。會計內部資訊，是以內部管理會計的觀點，提供財務資訊給企業內部的各管理階層；會計外部資訊，以外部使用者的需求的觀點，編製對外發布的財務報表。所有的企業都必須設計一套完善的會計制度來衡量。

設立會計制度應有的認知，設計會計制度之前，具有四點認知①先要了解公司的組織是否健全，涉及成本中心或費用中心，內部授權的權限簽核及部門之間的流程作業，②了解公司的稅務申報，及會計人員每人所做的工作項目，③實地去各部門了解工作內容及流程，以利建立「成本制度」的依據；相同類型的公司，可能因內部組織分工方式的差異，產生不同的作業模式，④設計制度開始的時候，應先完成一份整體會計作業流程。

7-5-2　組織與會計作業

　　成本中心與費用中心常常會隨企業組織的需求調整而變動，組織的重要性在於內部的責任劃分及控管。提供會計資訊給內部管理者，是管理會計的任務；管理會計係指「協助內部管理者達成組織目標而對其相關資訊進行辨識、衡量、彙集、分析、編製、解釋與溝通之過程」；也可提供管理當局決策所需的資訊；以及運用預算控管各部門的成本或預算。另一方面，管理會計資訊也須仰賴成本會計所提供之各種成本標的之成本資訊，而成本會計也依賴組織的分類，提供產品有關的存貨管理資訊例：「原材料」、「在製品」、「製成品」，與「銷貨成本」等成本資訊，給相關部門進行控管或績效評估等資訊；也是製造業的財務報表編製之基礎。

7-5-3　管理會計與 ERP 系統

　　管理會計係提供管理決策所需的會計資訊，重點在於提供決策者所需的資訊，管理會計不僅著重財務性資訊，亦著重非財務性資訊。ERP 系統旨在幫助企業經營管理者，以企業整體資源為規劃主體；ERP 對管理會計之助益，在於可整合所有企業功能之作業與資訊系統，及整合所有企業功能之資料，具有一致性，即時提供管理決策相關資訊。有了 ERP 系統，使得管理會計的一些想法可獲致實現，譬如管理人員過去要獲知各地區的營業情況，在 ERP 系統協助下，管理者可在辦公室隨時由系統得知目前各地區、各產品或各行銷通路之銷售量與營收情況。

　　管理會計技術係遵循一般的控制程序，例如：「標準成本制」（Standard Costing）可用以設定成本控制之標準、「預算編製」（Budgeting）則是將企業計畫以財務的方式呈現、「責任會計」（Responsibility Accounting）係針對組織圖每一方格所代表之主管，就其可控制之收入與成本來編制責任會計報告、「績效衡量」（Performance Measurement）可善用會計資訊而依不同的責任中心而設立不同的財務性或非財務性績效衡量指標、以及建立合適的「產品訂價」（Product Pricing）策略等。

7-5-4　製造業的成本會計與運用

一、成本作業注意事項：

1. 成本會計與決策：企業善用成本會計的數據做決策的參考，不要讓成本與實際營運狀況脫節；成本會計人員一定要了解生產流程，如果不了解生產流程，成本會計一定做不好。

2. 平日作業：成本會計人員平時對於現場的內部交易資料一定要善加處理，如材料出入庫表單、成品出入庫表單等；存貨有關的原料、物料、製成品則採不定期的抽點。

3. 月底作業：每月的月底，對成本會計人員而言相當重要，也特別忙碌；不但需獲取期末存貨資料，進行成本會計結帳作業，也需要確保資料的正確性與現場存貨是吻合的；截止收料、發料、入庫等作業也都與成本會計結帳作業息息相關。生產月報表及在製品盤點，了解生產線在製品的完工程度；製程別的工時統計或製程別的計件工資統計表；零件、半成品、成品外包，每月外包結算作業等等…都牽動成本會計結帳順利與否。成本會計人員必須借助生管部門的配合及協助，才有可能達到事半功倍的效果。

二、建立成本制度：

　　成本作業不宜採用年結制，每月結算才是正確的做法。成本作業宜採用實際成本法；待成本會計作業能完全掌握，再採用標準成本法是較好的。成本會計的計算，應該讓每月損益適時表達。成本會計人員應了解生管作業及實際瞭解生產線；首先從生管作業下功夫，並配合成本的專業知識去研判，成本制度的取決或許可從中得到一些啟示；生管是成本會計的兄弟，解開生管之謎才是成本制度設計成功的要件。

三、每月成本結帳作業步驟（如圖 7-1 所示）：

　▣ 步驟 1. 本期材料進銷存明細表說明：

　　1-1. 期初材料：來自於前一會計期間之期末材料存貨，指各項材料（例：零件組裝業）結轉至本期的期初各項材料之數量及金額。

　　1-2. 本期進料：來自於供應商送料，當月完成「品管驗收」及「材料入庫」；原則上其材料入庫金額相等於會計立帳（指購買材料）的金額。

1-3. 本期領退料：指生產線當月由材料倉庫領料至生產線（例如：依據製造命令通知單的成套領料作業）；或生產線多餘料或瑕疵料退回倉庫；會計的材料結帳作業，可用加權平均法得到當月的各項材料單價，其各項材料單價的計算方式：（期初金額＋本期進料金額）/（期初數量＋本期進料數量）。相對的，所有成套領料的各項材料皆可計算出各項材料的總材料成本，也可計算出成套領料的每一單位的成品之材料單位成本。

1-4. 期末材料：期初材料（數量／金額）+ 本期進料（數量／金額）- 本期領退料（數量／金額）＝期末材料（數量／金額）。

▣ 步驟 2. 本期在製品存貨變化說明：

2-1. 期初在製品：指上一會計期間的未完工之半成品，結轉至本期的期初在製品存貨，因完工程度不一，其存貨價值也不一樣，包含上一會計期間已經投入的直接材料、直接人工及製造費用。

2-2. 本期投入：包含有直接材料（如上 1-3. 本期領退料）、直接人工（包含：直接人工的薪資、加班費、勞健保、退休金及伙食費等）、製造費用（指歸屬製造費用的製造部及間接部門之所有費用包含：間接人工薪資、加班費、勞健保、退休金及伙食費等，租金、折舊、水電費、間接物料、雜項購置…）。

2-3. 本期產出：指生產線當期生產完成的成品，及完成製成品入庫程序，通常業界視為當月的產額，其計算方式：產額＝本期產出成品數量 × 銷售單價。但成本會計計算就複雜多了，我們要考慮範圍有：期初在製品（包含各工單不同的完工程度）、本期投入成本（包含當期的直接材料、直接人工、製造費用）可能被使用在上一期的工單或當期投入的工單無法完工的半成品，視為下一會計期間的期初在製品存貨。

2-4. 期末在製品：期初在製品（成套數量／（材料金額、直接人工金額、製造費用金額））+ 本期投入（成套數量／（材料金額、直接人工金額、製造費用金額））－本期產出（成品產出數量／（材料金額、直接人工金額、製造費用金額））＝期末在製品（成套數量／（材料金額、直接人工金額、製造費用金額））。

在製品的成本會計結帳的複雜度，其中原因有：當期投入不等於當期產出、期初及期末的在製品工單之完工程度不同、不同期的材料單價不一、不同期的工資率（直接人工）及費用率（製造費用）皆有差異，以上，也都是非會計人所困擾之處。

▣ 步驟 3. 本期製成品存貨變化說明：

3-1. 期初製成品：指上一期已入庫的成品但尚未出貨，結轉至本期的期初製成品存貨。製成品存貨實際上只要保留總成本金額即可，但為了保留各製成品的成本結構之資訊，可以將在製品當期產出金額的成本結構（簡稱：料、工，費金額）轉至製成品存貨；如此，每一會計期間的製成品就有完整的成本結構。

3-2. 本期製成品入庫：也就是來自在製品帳務（如上 2-3 本期產出），轉入製成品帳務。通常製成品入庫是評估生產部門的績效之一；成本會計部門在結帳過程，也要配合廠區或事業部的要求，將製成品入庫計算出「當期生產入庫的產額」。因此製造業有所謂的「製造毛利」（製造毛利＝產額－製成品入庫總成本），更精準資料也可以分析產額的成本結構。實務上，產額不但是生產績效的指標，也可計算「當期的人均產值」＝ (產額 / 工廠人數)。

3-3. 本期製成品出庫：通常是指當期的銷貨成本，銷貨收入－銷貨成本＝毛利，也就是損益表的資料來源

3-4. 期末製成品：期初製成品 (數量 /(材料金額、直接人工金額、製造費用金額)+ 本期製成品入庫 (數量 /(材料金額、直接人工金額、製造費用金額)) － 本期製成品出庫 (數量 /(材料金額、直接人工金額、製造費用金額)) ＝期末製成品 (數量 /(材料金額、直接人工金額、製造費用金額))。

四、成本結構分析說明（如圖 7-1 所示）：

4-1. 認識產額：實務上，為了評估生產績效，採用 (製成品的入庫數 × 銷售單價) ＝產額，其模式與業務部門銷售成品的計算方式是一樣的，有利於產銷可以進行比較作業。

計算說明：製造毛利＝產額－製成品入庫的成本（包含：直接材料、直接人工、製造費用）；產額為分母，其它皆為分子，就可得知各項的百分比，也容易計算出「製造毛利」的百分比；以上可稱之為「垂直分析」。另外，可運用每一會計期間進行各期的「製造毛利」比較，我們稱之為「水平分析」。

4-2. 認識銷貨成本：是損益表資料的來源，當成品出貨給客戶，就開始認列銷貨收入，其對應的成本就是如上（3-3. 本期製成品出庫）所述，是運用損益表定期評估企業經營績效的來源。採用銷貨收入為分母，其它皆為分子，就可得知各項的百分比，也容易計算出「銷貨毛利」的百分比；以上就是「垂直分析」。另外，各期進行「銷貨毛利」的比較，就是「水平分析」。

4-3. 產額與銷貨收入比較：通常產額與銷貨收入的成本結構是有差異的，因為期初製成品及期末製成品的落差；除非，產銷一致才有可能。

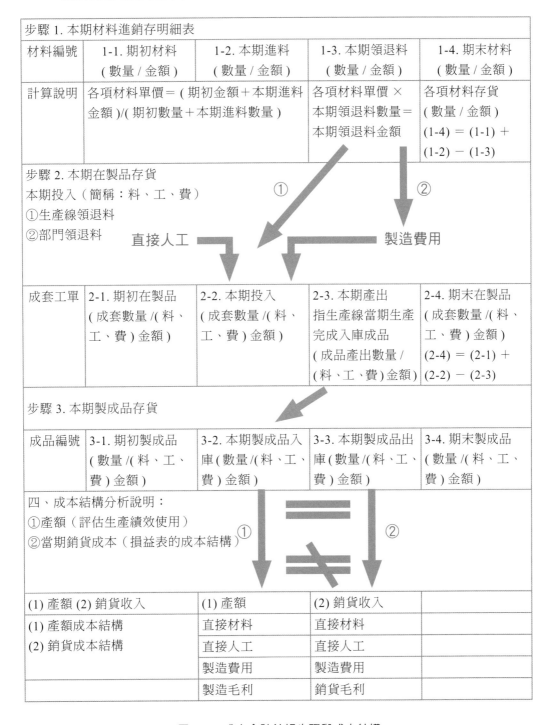

圖 7-1　成本會計結帳步驟與成本結構

五、成本會計的任務：

成本會計的任務，係將工廠所發生之生產製造成本歸屬於所生產的產品，如圖 7-2 所示。通常直接材料與直接人工可直接追溯於生產之產品；無法歸屬的製造費用可採取費用率方式，分攤至生產之產品。但隨生產型態改變，傳統大量勞工生產模式被機器取代，相對的，對成本結構也發生巨大改變；例如，自動化生產線已無直接人工，智能製造需要的是專業技師，必須執行生產事務及相關周邊事務，其角色已是多能工的技師，傳統的直接人工及間接人工已被專業技師與機器人等所取代了。

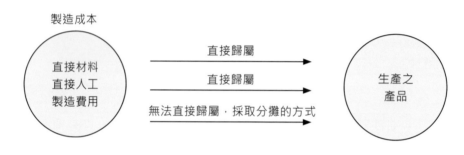

圖 7-2　成本會計之基本任務

六、製造費用相關作業說明：

成本會計主管制定「製造費用之分攤政策」時，應該充分了解現場的活動力，與廠區所有製造費用屬性的各功能部門主管作充分溝通，並取得廠區最高主管的認同。

首先，瞭解製造費用的來源，如圖 6-4 單一公司組織規劃與成本結帳關聯圖，表達成本中心結帳過程中，製造費用總額來源有二，其一是直接歸屬成本中心的製造費用，其二是支援部門的製造費用。

▣ 步驟 1：如何收集各成本中心的製造費用

如表 6-1 所示，製一課、製二課、製三課，屬於不同的成本中心，所以製造部的各課之製造費用直接歸屬各成本中心（分別為 1,2,3）即可；但「資材部」及「品管部」是屬於支援部門的製造費用，必須進行跨部門的溝通，合理分配至各成本中心及取得廠區最高主管的認同。所以，收集各成本中心的製造費用說明，如表 7-3 所示。再依據現場的活動力規劃如何分攤至各產品的製造費用。

表 7-3　各成本中心的製造費用統計表

製造費用來源	成本中心 1	成本中心 2	成本中心 3
直接歸屬	製一課 - 製造費用	製二課 - 製造費用	製三課 - 製造費用
支援部門 - 資材部	資材部分攤金額	資材部分攤金額	資材部分攤金額
支援部門 - 品管部	品管部分攤金額	品管部分攤金額	品管部分攤金額
合計	成本中心 1 總製造費用	成本中心 2 總製造費用	成本中心 3 總製造費用

▣ 步驟 2：釐清製造費用之費用結構

製造費用通常包含：人事成本 / 間接人工薪資等，折舊費用 / 機器設備、儀器設備、模具設備、辦公設備等，間接物料 / 指無法列入成套領料，治具、維修費、雜項購置等各項費用。依據實際的活動力檢視那些製造費用是專屬的某些產品使用，可進行直接歸屬；其餘的可採取「費用率」模式，歸屬至各產品。

▣ 步驟 3：無法歸屬的製造費用如何歸屬至各產品

(1) 傳統作業：依據直接人工投入工時，(無法歸屬的製造費用 / 總投入工時) ＝費用率 /H，當期各產品認列的製造費用金額＝費用率 × 投入工時。

(2) 機器生產工時法：(無法歸屬的製造費用 / 機器生產工時) ＝費用率 /H，當期各產品認列的製造費用金額＝費用率 × 機器生產工時。

七、吸納成本法與變動成本法的重要性：

吸納成本法與變動成本法，是企業經營者制定重大決策時，很重要的內部情報流。

1. 吸納成本法：傳統成本法又稱為「吸納成本法」（Absorption Costing）或稱全部成本法（Full Costing）；將所有的直接材料、直接人工與製造費用（包含變動及固定製造費用）視為產品成本。吸納成本法是企業經營過程中，必須隨時掌握營業成本結構分析的重要資訊。

2. 變動（直接）成本法：僅將變動生產成本（包含直接材料、直接人工與變動製造費用）視為產品成本，而固定製造費用則視為期間成本。變動成本法與企業的現金流有直接關係；通常經營者制定銷售政策時，必須採取殺價競爭時，其售價不得低於變動成本，否則會造成資金入不付出的窘境。

3. 企業生存因應之道：企業面臨外部環境發生巨大變化時，必須搶訂單生存；或加入新市場，短期促銷為了爭取新客戶群的目的。

　　例1：金融風暴訂單大幅萎縮時，即使帳面虧錢，但銷貨收入可足夠支付變動成本，經營者就必須調整階段性的銷售政策，採取降價取單的策略。

　　例2：新商店開張、季節性促銷，都是短期促銷為了增加來客數，是相當普遍銷售政策，其階段性的訂價政策，變動成本法成為很重要的資訊來源。

4. 吸納成本法與變動成本法比較：如表 7-4 所示。吸納成本法強調的是成本功能，變動成本法著重成本習性及貢獻邊際的概念；損益表之形式及其成本流程也有所差異如圖 7-3 及 7-4 所示。

表 7-4　吸納成本法與變動成本法之比較

	變動成本法	吸納成本法
主要目的	對內規劃及控制	對外報告
產品成本	變動製造成本	變動及固定製造成本
期間成本	變動銷管研費用	變動及固定銷管研費用
損益表之形式	著重成本習性： 收入－變動成本 ＝貢獻邊際－固定成本＝淨利	著重成本功能： 收入－銷貨成本 ＝毛利－銷管研費用＝淨利

1. 吸納成本法之成本流程：如圖 7-3 所示。

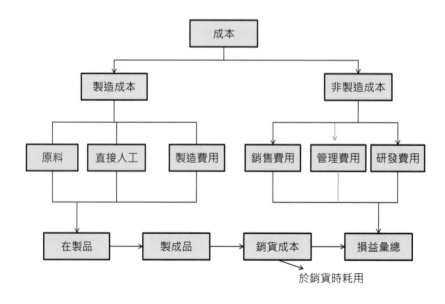

圖 7-3　吸納成本法之成本流程

2. 變動成本法之成本流程：如圖 7-4 所示。

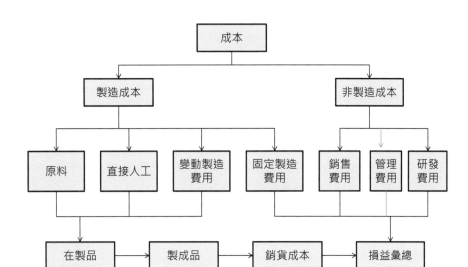

圖 7-4　變動成本法之成本流程

八、標準成本制：

標準化控制，包括投入、轉換活動、產出等三項都可以標準化。投入之標準化指企業之資源標準化，就是管理階層根據事前所建立之準則或標準為依據。轉換活動之標準化，是在規劃各種作業活動，持續以同樣的方法完成，其目的是要做到可預期性，各種規定與相關控制程序，都是企業使其產品或服務標準化的重要方法。產出標準化之目的是要找出最後產品或服務應有的績效特性。

標準成本制係以科學方法預計在良好工作效率下產品生產所應發生的成本。企業須定期比較實際成本與標準成本，以計算成本之差異，並依例外管理原則，就較重大的差異成本，分析其差異發生的原因，以利即時採取改善行動。標準成本制可在企業內部作為成本控制的工具，各成本要素均設有「量」與「價」的標準。標準之種類與訂定方法，如表 7-5 所示，列出標準的種類、標準的訂定方法及其相關說明。

1. 直接材料標準成本：每單位產品的直接材料標準用量與每單位材料的標準價格，兩者相乘而得每單位產品的直接材料標準成本。

2. 直接人工標準成本：每單位產品的直接人工標準工時與標準工資率，兩者相乘而得每單位產品的直接人工標準成本。

3. 製造費用標準成本：每單位產品標準之分配基礎工時直接人工小時或與標準製造費用之費用率，兩者相乘而得每單位產品的製造費用標準成本。

表 7-5　標準之種類與訂定方法

	標準類別	訂定方法	說明
直接材料標準成本	材料標準價格	• 由採購部門隨時維護標準單價檔，成本會計部門定期擷取採購維護的標準單價檔與帳面作比較及追蹤差異部份	• 此標準包括材料之購買價格、附帶成本（運費、稅捐、驗收成本等），減去購料折扣 • 材料價格差異可衡量 (1) 採購部門之績效；(2) 價格差異對公司淨利之影響
	材料數量標準	• 由工程部門或產品設計部門擬定各產品的標準材料用量	• 應考慮可接受之損壞、浪費及正常損失 • 標準化產品之工廠所需材料用量均甚固定，故可按材料表（BOM）成套領料
	材料標準成本＝每單位材料之標準價格 × 每單位產品之標準用量		
人工標準成本	工資率標準	• 依據預算直接人工的每月的總成本／每月出勤工時	• 包括基本工資、員工福利以及人工有關之其他成本
	人工工時標準	• 由 IE 應用動作研究，計算每一單位產品所需投入的標準工時	• 按平均完成操作之實際效率為基礎
	人工標準成本＝標準工資率 × 每單位產品之標準工時		
製造費用之標準成本	標準預定製造費用之費用率	1. 製造費用來自於製造部門及支援部門的費用，製造費用結構也可分為固定與變動費用，隨市場端需求的改變與預算有差異時，採取彈性預算視為控制預算的標準 2. 運用預算的預計產能為基準 3. 製造費用之費用率 $= \dfrac{\text{製造費用總額}}{\substack{\text{預計產能下之直接人工} \\ \text{小時或機器小時}}}$ （可劃分為變動與固定製造費用率）	• 分配基礎可能是：(1) 直接人工小時；(2) 機器小時
	標準製造費用＝標準製造費用之費用率 × 每單位產品標準之分配基礎工時		

直接材料、直接人工與製造費用均須訂有「量」與「價」的標準，其中，「每單位材料的標準價格」、「直接人工標準工資率」與「標準製造費用之費用率」係屬「價」的標準，而每單位產品的「直接材料標準用量」、「直接人工標準工時」與「標準之分配基礎工時」係屬於「量」的標準。

差異分析：標準成本制可在企業內部作為成本控制的工具，各成本要素均設有「量」與「價」的標準，以便與相對的實際值作成本差異分析。

九、責任會計：

係依據組織之責任領域來將財務資料分類，針對企業組織圖上之每一方格所代表之主管可控制之收入或成本，編製責任會計報告，以便表達該主管可控制之收入或成本（費用）的預計值與實際值。

十 、年度預算編製：

預算是管理階層規劃如何有效的運用企業資源，達成企業目標的藍圖，用以產出產品與服務，並期望運用最有效的預算方式，然後評估各管理者執行預算的能力，常見的是大型企業都視每一事業單位為一獨立的利潤中心，總公司管理者則按照每一事業單位對公司整體獲利能力的相對貢獻度，來評估各事業單位的績效。

企業計畫以財務方式表達預算，可用標準成本來編製，以縮短預算編製時間。預算可做為未來營業控制之依據，稱為預算控制。實務上，企業編制年度整體預算，首先依據市場需求進行銷售預測，並編製銷售預算、及展開生產預算（包含有直接材料、直接人工與製造費用）及營業費用預算。另依據銷售預算、資本支出預算以及其他與現金流入流出有關之預算，可編製預估現金流量表。企業年度整體預算將編製預估綜合損益表、預估資產負債表以及預估現金流量表。

1. 認識預算作業：預算在管理上具有很多特殊的作用，由編製單位的規劃，到彙總、審核都有上下一致的共同目標，如果再配合會計的比較、分析等，予以善加利用，可以達到開源、節流、擴建、新產品研發等多方面效果，有助於經營者進行企業決策參考使用。編製預算的統籌單位，企業都認為編製預算是會計部門的事，其他單位則可以置身事外，這是不對的；會計單位只是彙總整理計

算的單位，真正統籌整個作業的應該是由總經理的幕僚單位來統籌預算。預算的基本作業由總經理召集公司相關主管，公佈下個年度的目標，並與各部門主管訂定相關事宜後，即可進入預算編製作業；總經理室訂定預算配合流程表，並公佈之。總經理室要提供一份預算編製共同基準，讓編製預算的單位有所遵循，免得各單位逕相編製，而造成重複，增加審核上的困擾。

2.　展開預算作業：如何做好預算編製單位的劃分，資本支出與專案改善支出，最易於編製預算時被疏忽掉。開始編列各項費用預算，會計單位應提供各預算編製單位一份費用別的會計項目及定義說明，讓各預算單位能配合編製預算。預算作業有關表格，可自行斟酌使用，例：營業計畫說明書、企劃計畫說明書、組織編制表、銷貨收入預算表、每月擬訂銷售明細表、生產計畫說明書、直接材料標準擬訂表、資本支出分月預算表、費用預算表、人工費用標準擬訂表、預估綜合損益表。預估表格樣本，可參考本書 6-6-1 預算制度。

3.　預算編製說明：編製預算時最重要的就是擬訂預算編訂進度表，有時間進度的追蹤控制，預算編訂進度表由總經理室排訂，並於公司主管會議後公佈：營業計畫說明書、企劃計畫說明書、生產計劃說明書，是三份最重要的文字說明資料。預算是未來一年的大計，編製預算最適宜時間應從九月開始，最慢不要超十月中旬，以便讓預算有一個較足夠的時間去訂定。主管參與預算編製可促進組織提升效率。

4.　預算編訂設計：基準的設計、費用編製單位的指定、人事費用預算審核要點、預算的修訂、費用預算檢討系統。分別如下說明：

(1) 基準的設計：依據市場行情或企業營運績效，規劃「薪資幅度的調整」、「加班費的計算法」、「年終獎金的估計」等。

(2) 費用編製單位的指定：依據作業的方便性，例如：租金支出可由總務部或廠務部統一編製、各部門的折舊費及攤銷費用由會計部門，各單位不必編列。

(3) 人事費用預算審核要點：銷售費用、管理費用、研究費用、製造費用、直接人工都有人事費用，審核應該從組織編制表，追蹤至人工費用標準擬訂表；審核最後損益是否符合公司原訂定的標準。

(4) 預算的修訂：遇到外部環境的巨變，或產銷成本、原料成本大幅波動時，有關單位提出修訂計畫，並由總經理室召集各單位檢討及配合修訂，然後呈報上級。實際產銷量與預算有嚴重落差，必須啟動彈性預算策略。

(5) 費用預算檢討系統：部門別預算費用建檔、定期各部門實際費用與預算比較及檢討，部門別分攤比例非一成不變，可能企業內部活動力的調整而需要變更。

十一、內部控制：

先建立一套完整的內部控制制度，制度完整，要導入 ERP 只是水到渠成的功夫。

內部控制是一種複雜的、動態的、且持續不斷地演進的觀念。內部控制具有廣泛的功能，係由會計控制、管理控制及作業控制三個要素組成。「內部會計控制」：為保護資產安全，提高會計資訊之可靠性及完整性之控制；「內部管理控制」：為增進經營效率，促使遵行管理政策，達成預期目標之控制；「內部作業控制」：企業所採取之一種制度，形成一個整體，以界定各單位之職責範圍，結合群體力量，達成企業經營之目標，內部控制係將各種管理規則、辦法加以整合。

1. 內部控制重要的功用：①降低錯誤及舞弊之可能性；②減少違法事件之發生；③減低企業失敗之機率；④提高企業之競爭力。

2. 內部控制制度之建立：係針對公司之特定情況而設計，內部控制制度之設計分為①編組內部控制制度設計人員；②制訂各交易循環之範圍與流程；③選定控制點；④設計使用之作業；⑤頒布施行，並不斷的檢討修正。

3. 內部控制制度設計：包含三項原則，：①依各項業務實際需要規劃作業流程，採分段作業；②各項作業應視其性質分出不同單位或職掌分別處理；③應與內部稽核作業配合。

4. 內部控制是一種過程：內部控制的目的有三：①營運活動之效果及效率；②財務報導之可靠性；③遵循相關之法令。

7-6 結語

　　IFRS 的 e 化作業控制是善用電腦工具，整合非結構化的決策面及半結構化的制度面後將例行性作業系統化。IFRS 系統化第一個步驟是設計合適的組織結構，包含：集團組織、集團績效組織、成本中心、及費用中心。其次是運用單一公司組織規劃進行有效的內部流程、控制、與授權系統化：及運用預算與績效評估作業實現集團組織的整體營運目標。

　　集團的 IFRS 10 合併財務報表及 IFRS 8 營運部門的財務報表是後端的財務報表之呈現。單一公司資訊系統化透過會計制度整合企業組織、IFRS 法令、內部控制、權限簽核等，運用 ERP 系統，以組織系統為根本來設計，其精神重在流程、管理及績效制度，只要組織定位清楚、流程及管理制度完整了，要上 ERP 就不難，可提升企業整體之效益，也使責任歸屬有效率及有效果的執行。

本章摘要

1. IFRS 的 e 化作業控制，整合非結構化及半結構化，完成組織目標，資源取得及有效率之運用等；結構化指例行性作業且重複性，善用電腦工具，提升企業整體之效益，也可稱之為可程式化作業，使責任歸屬者可有效率及有效果的執行。

2. 系統之設計與使用，策略是一種預判與計畫，是要經常研究與檢討的，善用系統是以管理為出發，設計理念，就 IFRS 為主題，應選相關會計政策再制定各公司的會計制度，將政策面及制度面埋入 ERP 系統予 IFRS 法令系統化。

3. ERP 系統組成要素有四：組織結構、主檔資料、交易資料、表格資料。

4. 組織結構是權責劃分的依據，運用代碼規劃不同層級的組織分別有公司層級、事業層級、成本中心、費用中心。

5. 組織系統化應由公司層級、事業層級、單一公司、部門組織及整合公司的會計制度與人事職位、職稱與配合各管理作業面流程控管及授權。

6. 集團組織資訊系統化，可能共用一套系統或者非使用同一套系統。共用一套系統除了各公司的財務報表之外，還有集團的合併財務報表，及一併規劃營運部門系統化。通常大型集團組織的個別母子公司擁有自己的系統時，可透過專用的套裝資訊系統產生集團所需要的財務報表，及一併規劃營運部門系統化相關作業。

7. 單一公司資訊系統化是整體性的概念，隨企業規模大小，對 e 化的需求也不一樣；善用 ERP 系統，將可發揮企業的管理與控制功效 。

8. 單一公司設計會計制度之前，四點認知，①先要了解公司的組織是否健全，涉及成本中心、費用中心、內部授權的權限簽核及部門之間的流程作業；②了解公司的稅務申報，及會計人員每人所做的工作項目；③實地去各部門了解工作內容及流程，以利「成本制度」建立的依據；④設計制度開始的時候，應先完成一份整體會計作業流程。

9. 管理會計技術係遵循一般的控制程序，例如：標準成本、預算、責任會計，重視會計的數據資料來做決策的參考，不要讓成本與實際營運狀況脫節。

10. 建立成本制度：生管是成本的兄弟，解開生管之謎才是成本制度設計成功的要件。成本作業不宜採用年結制，每月結算才是正確的做法，讓每月損益適時表達。

11. 標準成本制：標準化控制，包括投入、轉換活動、產出等三項都可以標準化；標準成本制係以科學方法預計在良好工作效率下產品生產所應發生的成本。標準成本制可在企業內部作為成本控制的工具。

12. 責任會計：係依據組織之責任領域來將財務資料分類，編製責任會計報告，以便表達該主管可控制之收入或成本的預計值與實際值。

13. 預算是指管理階層如何運用企業資源，以最有效的方法達成企業目標的一份藍圖，可做為未來營業控制之依據。

14. 內部控制：係由會計控制、管理控制及作業控制三個要素組成。

參考文獻

1. 蔡文賢（2000），企業資源規劃（ERP）系統對會計之影響，海峽兩岸信息（資訊）技術研討會論文集，南京，民國 89 年 10 月 30 日 -11 月 1 日，頁 1-10。

2. 陳文彬（2007），企業內部控制評估，財團法人中華民國證券暨期貨市場發展基金會，民國 96 年。

3. 柯榮順、賴尚佑、吳添彬（2003），實用會計制度暨 ERP 運作實務，三民書局，民國 92 年。

4. 蔡文賢、范懿文、簡世文（2006），進階 ERP 企業資源規劃－會計模組，前程文化，民國 95 年。

5. 李俊民譯（2006），Efraim Turban, Jay E. Aronson, Ting-Peng Liang 原著，決策支援系統，臺北市，臺灣培生教育，民國 95 年。

6. 周宣光譯（2009），Kenneth Laudon, Jane Laudon 原著，管理資訊系統，臺北市，臺灣培生教育，民國 98 年。

習　題

選擇題

1.(　　) IFRS 的 e 化步序整合順序，以下何者正確？

A. 非結構化

B. 半結構化

C. 結構化

(1) A→C→B　(2)B→C→A　(3)C→B→A　(4)A→B→C

2.(　　) 單一公司具備有完整的功能式組織，其電腦系統的設計應該包含有：

A. 作業流程

B. 內部控制

C. 職等授權規劃

D. 權限簽核系統化

(1) ABC　(2) BCD　(3) ACD　(4) ABCD

3.(　　) 設計會計制度之前，具備應有的認知，以下何者有誤？

(1) 了解該公司組織是否健全

(2) 不須了解公司的稅務申報

(3) 實地去各部門了解工作內容及流程，以利建立成本制度

(4) 設計制度前，應先完成一份整體會計作業流程

4.(　　) 年度預算作業展開，以下敘述何者正確？

A. 預算是運用企業資源，達成企業目標的一份藍圖

B. 預算，由編製單位的規劃，到彙總、審核都有一致的共同目標

C. 預算是未來營業控制的依據，稱為預算控制，是企業未來一年的大計

D. 預算編列，會計單位應提供會計項目的定義說明，讓各預算單位能配合預算編訂共同基準編列預算

(1) BCD　(2) ABC　(3) BCD　(4) ABCD

5.(　　) 單一公司資訊系統化透過會計制度整合範圍有：

A. 企業組織

B. IFRS 法令

C. 內部控制

D. 權限簽核

(1) BCD　(2) ABC　(3) BCD　(4) ABCD

問答題

1. 試述集團組織、集團績效組織及單一公司組織的差異性？

2. 試述單一公司資訊系統作業規劃？

3. 試述何謂管理會計技術？

4. 成本會計作業基本上應注意的事項有哪些？

5. 編製年度預算的目的為何？

CHAPTER 8

商業會計法與中小企業
的營運管理

學習目標

☑ 認識台灣中小企業與商業會計法

☑ 企業風險管理與風險計算

☑ 經營者認識企業規模與經營定位

☑ 經營者的數字管理

☑ 認識會計基礎

☑ 認識資金管理

　　本章議題主要引導經營者如何建立經營者思維，由認識台灣中小企業對台灣經濟的重要性及認識企業經營成長的軌跡；相對的，經營者必須很清楚認知企業規模的定位及如何逐步提升自我的經營管理知識。

　　經營者不但要有企業經營策略思考能力，也應具備基本的商業會計法及如何運用於企業的經營管理知識。經營者必須認清企業本身的條件，管理能力決定企業定位，管理能力強，公司才能大；管理能力弱，應該維持小而美，否則企業盲目擴大可能將導致管理失控，或許將經營者本身長期的努力而毀於一旦。

　　本章內容分為：8-1 認識台灣的中小企業認定標準，8-2 認識商業會計法，8-3 風險管理與商業會計法，8-4 經營者必須認知的企業經營定位，8-5 經營者具備的管理知識，8-6 結語。

8-1　認識台灣的中小企業

　　根據《2020 中小企業白皮書》資料顯示，2019 年台灣全部企業家數有 152 萬 7,272 家。其中，中小企業家數 149 萬 1,420 家，占全體企業家數 97.65%；在經營型態上，有 52.96% 的中小企業採獨資方式經營；在就業人數方面，2019 年中小企業的就業人數 905 萬 4 千人，占全國就業人數 78.73%。台灣中小企業家數、就業人口數、比率如表 8-1。

表 8-1　台灣中小企業家數、就業人口數、比率

台灣	台灣全部企業	中小企業
家數	1,527,272 家	1,491,420 家
家數 %	100%	97.65%
就業人數	11,500 千人	9,054 千人
佔就業人數	100%	78.73%
資料來源：2020 中小企業白皮書		

8-1-1 台灣中小企業認定標準

中小企業，係按經濟部於 2015 年修正發布 < 中小企業認定標準 >，係指依法辦理公司登記或商業登記，並合於下列基準之事業：

1. 製造業、營建工程業、礦業及土石採取業實收資本額在新台幣八千萬元以下者。

2. 除前款規定外之其他行業前一年營業額在新臺幣一億元（含）以下者。

各機關基於輔導業務之性質，就該特定業務事項，得以下列經常僱用員工數為中小企業認定基準，不受前項規定之限制：

1. 製造業、營建工程業、礦業及土石採取業經常僱用員工數未滿二百人者。

2. 除前款規定外之其他行業經常僱用員工數未滿一百人者。

第四條第二項所稱小規模企業，係指中小企業中，經常僱用員工數未滿五人之事業。如表 8-2：

表 8-2　台灣中小企業認定標準

中小企業認定標準	產業別	說明
第二條： 中小企業	製造業、營造業、礦業及土石採取業	實收資本額在新台幣八千萬元以下者，或經常僱用員工數未滿二百人者。
	除上欄所規定外之行業	前一年營業額在新台幣一億元以下者，或經常僱用員工數未滿一百人者。
第四條 第二項	小規模企業	係指中小企業中，經常僱用員工數未滿五人之事業。

資料來源：2020 中小企業白皮書

8-2　認識商業會計法及商業會計處理準則

商業會計法修正，係與國際財務報導準則接軌、檢討不合時宜條文，對於提升台灣企業之國際競爭力，將有莫大助益。商業會計法自民國三十七年一月七日制定公布，前後歷經七次修正，最新版本於 105 年 1 月 1 日施行，本法總共 10 章，有 83 條法令，相關法令請詳閱附錄 A-1。商業會

計處理準則也於民國 105 年 1 月 1 日施行，其準則共 5 章，有 45 條，相關
法令請詳閱附錄 A-2。以上所述整理，如表 8-3 商業會計法及商業會計處
理準則匯總表，所示。

表 8-3　商業會計法及商業會計處理準則匯總表

商業會計法			商業會計處理準則		
章節	章節內容	條文範圍	章節	章節內容	條文範圍
第一章	總則	第 1~13 條	第一章	總則	第 1~4 條
第二章	會計憑證	第 14~19 條	第二章	會計憑證	第 5~8 條
第三章	會計帳簿	第 20~26 條	第三章	會計帳簿	第 9~13 條
第四章	財務報表	第 27~32 條	第四章	會計項目及財務報表之編製	第 14~44 條
第五章	會計事務處理程序	第 33~40 條	第五章	附則	第 45 條
第六章	認列與衡量	第 41~57 條			
第七章	損益計算	第 58~64 條			
第八章	決算及審核	第 65~70 條			
第九章	罰則	第 71~81 條			
第十章	附則	第 82~83 條			

8-2-1　商業會計法的真價值

　　台灣中小企業落實商業會計法的真價值是將經營者思維融入財務報表。
針對中小型企業的財務報表使用者分別為：管理企業的所有者、稅局機關及
政府當局。稅局機關及政府當局所要求是一般法令的財務報表，但中小企業
經營者應由認識政府機構要求的財務報表，提升建構屬於企業內部有效情報
流的管理報表，經營者掌握了正確的經營數據才有機會作出明確的企業決策
及運用數字管理改善企業經營條件；經營者更應該善用會計專業技術，建置
企業內部的情報流。

8-3　風險管理與商業會計法

　　風險本身並無所謂好壞之分，是關於企業如何掌握「未來的不確定
性」，企業透過訂定好「目標」洞察企業可承受的風險程度。風險管理最
有效的辦法是如何在事前與目標緊密結合的。風險對企業目標的影響，表

現在實際達成目標的狀況，可能與既定的目標有差距。風險對實現企業目標有壞處、有好處都是指對結果的判斷而言的。

風險評估量化依據商業會計法的第六章認列與衡量，其中商業會計法第 41 條說明，資產及負債之原始認列，以成本衡量為原則；商業會計法第 41-2 條說明，商業在決定財務報表之會計項目金額時，應視實際情形，選擇適當之衡量基礎，包括歷史成本、公允價值、淨變現價值或其他衡量基礎。

8-3-1　風險的分類

風險來源分類為外部風險和內部風險，外部風險來自企業經營的外部環境，例如政治、經濟供應鏈、市場、競爭對手、技術革新、法令、自然環境，災害的變化。內部風險則源於企業的決策和營業活動。

企業為應付內外在環境變遷之需要，應廣泛地考慮各領域的風險問題，且風險評估應從企業的發展策略角度進行，均與企業目標緊密相關。

企業的風險分類標準不是絕對的，一般分為，策略風險（strategic risk）、營運風險（business risk）、財務風險（financial risk）、作業風險（operational risk）與法令風險（legal risk）。

1. 策略風險：來自於總體經濟、社會、政治、法律、國際關係、科技進步與技術創新等的基本變遷所引起。企業應結合整體環境評估，經濟政治社會之改變、科技發明與市場合適的產品組合，掌握研究發展的機會與成果，以保持企業的核心競爭優勢。

2. 營運風險：是企業自願創造競爭優勢並增加企業價值之風險。營運風險與企業所參與營運的產品市場有關，包括產品行銷、供應鏈的管理、營運資源的合理調配、關鍵人員的調動、監督、檢察等企業方面的不確定性因素對企業營運目標的影響。

3. 財務風險：可細分為，市場風險（market risk）、信用風險（credit risk）與流動性風險（liquidity risk）等。

   (1) 市場風險：指的是因國內外經濟因素變動，造成資產或負債價值產生波動的風險。指利率、匯率、股價或商品之未來市場價格的不確定性對企業實

現其既定目標的影響。分為利率風險、匯率風險、權益證券價格風險和商品價格風險。

(2) 信用風險：指交易對手不願意或無法履行契約中規定義務時對企業實現其既定目標的影響。分為商品或勞務交割前風險以及交割後風險。交割前風險是指交易對手在履行交割義務前產生的風險（例如，取消訂單、契約）。交割後風險是指當交易雙方有一方履行交割義務後，而交割對手違約的風險（例如，拒付帳款）。

(3) 流動性風險：缺乏足夠的市場活動、現金流量不足，被迫提早清算所持有之資產，以致須將帳面損失轉換為已實現的損失。

4. 作業風險：指因管理失當、控制錯誤、詐欺、人為失誤及惡意破壞等所導致對企業實現其既定目標的影響。人為失誤與惡意破壞，包括火災、爆炸、竊盜、資訊外洩、罷工、原料瑕疵、製造技術不良、能力或訓練不足、環境汙染等。

5. 法令風險：指當交易對手不具有法令規定的權力。跨國性交易，不同國家或地區法令的差異性或法令不足，新訂和變更時，對企業實現其既定目標的影響。

策略制定，合理確保企業目標的達成，正是風險管理應該達成的基本狀態。

8-3-2　商業會計法評估企業風險分類

風險評估內容以資產負債表日，運用公允價值評估資產負債表的各項資產、負債會計項目之風險量化金額，並定期列入帳務管理及提供給經營者進行檢討及因應。以下將以商業會計法之條文區分不同的資產或負債，所適用的風險評估方式，分別介紹如下：

一、原始認列與公允價值

依據商業會計法的第 6 章認列與衡量，定義資產、負債、收益和費用的計量，常用的計量基礎是原始認列和公允價值。①資產的原始認列是指購置資產時所支付的現金或現金等價物的金額；②負債的原始認列是指正常經營中為償還債務將支付的現金或等價物之金額；③公允價值之定義（IFRS 13），於衡量日市場參與者間在有秩序之交易中出售資產所能收取或移轉負債所需支付之價格。換言之，公允價值是指在公平交易中，熟悉情況的當事人願據以進行資產交換或負債清償的金額。

二、投資金融工具與長期投資

依據商業會計法第 44 條說明，金融工具投資應視其性質採公允價值、成本或攤銷後成本之方法衡量。具有控制能力或重大影響力之長期股權投資，採用權益法處理。

1. 金融工具：金融資產或金融負債進行初始確認時，企業通常是交易價格認列，稱之為「原始認列」或稱之為「歷史成本」。企業自訂金融工具的會計政策的選擇，是指在資產負債表日，以公允價值、成本或攤銷後成本之方法衡量所有的金融工具，定期評估市場價值與原始認列的帳務的差異數視為當期的「未實現損益」，換言之，也就是企業風險量化數據。例如，資產負債表的短期投資有股票、基金、外匯、利率等會計項目，定期於資產負債表日評估市場價值與交易價格的差異，也就是當期的「未實現損益」金額。

   依據商業會計處理準則的第15條第二項說明，短期性之投資，包括下列會計項目，其有提供債務作質、質押或存出保證金等情事者，應予揭露。

   （一）透過損益按公允價值衡量之金融資產－流動。

   （二）備供出售金融資產－流動。

   （三）以成本衡量之金融資產－流動。

   （四）無活絡市場之債務工具投資－流動。

   （五）持有至到期日金融資產－流動。

   （六）避險之衍生金融資產－流動

2. 長期股權投資：指母公司對子公司具有控制能力，或非子公司，但具重大影響力的聯屬或合資公司，定期於資產負債表日採用權益法認列其投資損益。

3. 權益法定義：在會計處理的權益法下，企業投資以交易價格進行原始認列，並後續調整以反映投資者在子公司或聯屬、合資公司的綜合損益表的份額。

三、期末存貨衡量與帳務處理

依據商業會計法第 43 條說明，存貨成本計算方法得依其種類或性質，採用個別認定法、先進先出法或平均法。存貨以成本與淨變現價值孰低衡量，當存貨成本高於淨變現價值時，應將成本沖減至淨變現價值，沖減金額應於發生當期認列為銷貨成本。

依據商業會計處理準則第 15 條第七項說明存貨指持有供正常營業過程出售者、或正在製造過程中以供正常營業過程出售者、或將於製造過程或勞務提供過程中消耗之原料或物料。

（一）存貨成本包括所有購買成本、加工成本及為使存貨達到目前之地點及狀態所發生之其他成本，得依其種類或性質，採用個別認定法、先進先出法或平均法計算之。

（二）存貨應以成本與淨變現價值孰低衡量，當存貨成本高於淨變現價值時，應將成本沖減至淨變現價值，沖減金額應於發生當期認列為銷貨成本。

（三）存貨有提供作質、擔保，或由債權人監視使用等情事者，應予揭露。

四、不動產、廠房及設備折舊與衡量：

依據商業會計法第 46 條說明折舊性資產，應設置累計折舊項目，列為各該資產之減項。資產之折舊應逐年提列。資產計算折舊時，應預估其殘值，其依折舊方法應先減除殘值者，以減除殘值後之餘額為計算基礎。資產耐用年限屆滿，仍可繼續使用者，得就殘值繼續提列折舊。

依據商業會計法第 47 條說明資產之折舊方法，以採用平均法、定率遞減法、年數合計法、生產數量法、工作時間法或其他經主管機關核定之折舊方法為準；資產種類繁多者，得分類綜合計算之。

依據商業會計處理準則第 18 條說明不動產、廠房及設備，指用於商品或勞務之生產或提供、出租予他人或供管理目的而持有，且預期使用期間超過一年之有形資產，包括土地、建築物、機器設備、運輸設備及辦公設備等會計項目。

不動產、廠房及設備應按照取得或建造時之原始成本及後續成本認列。原始成本包括購買價格、使資產達到預期運作方式之必要狀態及地點之任何直接可歸屬成本及未來拆卸、移除該資產或復原的估計成本，後續成本包括後續為增添、部分重置或維修該項目所發生之成本。

不動產、廠房及設備應以成本減除累計折舊及累計減損後之帳面金額列示。

不動產、廠房及設備之所有權受限制及供作負債擔保之事實與金額，應予揭露。

五、無形資產範圍與衡量：

依據商業會計法第 50 條說明購入之商譽、商標權、專利權、著作權、特許權及其他無形資產，應以實際成本為取得成本。前項無形資產自行發展取得者，以登記或創作完成時之成本作為取得成本，其後之研究發展支出，應作為當期費用。但中央主管機關另有規定者，不在此限。

依據商業會計處理準則第 21 條說明無形資產，指無實體形式之可辨認非貨幣性資產及商譽，包括：

1. 商譽以外之無形資產：指同時符合具有可辨認性、可被商業控制及具有未來經濟效益之資產，包括商標權、專利權、著作權及電腦軟體等。

2. 商譽：指自企業合併取得之不可辨認及未單獨認列未來經濟效益之無形資產。

具明確經濟效益期限之無形資產應以合理有系統之方法分期攤銷。商譽及無明確經濟效益期限之無形資產，得以合理有系統之方法分期攤銷或每年定期進行減損測試。

研究支出及發展支出，除受委託研究，其成本依契約可全數收回者外，須於發生當期認列至損益。但發展支出符合資產認列條件者，得列為無形資產。

無形資產應以成本減除累計攤銷及累計減損後之帳面金額列示。無形資產攤銷期限及計算方法，應予揭露。

8-3-4 企業營運風險計算說明

　　運用資產負債表剖析資產或負債各項會計項目，選定適合的會計政策視為計算企業經營風險的標準；各項會計項目的風險評估納入系統化作業，經營者就可即時、準確獲得企業經營風險評估金額。

　　定期掌握資產負債表各項資產或負債的歷史成本與公允價值之差異金額，及列入當期的綜合損益表的「未實現損益」欄位，大幅提升財務報表具備未來預測的功能。IFRS 時代將引導如何建立經營者新思維，運用財務報表洞察企業的風險，有效運用數字管理，由數字差異大的進行改善，對企業營運產生的效益將會極大化。不同的資產或負債會計項目，對應的商業會計法及其相關之企業風險如表 8-4 企業風險對照表。

表 8-4　企業風險對照表

資產或負債的會計項目	商業會計法的條文	企業風險
外幣現金／銀行存款	第 44 條 金融工具	匯率風險
應收帳款和其他應收款	1. 第 44 條 金融工具 2. 第 45 條 呆帳作業	1. 外幣有匯率風險 2. 呆帳風險
短期投資／長期投資	第 44 條 金融工具投資及長期股權投資	1. 短期投資：基金、股票等（投資風險） 2. 長期股權投資：子公司、聯屬公司、合資公司運用權益法定期評估投資損益
存貨	第 43 條 存貨	庫存成本高於市場價值的風險
不動產、工廠和設備	第 46 條 帳務處理 第 47 條 折舊方法 第 51 條 資產重估 第 52 條 資產重估帳務處理	設備報廢、資產重估
無形資產	第 50 條 無形資產帳務處理	取得成本認定與費用
應付帳款和其他應付款	第 44 條 金融工具	外幣的應付帳款有匯率風險
金融負債	第 44 條 金融工具	負債成本與實際支付價值差異的風險

8-4 經營者必須認知的企業經營定位

認識企業規模定位與管理深度之對應如圖 8-1 所示。

台灣中小企業成長階段

階段	企業規模	企業營運重點	企業的挑戰
階段七	公開發行公司等	提升台灣公司為營運總部	打出自有品牌
階段六		掌握客戶	客戶關係
階段五		追求技術＆品質提升	人才的養成
階段四		追求成本降低，擴大經營規模	資金取得
階段三	中小型企業	老闆下放權力、引進專業管理者提升管理水準	人治轉為法治的過程及落實程度
階段二	獨資或微型企業	訂單量增加及公司規模逐漸擴大	老闆個人經營管理能力
階段一		靠技術起家	維持生存的業務量

（中小企業成長軌跡）

圖 8-1　認識企業規模定位與管理深度之對應

運用中小企業成長軌跡分為七階段，每一階段對應到企業的規模及企業營運之重點與企業可能面臨的挑戰；對經營者而言不但要很清楚了解自己經營的企業屬於哪一個階段，也必須隨企業規模而提升自我應具備應有的經營與管理能力。

1. 第一階段：是屬於獨資或微型企業型態，經營者通常具備自行專有技術而賴與謀生條件，其生存目標應具備維持基本生存的業務量。

2. 第二階段：通常還是屬於獨資或微型企業型態，經營者在自行專有技術狀況下，訂單開始增加，公司規模也逐漸擴大，經營者必須面對自己接單、送貨、收款、買料、生產、存貨管理，考驗經營者的經營管理能力。

3. 第三階段：中小型企業規模逐漸擴大，經營者在企業營運過程中，必須引進專才，釋放權力，授權給專業主管，逐步提升企業經營管理能力；企業的轉變由

經營者的自我管理，轉換成制度面並授權給相關的專業人才共同經營企業。換言之，由經營者的人治作業轉換成制度面的法制作業，如何轉換及落實成為企業成長過程中的第一大挑戰。

4. 第四階段至第七階段：企業的成長可能已達至公開發行公司的規模，企業的營運重點及挑戰，已經不是僅經營者單打獨鬥而達成，必須具備有效的經營團隊，充分發揮功能策略，達成企業整體的營運目標。

8-5 經營者具備的管理知識

　　經營者對經營企業不可憑感覺或模糊的大概數字而下判斷；如何善用會計資訊創造企業價值，是企業經營者必學的管理知識。

8-5-1 建立數字管理能力

　　企業經營感覺 ≠ 企業得以永續經營，經營者對經營企業不可憑感覺或模糊的大概數字而下判斷。經營者對企業數字管理的認知，經營者應該花心思建立企業內部有效的情報流；不斷的運用企業內部的會計結帳資訊去佐證企業經營的成果，隨時掌握企業相關的正確及合理數據，瞭解企業盈虧原因及企業的條件與問題等議題，才可認清企業可能面臨的風險與機會；經營者可明確掌握企業的生存與成長能力。數字管理認知之步序如圖 8-2。

圖 8-2　數字管理認知之步序

8-5-2 認識會計基礎

商業會計法第 10 條說明會計基礎採用權責發生制；在平時採用現金收付制者，俟決算時，應照權責發生制予以調整。所謂權責發生制，係指收益於確定應收時，費用於確定應付時，即行入帳。決算時收益及費用，並按其應歸屬年度作調整分錄。所稱現金收付制，係指收益於收入現金時，或費用於付出現金時，始行入帳。會計基礎分為現金基礎與權責基礎，如圖 8-3。

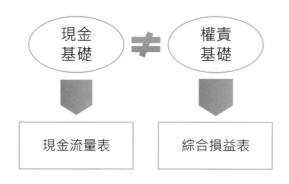

圖 8-3　會計基礎比較

1. 現金基礎定義（Cash basis）：有收到或付出現金時才認列收入或支出。

2. 權責基礎定義（Accrual basis）：在配合原則下，如果支出（費用）與特定收入具有因果關係，則費用之認列應直接歸屬於該收入認列之期間；另以支出是否具有未來經濟效益來決定是否於支出當期認列費用。換言之，配合原則的應用，就轉變為取得財務資源與使用財務資源間之配合。權責基礎也就是採用應計基礎，只問事實發生與否，不論收現或付現只看發生沒有，如果尚未實現則收到現金當預收，付出現金當預付。承認收入，必須同時滿足已實現（Realized）與已賺得（Earned）兩個條件。"實現"指已產生現金或現金請求權，"賺得"指主要獲利過程已完成。

3. 會計帳務處理及結果：現金基礎定期掌握企業資金收入與支出，運用如後將述的「表 8-6 實際與預估現金流量表」洞察資金全貌；權責基礎，定期對企業進行體檢及評估績效作業，運用「綜合損益表及資產負債表」洞察企業績效與經營體質分析，如圖 8-4 會計帳務處理及結果圖所示：

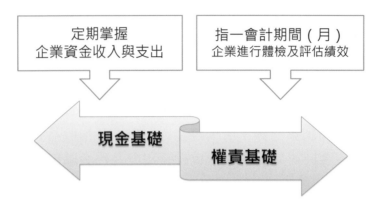

圖 8-4　會計帳務處理及結果圖

(1) 定期評估企業經營績效的綜合損益表：符合企業的活動力制訂的會計制
度，具有固定的認定與衡量標準，定期計算企業之績效；是表達企業在某
一會計期間內經營成果及獲利情形之動態報表；運用企業的會計資訊成為
企業內部的情報流，定期提供給經營者，作為管理及決策之用。

(2) 定期檢核企業經營風險的資產負債表：表示企業於固定一會計期間之日
期，擁有之資產總額及其結構與控制的資源及其分佈情況；同時運用公允
價值概念，檢視企業未來可能面臨的風險。

(3) 定期掌握企業生存命脈的現金流量表：以現金為基礎，確實掌握企業的資
金的收入與支出，了解資金的缺口及收款等狀況；避免企業造成財務危機
的遺憾。

8-5-3　創造會計人員新價值

建立會計人員的新價值，IFRS 衝擊會計人員思維的變革，也喚醒運用
數字管理對企業的重要性。IFRS 的精神希望提升會計人員價值，成為經營
者的好幫手；跳脫傳統會計思維，從過去會計從業人員大都著眼於稅務會
計，希望借重他們的長才，從稅務會計慢慢蛻變為管理會計，協助企業建
立內部的有效情報流；協助經營者可善用數字管理，運用差異數字，進行
有效的內部管理及提高效率與降低成本；會計從業人員也應主動協助經營
者重視稅務規劃及建立完善的會計制度與一份完整的會計作業流程。

　　善用會計知識及建立有效的管理報表，一般企業的經營者，自信自己對成本的判斷，似乎不信任成本人員計算出的成本。實際上，成本作業應注意的事項有：

1. 企業要懂得管理的重要：參考並且重視會計的數據資料來做決策的參考，不要讓成本與實際營運狀況脫節。

2. 優秀成本會計人員：一定要了解生產流程，如果成本人員不了解生產流程，成本一定做不好。

3. 了解成本的要素：

   (1) 直接原料：與生產有直接關係，成品中直接形成的主要料品。

   (2) 直接人工：直接生產所耗用之人工費用，薪工，包含暫估數字，可列入伙食費及加班費；直接人工劃分應視實際需要而定。

   (3) 製造費用：直接生產部門及其他服務部門之各項費用皆屬之。

4. 建立成本制度的分離點的選擇：分離點（split point）選擇，從投入到產出過程中，中間產品無需繳庫，也不能出售，此即無分離點問題，有些產品，從投入到產出，常需繳庫，且步步都可出售，分離點就多了，成本計算也就相對複雜了。

8-5-4　認識預算

1. 預算的功能：預算在管理上具有很多特殊的作用，由編製單位的規劃到彙總、審核都有上下一致的共同目標，如果再配合會計的比較、分析等，予以善加利用，可以達到開源、節流、擴建、新產品研發等多方面效果，對企業的決策有很大的助益。

2. 預算的重要性：重視預算的統籌單位，企業都認為編製預算是會計部門的事，其他單位則可以置身事外，這是不對的；會計單位只是彙總整理計算的單位，真正統籌單位應該是總經理的幕僚單位來統籌預算。

8-5-5　認識資金管理

　　通常企業的經營者以技術或業務起家佔大多數，對帳務的管理或資金的運作知識是比較缺乏；但對中小企業的業主本身的資源是相當有限的，如何將中小企業所有資源應花在刀口上，使資源運用極大化，是經營者必須學習的。

　　中小企業經營者，不但要對自我生存條件而努力，對資金管理及運用是必須學習的重點，資金的管理與企業條件是密不可分的。如表 8-5 資金管理說明表：

1. 內部資金管理的範圍：經營者必須清楚掌握企業內部資金管理的範圍；

　　(1) 營運資金：指「短期資金」包含有現金收入來源及現金支出，是否造成「入不付出的窘境」，應探討追究原因及解決問題；是否「以短支長」（換言之，現金收入減掉現金支出，賺取的資金去支付資本資出），長期的資本支出應該考慮如何籌措，運用增資或長期貸款等方式，才不會造成資金週轉不靈的困境。

　　(2) 長期資金管理：通常指企業有較長遠的成長計劃，「以短支長」是相當忌諱的，因為可能造成企業黑字倒閉（換言之，公司有賺錢，因資金規劃不當，可能經營者全力衝刺業務端急速擴充，造成資金週轉不靈而倒閉），使經營者多年的努力，化為烏有。

　　(3) 銀行貸款額度的規劃：無論企業規模大或小，企業一定有本身搭配的銀行，包含企業收付款作業，如何掌握資金缺口，及善用合法借貸的長期或短期資金管道，是中小企業經營者必須學習的；避免使用地下錢莊借錢，造成利滾利，拖垮企業的財務能力，甚至倒閉的窘境。

　　(4) 理財規劃：通常指企業的資金較寬鬆，閒置資金管理，如何創造穩健獲利，慎選市場多樣投資理財工具，風險的認知及評估也是必須考慮的。

2. 資金管理不當：資金管理缺失原因分析有多項，如表 8-5 第 2 分類；因為缺乏資金管理能力，造成企業的財務危機。

3. 實際與預估現金流量表的控管：實務作業每個月應定時審核資金收支狀況及預估三個月的現金流量。

表 8-5　資金管理說明表

分類	說明
1. 資金管理的範圍	資金界定的範圍小到現金，大到流動資產、流動資本等 • 零用金管理 • 營運資金管理（短期資金） • 資本支出資金管理（長期資金） • 閒置資金管理（理財規劃） • 銀行貸款額度的規劃（包含：短期的營運資金及長期的資本支出）

分類	說明
2. 資金管理缺失原因分析	• 短期性的資金轉作長期性的使用 • 向民間高利率的借款 • 營運資金收入與支出時間調度上產生偏差 • 資金管理非僅是會計與財務單位的事，一個完整的資金作業與營業單位、生產單位的關係是緊密結合在一起的 • 鉅額性的資本支出，在資金運作上都未詳加規劃，應列入年度預算編製範圍內 • 理財規劃：操作資金的管道很多，一般中小企業多未善加運用，不是造成資金閒置就是投資於風險大的投機市場，誠屬可惜 • 中小企業大多無法有效的預測資金之來源與流向 • 急需資金時，縱使金融機構有心幫忙也無能為力，因為沒辦法提供會計報表給金融機構
3. 實際與預估現金流量表的控管及設計	3-1 實務作業：實際與預估現金流量表的控管，作業基礎以現金收付制為準，至少每個月應編製一次，包含當期實際現金收支狀況及預估未來三個月資金收支的情況；現金流量表的設計，針對中小企業，建議以新台幣「仟元為單位」計算即可，整年度共 12 個月，每個月確實清點現金的收支狀況，為實際欄位，另外對資金的預估值，視為預估欄位；不但每個月修改實際及預估未來資金收支狀況，每個月資金的情況也可進行比較的功能 如表 8-6： 3-2 實際與預估現金流量表： 實際與預估現金流量表的設計，主要分為兩類，收入及支出，企業可依據需求設定項目。 　• 收入類： 　　• 營業收入：業務部門估計 　　• 財務收入：由財務單位 　　• 其他收入：投資收入 　• 支出類： 　　• 資本支出 　　• 材料支出 　　• 租金 　　• 水電費 　　• 薪工＋勞保＋健保＋退休金 　　• 經常費用 　　• 其他支出 　　• 零用金 3-3 計算說明：上期結餘 (A)，指上期的「本期結餘 (D)」，本期結餘 (D)＝上期結餘 (A)＋本期收入小計 (B)－本期支出小計 (C)

4. 實際與預估現金流量表：樣本如表 8-6 所示

表 8-6　實際與預估現金流量表

實際與預估現金流量表

_____ 年

單位：NTD 仟元

項目		實際							預估				
		一月	二月	三月	四月	五月	六月	七月	八月	九月	十月	十一月	十二月
上期結餘 (A)													
收入 (B)	B1 營業收入												
	B2 財務收入												
	B3 投資收入												
	B　收入　小計												
支出 (C)	C1 資本支出												
	C2 材料支出												
	C3 租金												
	C4 水電費												
	C5 勞工＋勞保＋健保＋退休金												
	C6 經常費用												
	C7 其他支出												
	C8 零用金												
	C　支出　小計												
本期結餘 (D ＝ A ＋ B － C)													

5. 現金管理的目標：現金收支交易及保管，確實依據程序處理；有足夠資金償還到期之債務，避免持有過多之閒置資金，防止現金被竊取或舞弊，建立良好現金管理與內部控制。

8-5-6 認識資訊系統的應用

1. 會計電腦化步驟：了解資訊部門能配合的事情有哪些，我們才能要求會計電腦化達到什麼功能，資訊單位的運作，可發展經營改善的作業功能，其步驟說明有：

    (1) PLAN：提供資料幫助各單位訂定目標、預算、及標準。

    (2) DO：原本人工作業的工作由電腦取代，最明顯的是將會計記錄、營業活動利用電腦來完成。

    (3) CHECK：上列的 PLAN 透過 DO，運用各項分析的操作，完成有價值的績效評核資訊，讓經營者能隨時確實掌握企業經營的績效。

    (4) ACTION：經營者經過 CHECK 的功能後即可針對公司的營運訂定管理決策，進行改善。

2. IFRS ＋ IT：也就是會計與資訊整合，「會計」角色是每一個企業內部不可或缺的，會計作業將有關的歷史資料透過交易分錄傳達給資料中心及配合經營改善的功能埋入系統化，目的是提供迅速、有效的內部情報系統；換言之，企業可由規範計畫（PLAN）及評核（CHECK）管制系統化，透過資訊系統提示「異常帳務」之項目給企業內部的相關管理者。發揮電腦工具的優點，就是提供立即有效的內部情報資訊。企業內部情報系統化是充分運用數字管理，協助管理者輕鬆找到需要改善的方向，以進行有效率的改善及提升企業經營的績效。整體而言，資訊系統架構最大效益就是善加運用系統功能整合會計資訊與企業目標管理作結合，充分協助企業將管理會計功能系統化的作業。

8-5-7 會計作業電腦化

1. 一般會計電腦化：強調的是輸入傳票資訊，就可透過電腦作業，自動產生各類明細帳或報表，例：日記簿、分類帳、試算表、損益表、資產負債表。如圖 8-5 一般會計系統化圖。

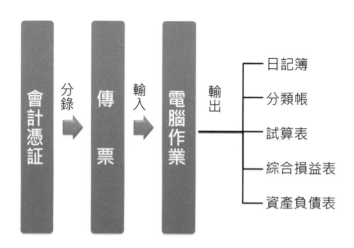

圖 8-5　一般會計系統化圖

2. 強化會計系統化功能：保有「一般會計電腦化」功能之外，再增加各單位訂定目標、預算、及標準等相關的資料庫隨時或定期於系統所規劃的欄位進行維護作業。「強化會計系統化」功能是運用會計帳務資訊與訂定目標、預算、及標準等作比較，就可產出「異常帳項追蹤」等差異分析。

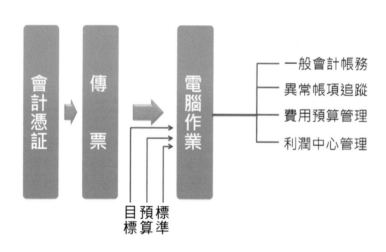

圖 8-6　強化會計系統圖

3. 商業會計法的 e 化效益：引導經營者思維系統化，就是善用「強化會計系統化功能」將企業的營運政策結合管理。例 1，利潤中心概念融入系統化。例 2，本章所述 8-3-4 計算企業營運風險納入系統作業，定期掌握資產負債表各項資產或負債的歷史成本與公允價值之差異金額，列入當期的綜合損益表的「未實現損益」欄位。運用會計技術，洞察管理，創造績效，永續經營，藉由建立完整有效的企業內部情報系統，目的是提升企業長期的價值與競爭力。

8-6　結語

　　中小企業經營者本身擁有的資源是相當有限的，如何善用資源的效益極大化及認清企業的經營定位是經營者必須學習的。企業經營不是憑感覺，IFRS 精神引導經營者建立新思維及提升會計人員的新價值。；IFRS ＋ IT 的效益是建立有效的情報流架構，善用財務報表的數字管理及協助經營者有效的洞察企業的經營成果與內外部風險，也是台灣中小企業的經營者必須具備的基本管理知識。

本章摘要

1. 商業會計法的運用，幫助中小型企業與微型企業建立一套有效的會計制度，提升台灣中小企業競爭力。

2. 風險管理定義：風險本身並無所謂好壞之分，是關於企業如何掌握「未來的不確定性」，最有效的辦法是如何在事前與目標緊密結合的。

3. 風險來源的分類為外部風險和內部風險，外部風險來自企業經營的外部環境，例如政治、經濟供應鏈、市場、競爭對手、技術革新、法令、自然環境，災害的變化。內部風險則源於企業的決策和營業活動。

4. 運用中小企業成長軌跡分為七階段，每一階段對應到企業的規模及企業營運之重點與企業可能面臨的挑戰；經營者要很清楚了解自己經營的企業屬於哪一個階段，也必須隨企業規模而提升自我應具備應有的經營與管理能力。

5. 經營者具備的管理知識：建立數字管理能力、認識會計基礎、創造會計人員新價值、認識預算、認識資金管理、認識資訊系統的應用、會計作業電腦化。

6. 企業經營感覺≠企業得以永續經營，經營者應花心思建立企業內部有效的情報流，不斷的運用企業內部的會計結帳資訊去佐證企業經營的成果及認清企業可能面臨的風險與機會；掌握企業的生存與成長能力。

7. 會計基礎分為現金基礎與權責基礎，現金基礎定義（Cash basis）：有收到或付出現金時才認列收入或支出。權責基礎也就是採用應計基礎，只問事實發生與否，不論收現或付現。

8. 現金基礎，企業資金收入與支出，運用「實際與預估現金流量表」洞察資金全貌。權責基礎，定期對企業進行體檢及評估績效作業，運用「綜合損益表及資產負債表」洞察企業績效與經營體質分析。

9. 經營者必須清楚掌握企業內部資金管理的範圍有：營運資金、長期資金管理、銀行貸款額度的規劃、理財規劃。

10. 營運資金指「短期資金」包含有現金收入來源及現金支出，避免造成「入不付出的窘境」及「以短支長」支付長期的資本支出。善用銀行貸款額度，避免使用地下錢莊借錢，造成利滾利，拖垮企業的財務能力，甚至倒閉的窘境。

11. IFRS＋IT 效益，引導經營者思維系統化，就是善用「強化會計系統化」功能是運用會計帳務資訊與訂定目標、預算、及標準等作比較，就可產出「異常帳項追蹤」等差異分析。

參考文獻

1. 陳文彬（2007），企業內部控制評估，財團法人中華民國證券暨期貨市場發展基金會，民國 96 年。

2. 柯榮順、賴尚佑、吳添彬（2003），實用會計制度暨 ERP 運作實務，三民書局，，民國 92 年。

3. 經濟部中小企業處（2020），2020 中小企業白皮書，經濟部中小企業處編印，民國 109 年 10 月。

4. 商業會計法，民國 103 年 6 月 18 日總統華總一義字第 10300093261 號令修正公布，http://gcis.nat.gov.tw/main/publicContentAction.do?method=showPublic&pkGcisPublicContent=3756，2021/02/24 擷取。

習　題

選擇題

1.(　　) 以下敘述何者不屬於營運風險？

(1) 行銷及供應鏈的管理

(2) 營運資源的調配

(3) 國內外經濟因素變動，造成資產或負債價值產生波動的風險

(4) 關鍵人員的調動、監督、檢查等

2.(　　) 以下敘述何者為內部風險？

(1) 政治風險

(2) 企業的決策和營業活動風險

(3) 競爭對手、技術革新或法令的風險

(4) 市場、自然環境或災害的變化的風險

3.(　　) 企業規模與管理深度是互相對應，以下說明何者有誤？

(1) 初期靠技術起家的經營者，具備自行專有技術而賴與謀生條件，其生存目的僅維持基本生存的業務量

(2) 獨資或微型企業的經營者在自行專有技術狀況下，公司規模逐漸擴大，經營者必須面對自己接單、送貨、收款、買料、生產、存貨管理，經營者就必須具備基本自我的經營管理能力

(3) 中小型企業規模逐漸擴大，經營者必須引進專才，釋放權力，授權給專業主管，經營者的自我管理轉換成制度面管理，經營者不需要具備領導力

(4) 企業的成長可能已達至公開發行公司的規模，必須具備有效的經營團隊，發揮功能策略，達成企業整體的營運目標

4.(　　) 成本會計應注意的事項何者正確？

　　A. 成本會計人員一定要了解生產流程，如果成本人員不了解生產流程，成本一定做不好

　　B. 企業要懂得管理的重要，成本與實際營運狀況脫節沒關係

　　C. 成本的要素有直接原料、直接人工及製造費用

　　D. 建立成本制度的分離點是指從投入到產出，需繳庫部分，分離點多了，成本計算也就相對複雜了

　　(1) ABC　　(2) ACD　　(3) BCD　　(4) ABD

5.(　　) 以下敘述有關資訊系統的功能，何者有誤？

　　(1) 可迅速提供有效的內部情報系統

　　(2) 經營者能隨時確實掌握企業經營的績效

　　(3) 可透過資訊系統提示「異常管理」的異常帳務之項目給企業內部的相關管理者

　　(4) 會計不屬於資訊系統的範圍

問答題

1. 試述風險的分類？

2. 試述如何評估企業風險？

3. 試述經營者如何善用數字管理？

4. 試述會計基礎與會計帳務處理的關聯性？

5. 試述經營者必須掌握企業內部資金管理有哪些？

CHAPTER 9

商業會計法與帳務管理

學習目標

☑ 運用商業會計法認識會計作業

☑ 瞭解平日會計作業分類及實務演練

☑ 瞭解簡易會計制度

☑ 零用金制度及實務作業

☑ 暫付款制度及實務作業

☑ 薪資作業及實務舉例

☑ 認識調整分錄及實務作業

☑ 認識總帳及成本會計結帳

　　依據商業會計法第 12 條說明：商業得依其實際業務情形、會計事務之性質、內部控制及管理上之需要，訂定其會計制度。

　　會計作業的目的，是記錄企業的交易活動，其交易過程必須依據企業的活動力，選定合適企業本身的帳務認定與衡量標準，透過平時對外交易並取得合法憑證，或內部交易憑證、定時採權責制的帳務處理等，藉由會計項目製作相關會計分錄作業，並定期統計及結帳所有帳務即可產出企業的財務報表或相關的管理報表。會計制度係指商業為處理相關會計事務所訂定的一套辦法。商業應根據政府法令規定，用有系統有組織之理論及技術，使商業會計事項之辨認、衡量、記錄、分類、彙總及報告等工作有所依循，以便定期或隨時提供商業經營管理者及外界有關人士所需資訊，使其明瞭商業實際情況，以利未來決策之參考。會計制度的內容包括會計憑證、會計帳簿、會計項目、財務報表之設置及使用、會計事務處理準則及程序等事項。個別商業為滿足其資訊需求，在設計會計制度時，應配合其業務活動、行業特性及員工之配置與能力，使所設計的會計制度可符合管理者需求前提下，作為處理會計事務、產生允當表達財務報表之依據。本章分為 9-1 認識會計作業，9-2 平日外部會計作業及實務演練，9-3 簡易會計制度及會計作業，9-4 調整分錄 ，9-5 結帳作業，9-6 結語 。

9-1　運用商業會計法認識會計作業

　　就商業會計法第 11 條而言： 凡商業之資產、負債、權益、收益及費損發生增減變化之事項，稱為會計事項。會計事項涉及商業本身以外之人，而與之發生權責關係者，為對外會計事項；不涉及商業本身以外之人者，為內部會計事項。會計事項之記錄，應用雙式簿記方法為之。

▣ 會計作業扮演記載企業歷史的角色，透過傳票作業，定期結算「綜合損益表」以了解企業經營績效及編製「資產負債表」了解企業經營的健康狀況。透過「資產負債表」及「綜合損益表」的二份財務報表，將會計事項分為五大分類：1. 資產 2. 負債 3. 權益 4. 收入 5. 支出，每一大類皆有其小分類，應了解每一小分類的會計項目用途及目的；相對的，每次的內外部交易中正確運用會計項目的借貸法則，製作正確的會計分錄；其過程透過定期明確的帳務處理的衡量標準作業，才有機會定期產出合理的綜合損益表及資產負債表。

■ 會計項目編碼原則及項目分類，可參考「證券櫃檯買賣中心」的 IFRS 專區 之一般行業 IFRS 會計項目（網址 :http://www.gretai.org.tw/web/link/broker_ifrs.php?l=zh-tw）及代碼（四位數）；每一大類別代碼說明如表 9-1. 會計項目代碼及大類別說明。

表 9-1　會計項目代碼及大類別說明

會計項目代碼說明			
大類別（第1位數）	小類別（第2位數）	項目別（第3位數）	項目別（第4位數）
大類別代碼	大類別代碼說明		
1	資產		
2	負債		
3	權益		
4	營業收入		
5	營業成本		
6	營業費用		
7	業外收入與支出		

9-1-1 認識「交易」及「憑證」

憑證是佐證達成交易的證明，也是會計立帳的來源。

一、交易定義：

依據商業會計法第 19 條：對外會計事項應有外來或對外憑證；內部會計事項應有內部憑證以資證明。每一家公司皆有公司的內部交易及公司對外的交易。

1. 公司內部交易：指單一公司部門與部門之間的交易，並應取得「內部憑證」以資證明；通常「內部憑證」相關表單可依企業的需求自行製訂即可。可能就「部門與部門之間的交易」，或為了統計企業內部的成本或部門間之資料；例：領料單、成品入庫單、加班申請表、生產月報表等。

2. 公司對外交易：係指企業與其他外部企業間所發生之交易，又稱商業交易；指與客戶（買方）或供應商（賣方）等，運用金錢交換貨物、服務等活動；並開立發票或合法收據給買方，或向賣方取得合法外來憑證。其收付款依據，除了必須取得買方或賣方的合法外來憑證之外，及依據「制度上」要求舉證相關

的驗收憑證等符合雙方協議交易條件才准予進行收付款作業。就「制度上」而言，為了符合作業面的控管，請款過程必須附上內外部憑證，會計人員才准予立帳。例：零用金管制表及外部憑證、出差旅費報告表及外部憑證、材料的應付帳款有 IQC 合格及倉庫的入庫單與外部憑證等。

二、憑證定義：

依據商業會計法第 14 條： 會計事項之發生，均應取得、給予或自行編製足以證明之會計憑證。

依照商業會計法第 15~18 條，及一般商業習慣，對商業會計憑證分原始憑證及記帳憑證二類。「原始憑證」是證明會計事項之經過，而為造具記帳憑證所根據之憑證。其種類規定分為「外來憑證」、「對外憑證」及「內部憑證」。「記帳憑證」，其種類規定可分為收入傳票、支出傳票、轉帳傳票是證明處理會計事項人員的責任，作為記帳所根據之憑證。

1. 原始憑證：商業會計法第 16 條

(1) 外來憑證：係自其商業本身以外之人所取得者，如進貨發票、各項收據等。

(2) 對外憑證：係給與其商業本身以外之人者的各種憑證單據，如銷貨發票、收款收據等。

(3) 內部憑證：係由其商業本身自行製存者，用以證明企業內部需求或會計事項的憑證，例如，請購單、領料單、成品入庫單、加班申請表、零用金管制表、出差旅費報告、商品盤存單，以及其他因內部會計處理上所需要的各種計算表單等，例如：折舊分攤表、盤存單、支出證明單、薪資表。都是內部憑證。

(4) 商業會計處理準則之第二章會計憑證的第 5 條：外來憑證及對外憑證應記載下列事項，由開具人簽名或蓋章： ①憑證名稱、②日期、③交易雙方名稱及地址或統一編號、④交易內容及金額；內部憑證由商業根據事實及金額自行製存。

2. 記帳憑證：

(1) 商業會計法第 18 條：商業應根據原始憑證，編製記帳憑證，根據記帳憑證，登入會計帳簿。

(2) 記帳憑證是指編製傳票的作業，必須經過會計專業的訓練，由認識會計分錄及目的，了解如何製作正確的傳票，才可確保記帳憑證的品質。編製記帳憑證是每位會計專業人員必須學習的基本功，建立正確的記帳憑證系統化，後續的會計帳簿就可透過系統化作業產生相關的會計記帳簿。

(3) 商業會計處理準則之第二章會計憑證的第 6 條：記帳憑證之內容應包括商業名稱、傳票名稱、日期、傳票號碼、會計項目名稱、摘要及金額，並經相關人員簽名或蓋章。

(4) 商業會計處理準則之第二章會計憑證的第 7 條：記帳憑證之編製應以原始憑證為依據，原始憑證應附於記帳憑證之後作為附件。為證明權責存在之憑證或應永久保存或另行裝訂較便之原始憑證得另行彙訂保管，並按性質或保管期限分類編號，互註日期、編號、保管人、保管處所及編製目錄備查。

(5) 商業會計處理準則之第二章會計憑證的第 8 條：記帳憑證應按日或按月彙訂成冊，加製封面，封面上應記明冊號、起迄日期、頁數，由代表商業之負責人授權經理人、主辦或經辦會計人員簽名或蓋章，妥善保管，並製目錄備查。保管期限屆滿，經代表商業之負責人核准，得予以銷毀。

9-1-2 認識分錄及目的

會計分錄（Accounting Entry）：簡稱 "分錄" 指每筆交易作業，運用借貸記帳法，列示其應借或應貸帳戶的名稱及其金額的一種記錄；目的使企業依實際交易狀況運用正確會計項目進行分類及記錄，並定期產出財務報表，可迅速確實反應公司整體營運的績效與狀況。

會計學的會計分錄分類說明有五：①普通分錄，指會計平時工作，依據外部憑證及完成內部作業得以入帳，運用普通分錄表達交易事項，例零用金傳票、應收或應付款傳票等。②調整分錄，根據權責制發生原因，一般在會計期末編制，主要指本期已收的預收收入或本期已付的預付費用，在本期以後各會計期間進行分攤而作的會計分錄稱之為「調整分錄」，使平時的會計處理能吻合實際的經濟狀況。③結帳分錄，一般在會計期末結帳時作業，將收益與費損帳戶結轉「本期損益」帳戶，以結算該期損益；將資產、負債、權益帳戶結轉至下一會計期間；每一會計期間，於期末完成會計結帳程序，所作的分錄稱之為「結帳分錄」。④更正分錄，發現錯

誤時更正錯誤，使成為正確，所作的分錄稱之為「更正分錄」。⑤回轉分錄，期初將上期部分調整分錄予以借貸轉記，即將借貸方的項目與金額對調記載，目的簡化帳務處理 維持帳務處理的一致性，例如：期末評估資產負債表各項資產或負債的歷史成本與公允價值之差異金額，並編製當期的「未實現損益」分錄，下一期的期初將借貸方的項目與金額對調記載，所作的分錄稱之為「回轉分錄」。如表 9-2 會計分錄分類說明。

表 9-2　會計分錄分類說明

會計分錄	作業說明	使用的時點
1. 普通分錄	平日表達交易事項	平時
2. 調整分錄	定期的會計處理能吻合實際的經濟狀況	期末
3. 結帳分錄	將收益與費損帳戶結轉「本期損益」帳戶，指虛帳戶結清	期末
4. 更正分錄	更正錯誤，使成為正確	發現錯誤時
5. 回轉分錄	期初將上期部分調整分錄予以借貸轉記，其目的在於統一及簡化會計處理	期初

9-2　平日會計作業及實務演練

　　會計立帳步驟，首先由平日交易至會計前置作業，然後，會計人員才進行「普通分錄」的會計立帳；相關作業細節如表 9-3 平日會計作業步驟及說明。

表 9-3　平日會計作業步驟及說明

平日會計作業步驟	作業說明
平日交易（經手人）	1-1. 隨時或定時整理外部憑證及相關內部資料 1-2. 轉交會計人員
會計前置作業	2-1. 審核內外部憑證 2-2. 確認會計項目使用 2-3. 準備製作傳票作業
會計立帳	3-1. 傳票作業：輸入會計項目、摘要、金額，確認借貸平衡 3-2. 列印傳票及裝訂相關憑證 3-3. 經辦人簽名及主管審核簽名後才准予再辦理後續相關付款等作業

9-2-1　會計帳簿

一、依據商業會計法第 20~22 條有關會計帳簿分 2 類：

1.　序時帳簿：以會計事項發生之時序為主而記錄。序時帳簿分 2 種：

(1)　普通序時帳簿：以對於一切事項為序時登記或並對於特種序時帳項之結數為序時登記而設者，如日記簿或分錄簿等屬之。

(2)　特種序時帳簿：以對於特種事項為序時登記而設者，如現金簿、銷貨簿、進貨簿等屬之。

2.　分類帳簿：以會計事項歸屬之會計項目為主而記錄。分類帳分 2 種：

(1)　總分類帳簿：為記載各統馭會計項目而設。

(2)　明細分類帳簿：為記載各統馭會計項目之明細項目而設。

二、商業會計法第 23~25 條

1.　商業會計法第 23 條：商業必須設置之會計帳簿，為普通序時帳簿及總分類帳簿。製造業或營業範圍較大者，並得設置記錄成本之帳簿，或必要之特種序時帳簿及各種明細分類帳簿。但其會計制度健全，使用總分類帳會計項目日計表者，得免設普通序時帳簿。

2.　商業會計法第 24 條：商業所置會計帳簿，均應按其頁數順序編號，不得毀損。

3.　商業會計法第 25 條：商業應設置會計帳簿目錄，記明其設置使用之帳簿名稱、性質、啟用停用日期，由商業負責人及經辦會計人員會同簽名或蓋章。

9-3　簡易會計制度及會計作業

依據商業會計法第 12 條： 商業得依其實際業務情形、會計事務之性質、內部控制及管理上之需要，訂定其會計制度。

9-3-1　零用金制度及實務作業

就商業會計法第 9 條說明： 商業之支出達一定金額者，應使用匯票、本票、支票、劃撥、電匯、轉帳或其他經主管機關核定之支付工具或方法，並載明受款人。相對的，小額現金的收支管理有其必要性。零用金制度說明如下：

設置零用金的目的：主要為支付公司（或部門）日常零星開支。零用金之申請，經公司相關主管核准後，方得設立零用金。作業步序有：

1. 建立零用金：先進行評估零用金需求額度，再提出申請，經相關主管核准後，由會計立帳後提撥固定零用金，交保管人進行列管。

2. 零用金使用者申請作業：因公需求申請人必須運用零用金支付相關費用；藉由取得合法外來憑證，並經由主管簽核核准後，向部門零用金保管人領取零用金。零用金保管人給付零用金時再確認外來憑證的合法性及獲得主管的核准，再給付零用金給申請人；並立即記錄於零用金管制表，如表 9-4 零用金管制表及編制附件憑證編號即可。

3. 撥補零用金作業：「零用金管制表」及外來憑證依憑證編號一併裝訂送交會計經辦，經過會計單位的審核無誤後，完成零用金撥補作業；如果不當的支出，會計審核將退回該不當之文件及不予補款； 確認及撥補所報銷之金額給申請人，會計也將所附之憑證等單據蓋上「付訖（PAID）」之字樣。

4. 零用金盤點：不論何時，手存現金加上未報銷費用單據之合計金額，一定等於原提撥之零用金數額 其檢核作業是「手邊現金＋未報銷費用單據＋待撥款＝部門零用金」。

5. 零用金作業的優點：公司員工在支付小額款項時能迅速報銷，讓員工墊付之款項能及早補回，不必經過繁複的借款手續也可簡化會計作業。

6. 零用金作業實務演練：AA 有限公司，王大明是管理部零用金的經辦人員，當零用金將用盡前提出，經由部門主管林大剛簽核後，將零用金管制表及依憑證編號順序附上相關已取得的外來憑證，如表 9-4 零用金管制表，轉會計進行「普通分錄」的會計立帳。

表 9-4　零用金管制表

				AA 有限公司				
				2021 年 3 月零用金管制表				
部門別：管理部								
憑證編號	日期	項目	收入(+)	支出(-)	稅額(-)	餘額(=)	會計項目	
	3/1	部門零用金	3,000			3,000		
01	3/3	XX 公司紙本合約寄至台中		70		2,930	郵電費	
02	3/5	公務車加油		874	44	2,012	交通費	
03	3/28	IFRS 釋例書		571	29	1,412	訓練費 - 教材	
04	3/28	2 月電費		767		645	水電費	
合計			3,000	2,282	73			
主管：林大剛						申請人：王大明		

(1) 會計立帳作業：3/1 管理部設置零用金的轉帳傳票如表 9-5。

表 9-5　設置零用金的轉帳傳票

	AA 有限公司				
	轉帳傳票				
傳票編號：20210301					頁次：1/1
傳票日期：2021/03/1					
會計項目項目名稱	摘要	部門別	借方金額	貸方金額	
1102 零用金	零用金保管人：王大明	管理部	3,000		
1101 庫存現金	管理部設置零用金			3,000	
		合計	3,000	3,000	
核准：吳美麗	審核：			製表：蔡小玲	

(2) 3/28 零用金撥補作業的轉帳傳票如表 9-6。

表 9-6　零用金撥補的轉帳傳票

AA 有限公司 轉帳傳票			
傳票編號：20210305 傳票日期：2021/03/28			頁次：1/1
會計項目 項目名稱	摘要	借方金額	貸方金額
6215 管理－郵電費	XX 公司紙本合約寄至台中	70	
6213 管理－旅費	公務車加油	874	
6231 管理－訓練費	IFRS 釋例書	571	
6218 管理－水電瓦斯費	2 月電費	767	
1423 進項稅額	進項稅額	73	
2200 應付費用	管理部 3 月零用金		2,355
	合計	2,355	2,355
核准：吳美麗	審核：		製表：蔡小玲

(3) 傳票歸檔前，會計將傳票所附之憑證等單據蓋上「付訖（**PAID**）」之字樣，避免重複請款。

9-3-2　暫付款制度及實務作業

暫付款作業，有時是屬於賣方市場的對外交易過程，或者是為了作業方便，指尚未取得外來憑證的扣款或付款作業。各筆的暫付款必須分別追蹤及列管。建立暫付款制度，對每家企業皆有其必要性；也是會計人員必須定期列入跟催作業，說明如下：

暫付款定義：支付款項未能確定其項目別，或未能確定其金額者皆屬之「暫付款」就是指暫時的支付款，視為過度性的項目；適用範圍有：

1. 預先繳納款項：契約約定或採購約定預先繳納款項者。

2. 已扣繳但未取得外部憑證：繳納各種稅捐、水電費、外購、外銷費用、保証費用、保証金、押標金者。

3. 賣方市場配合作業：其他需先行付款方能取得憑証者。

4. 零用金長期借支：部門申請零用金，屬於長期的暫付款作業，另建立零用金管理制度。

5. 暫付款項作業：最重要的是管理流程的制定，暫付款申請單對於預計報銷日期上所列的時間，會計人員要列入跟催。

6. 暫付款立帳之傳票作業：不同的結果，不同的會計處理說明如表 9-7。

表 9-7　暫付款狀況分類及立帳作業（樣本）

暫付款作業說明	會計項目	摘要	借方金額	貸方金額
1. 暫付款申請時	1471 暫付款	預付款甲公司 - 進口羊肉 500KG@150-	75,000	
	1103 銀行存款	向甲公司購料預付款		75,000
2. 暫付款報銷時（取得外來憑證）				
2-1. 等於報銷額	進貨 - 材料	進口羊肉 500KG	75,000	
	1471 暫付款	預付款甲公司 - 進口羊肉 500KG@150-		75,000
2-2. 大於報銷額				
a. 先向出納繳回餘款	1101 庫存現金	甲公司進口羊肉折價 @20*500KG	10,000	
	2330 暫收款	甲公司進口羊肉折價 @20*500KG		10,000
b. 報銷時	1315 原料	進口羊肉 500KG*@130	65,000	
	2330 暫收款	甲公司進口羊肉折價 @20*500KG	10,000	
	1471 暫付款	預付款甲公司 - 進口羊肉 500KG@150-		75,000
2-3. 小於報銷額				
報銷時	1315 原料	進口羊肉 500KG@160	80,000	
	1471 暫付款	預付款甲公司 - 進口羊肉 500KG@150-		75,000
	2171 應付帳款	甲公司羊肉差價 @10*500KG		5,000
補付差款	2171 應付帳款	甲公司羊肉差價 @10*500KG	5,000	
	1100 現金			5,000

備註：2-2 當暫付款大於報銷額時，先向出納繳回餘款（例：填繳款通知單）。

9-3-3　薪資作業及實務舉例

人事成本範圍，除了直接給付給員工新資之外，還有其他支付費用及預估，其相關作業說明如下：

1. 薪資基本觀念及作業流程：

每位員工一定有直接歸屬的費用中心，只要員工跨部門的異動，員工原所屬的費用中心就必須更正，薪資系統亦必須配合更改。每月支付員工薪資時，應配合薪資所得相關的代扣繳作業，如勞保費、健保費、退休金等，應配合勞健保規定及勞基法實際的作業。人事部門薪資作業流程，個人薪工明細一一列出（待匯款薪資使用）及應將員工的薪資保密；核算每月薪資者，不宜將每位間接員工薪水曝光，通常匯總每個部門的合計金額，稱之為：間接人員薪資彙總表，如表 9-8 所示，給會計部門立帳。

表 9-8　間接人員薪資彙總表

部門別	人數	基本薪資	獎金	伙食費	病／事假扣款	應發金額	勞保扣款	健保扣款	扣款合計	實發金額
		A	B	C	D	E=A+B+C-D	F	G	H=F+G	J=E-H
管理部	1	17,473		1,800		19,273	367	284	651	18,622
業務部	3	78,946		5,400		84,346	1,630	1,243	2,873	81,473
合計	4	96,419		7,200		103,619	1,997	1,527	3,524	100,095
						實　發　金　額　共　計				100,095

核准：林大剛　　　　　　審核：　　　　　　製表：王大明

AA 有限公司　間接人員薪資彙總表　Unit：NTD　2021 年 3 月

2. 薪資會計作帳說明：

人事部門將間接人員薪資彙總表給會計部門立帳，薪資轉帳傳票如表 9-9 所示。

表 9-9　薪資轉帳傳票

AA 有限公司
轉帳傳票

傳票編號：20210306　　　　　　　　　　　　　　　　　　　頁次：1/1
傳票日期：2021/03/31

會計項目 項目名稱	摘要	借方金額	貸方金額
6210 管理 - 薪資支出	3 月管理部薪資	17,473	
6227 管理 - 伙食費	管理部員工伙食費	1,800	
6110 推銷 - 薪資支出	3 月業務部薪資	78,946	
6127 推銷 - 伙食費	業務部員工伙食費	5,400	
2335 代收款	3 月代付員工勞保		1,997
2335 代收款	3 月代付員工健保		1,527
2201 應付薪資	3 月應付薪資		100,095
	合計	103,619	103,619

核准：吳美麗　　　　　審核：　　　　　　　　　　　　製表：蔡小玲

3. 僱主負擔相關費用：

僱主每月支付員工薪資，同時，必須依據勞健保及勞基法等相關規定，於每月月底，依據每位員工薪資狀況，計算僱主應負擔的部分進行暫估作業。相關法令說明如下：

(1) 退休金：僱主每月依據員工的「提繳工資」×6% 為公司負擔的員工退休金。商業會計法第 61 條：企業有支付員工退休金之義務者，應於員工在職期間依法提列，並認列為當期費用。

(2) 勞保費：勞工保險投保薪資分級表，依現行勞工保險普通事故保險費率 10.5%，就業保險費率 1%，按被保險人負擔 20%，投保單位負擔 70%，政府 10% 之比例計算。

(3) 健保費：全民健康保險保險費負擔金額表，投保單位負擔金額的 60%，被保險人及眷屬負擔金額的 30%，政府補助金額 10%。

人事部門於每個月的月底，提出僱主應負擔的費用並以「費用中心」為單位，匯總相關費用給會計部門進行調整分錄的暫估作業。依據表 9-8 間接人員薪資彙總表，實際核算，暫估僱主負擔的勞健保費部分、員工退休金依實際核算；暫估僱主負擔員工部分的勞健保費及員工退休金，如表 9-10 所示，及會計部門製作的調整分錄如表 9-11 勞健保及退休金轉帳傳票。

表 9-10   暫估僱主負擔員工部分的勞健保費及員工退休金

AA 有限公司
暫估勞健保及退休金表
2021 年 3 月

部門別	人數	應發金額 A	公司負擔退休金 (B=A*6%)	公司負擔勞保費 C	公司負擔健保費 D	公司負擔 E=B+C+D
管理部	1	19,273	1,156	1,282	920	3,358
業務部	3	84,346	5,061	5,705	4,026	14,792
合計	4	103,619	6,217	6,987	4,946	18,150

表 9-11   勞健保及退休金轉帳傳票

AA 有限公司
轉帳傳票

傳票編號：20210308   頁次：1/1
傳票日期：2021/03/31

會計項目 項目名稱	摘要	借方金額	貸方金額
6219 管理 - 保險費	3 月管理部健保費 (公司負擔)	920	
6119 推銷 - 保險費	3 月業務部健保費 (公司負擔)	4,026	
2204 暫估應付費用	預估中央健保局 3 月 (公司負擔)		4,946
6219 管理 - 保險費	3 月管理部勞保費 (公司負擔)	1,282	
6119 推銷 - 保險費	3 月業務部勞保費 (公司負擔)	5,705	
2204 暫估應付費用	預估勞工保險局 3 月 (公司負擔)		6,987
6234 管理 - 退休金	3 月管理部退休金	1,156	
6134 推銷 - 退休金	3 月業務部退休金	5,061	
2204 暫估應付費用	預估勞工保險局 3 月退休金		6,217
	合計	18,150	18,150

核准：吳美麗   審核：   製表：蔡小玲

4. 付款作業：

次月 10 日付款日作業（包含支付表 9-6，表 9-9，表 9-11）：如表 9-12
付款轉帳傳票。

表 9-12　付款轉帳傳票

AA 有限公司
轉帳傳票

傳票編號：20210402　　　　　　　　　　　　　　　　　　　頁次：1/1
傳票日期：2021/04/10

會計項目 項目名稱	摘要	借方金額	貸方金額
2204 暫估應付費用	預估中央健保局 3 月份	4,946	
2335 代收款	3 月代付員工健保	1,527	
2204 暫估應付費用	預估勞工保險局 3 月份	6,987	
2335 代收款	3 月代付員工勞保	1,997	
2204 暫估應付費用	勞工保險局，3 月退休金	6,217	
2200 應付費用	管理部 3 月零用金	2,355	
2201 應付薪資	3 月應付薪資	100,095	
1103 銀行存款	3 月應付薪資		100,095
1103 銀行存款	3 月應付健保、勞保、退休金		21,674
1103 銀行存款	3 月應付零用金		2,355
	合計	124,124	124,124

核准：吳美麗　　　審核：　　　　　　　　　　　　　　　製表：蔡小玲

5. 年終獎金預估作業：

　　年終獎金：每家公司制定年終獎金不同，如果公司有明確的薪資政策，會計單位就可每個月預估年終獎金。（舉例：預估每年有 2 個月基本薪資視為年終獎金 如表 9-13）

表 9-13　預估年終獎金轉帳傳票

AA 有限公司
轉帳傳票

傳票編號：20210307　　　　　　　　　　　　　　　　　　　頁次：1/1
傳票日期：2021/03/31

會計項目 項目名稱	摘要	借方金額	貸方金額
6235 管理 - 年終獎金	預估管理部年終獎金 (19,273*2/12)	3,212	
6135 推銷 - 年終獎金	預估業務部年終獎金 (84,346*2/12)	14,058	
2208 預估年終獎金費用	預估年終獎金		17,270
	合計	17,270	17,270

核准：吳美麗　　　審核：　　　　　　　　　　　　　　　製表：蔡小玲

9-3-4　不動產廠房及設備

不動產廠房及設備過去我們稱之為「固定資產」；依性質及用途課分類為：土地、土地改良物、土地及建築物、機器設備、運輸設備、辦公設備等。固定資產的申請、管理、折舊費用略述說明如下：

1. 固定資產的申請：固定資產應該於年度預算開始時，配合營業計劃來估計資本支出的內容及完成進度。

2. 固定資產的管理：固定資產取得，由各管理部門相關人員管理，根據其類別及會計項目之統馭關係，予以分類編號，並予粘貼標籤。

3. 折舊費用：固定資產定期提列之折舊費用，其耐用年數依據可參考財政部賦稅署賦稅法令相關之行政規則「固定資產耐用年數表」。每一年度營利事業所得稅申報，其中一份報表為「財產目錄」，是各企業必須依據當年的資本支出及折舊費用等編製的報表。

9-3-5　應收帳款、應收票據作業及帳務說明

營業活動的應收帳款，可能決定企業存亡的一大要件。有人說：「會收款的業務才是師父」。舉例：如果公司被倒帳 100 萬元，其中獲利是 10%，換言之，公司必須增加 1000 萬元的營業收入，才可彌補倒帳 100 萬元的損失；同理地，獲利僅 5%，就必須高達 2000 萬元的營業收入來彌補。說明了，應收帳款應列入經營風險首要關注的議題。如下僅依據法令面就作業程序說明。

依據商業會計法第 45 條：應收款項之衡量應以扣除估計之備抵呆帳後之餘額為準，並分別設置備抵呆帳項目；其已確定為呆帳者，應即以所提備抵呆帳沖轉有關應收款項之會計項目。因營業而發生之應收帳款及應收票據，應與非因營業而發生之應收帳款及應收票據分別列示。營業有關的帳款須列為應收帳款，而非營業產生的帳款，應列為其他應收款。相關程序有：

1. 應收帳款立帳作業：由業務接單開始，善用 IT 工具，運用不同欄位分別依客戶別、銷售部門別、產品別等進行資料的維護，有利後續資料的分析等。

2. 收款作業：匯款資訊通知相關業務人員，由交繳款通知單，原交貨發票號碼、數量、金額、逐筆沖銷。

3. 退貨作業：按成品退回規定處理，帳列製成品並沖抵銷貨成本，另外注意該退回成品是否會產生折價情形。

4. 預收貨款作業：應於後續收款或收票時沖抵之。

5. 外銷作業：注意匯率與總價之換算是否正確。

6. 呆帳作業：呆帳損失處理相關資料，有催收記錄文據或郵政機關存証信函、和解書、判決書、債務清理報告証明文據、警察機關之証明（債務人居住國外者，應有我國駐外使館之証明）等。

表 9-14　應收帳款作業及會計分錄

	說明	會計分錄	借方金額	貸方金額
1. 應收帳款立帳	銷貨時	Dr. 1172 應收帳款	xxx	
		Cr. 4111 銷貨收入		xxx
		Cr. 2214 銷項稅額		xxx
2. 收款作業	繳款時（收票）	Dr. 1151 應收票據	xxx	
		Cr. 1172 應收帳款		xxx
	繳款時（匯款）	Dr. 1103 銀行存款	xxx	
		Cr. 1172 應收帳款		xxx
3. 退貨作業	發生退貨	Dr. 4170 銷貨退回	xxx	
		Dr. 2214 銷項稅額	xxx	
		Cr. 1172 應收帳款		xxx
	存貨帳	Dr. 1311 製成品	xxx	
		Cr. 5110 銷貨成本		xxx
4. 預收貨款作業	沖銷預收貨款	Dr. 2310 預收款項	xxx	
		Cr. 1172 應收帳款		xxx
5. 外銷作業（外幣）	外幣收款（含匯兌收益）	Dr. 1103 銀行存款	xxx	
		Cr. 7230 外幣兌換利益		xxx
		Cr. 1172 應收帳款		xxx
	外幣收款（含匯兌損失）	Dr. 1103 銀行存款	xxx	
		Dr. 7630 外幣兌換損失	xxx	
		Cr. 1172 應收帳款		xxx
6. 呆帳作業	提列呆帳準備	Dr. 6123 銷售 - 呆帳損失	xxx	
		Cr. 1179 備抵呆帳 - 應收帳款		xxx
	應收帳款呆帳發生	Dr. 1179 備抵呆帳 - 應收帳款	xxx	
		Cr. 1172 應收帳款		xxx

9-4　調整分錄及實務作業

如本書 8-5-2 認識會計基礎所述，會計基礎分為現金及權責基礎。權責基礎只問當期事實發生與否；與現金無關。調整分錄作業，也就是反應當期的事實發生的事項。依據商業會計法第 60 條：與同一交易或其他事項有關之收入及費用，應適當認列。調整分錄範圍有四分別說明如下：

1. 預付費用：公司預先支付房租、報章雜誌、廣告費、攤銷、折舊費用（Depreciation expense）等。依據商業會計法第 53 條：預付費用因為有益於未來，確定應由以後期間負擔之費用，其衡量應以其有效期間為準。

2. 應計費用：已發生之費用，但會計期間終了仍未支付；例：向銀行借款，到期日一次付清利息費用，但會計必須按月提列利息費用。

3. 預收收入：客戶預先支付貨款，待實際發生列入當期收入。

4. 應計收入：已提供服務，但未收到客戶付款，當期列入收入。

5. 實務演練：企業對外交易模式採用「預付費用」的方式是相當普遍，指企業必須先預付一段時間（可能 3 個月、半年、一年等）的金額，可享有折扣的優惠，或雙方協議約定的交易條件；但對企業內部帳務處理而言是不一樣的，就「現金制」而言（與現金流量表有關）是以實際支付而認列；「權責制」而言（與綜合損益表有關）必須運用「費用攤銷管制表」進行逐項管制作業，其作法是當會計立帳（取得外來憑證）時，同時登錄此訊息於「費用攤銷管制表」通常以「平均法」登錄相對應的月份，每個月的月底，就可依據「費用攤銷管制表」按月製作調整分錄。

（如表 9-15 所示）制作「調整分錄」的轉帳傳票（如表 9-16 所示）。

表 9-15　費用攤銷管制表
2021 年 3 月

立帳傳票編號	立帳時會計項目	說明	計算期數	立帳金額	攤銷後計會項目	1月	2月	3月	4月	5月	6月
20111003	1419 其他預付費用	商標註冊費 20111216-20211215	120	2,500	6225 管理 - 各項攤提	21	21	21	21	21	21
20131008	1419 其他預付費用	商標註冊費 - 圖 2 2013/10/3-2023/10/2	120	2,500	6225 管理 - 各項攤提	21	21	21	21	21	21
20200302	1419 其他預付費用	工商時報 2020/3/11-2021/9/10	18	7,200	6238 管理 - 報章雜誌費	400	400	400	400	400	400
20200804	1419 其他預付費用	會計研究發展基金會會費 2020/8/20-2021/8/20	12	5,000	6238 管理 - 報章雜誌費	417	417	417	417	417	417
20200905	1419 其他預付費用	DNS 管理年費 - 網頁 2020/9/30-2022/9/29	24	1,067	6117 銷售 - 廣告費	44	44	44	44	44	44
20210107	1419 其他預付費用	南桃園網路 2021/2/1-2021/4/30	3	1,899	6232 管理 - 網路服務費		633	633	633		
20210107	1419 其他預付費用	南桃園數位 2021/2/1-2021/4/30	3	399	6232 管理 - 網路服務費		133	133	133		
					各月小計	903	1,669	1,669			
					製表	Alice	Alice	Alice			
					核准	John	John	John			

表 9-16　費用攤銷管制表的「調整分錄」

會計項目 項目名稱	摘要	借方金額	貸方金額
6225 管理 - 各項攤提	3 商標註冊費 $21+21	42	
6238 管理 - 報章雜誌費	3 工商時報	400	
6238 管理 - 報章雜誌費	3 會計研究發展基金會會費	417	
6117 推銷 - 廣告費	3 DNS 管理年費 - 網頁	44	
6232 網路服務費	3 南桃園網路	633	
6232 網路服務費	3 南桃園數位	133	
1419 其他預付費用	3 預付費用		1,669
	合計	1,669	1,669

AA 有限公司
轉帳傳票

傳票編號：20210310　　　　　　　　　　　　　頁次：1/1
傳票日期：2021/03/31

核准：John　　　　審核：　　　　　　　　　製表：Alice

9-5 會計結帳作業

依據商業會計法第 18 條： 整理結算及結算後轉入帳目等事項，得不檢附原始憑證。會計每個月結帳分為結帳前及結帳作業。

9-5-1 會計結帳定義

會計期間終了時會計人員將收入及費用的虛帳戶餘額結轉本期損益，為了計算出當期的損益，並使所有的收入及費用帳戶歸零，以利下期期初可以重新累計收入與費用的資料。另一方面，將資產、負債及權益的實帳戶餘額結轉下期，讓實帳戶暫時結平，下一期的期初再繼續使用。換言之，期末將虛帳戶餘額結轉本期損益結清及實帳戶餘額結轉下期繼續使用的工作稱之為會計結帳。

會計結帳前：會計人員於每個月結帳之前，對當期平日交易資訊的收集及整理，是一項細膩及嚴密的工程，可能不小心疏忽使得資料來源收集不完整或不正確，都會導致結帳作業無法進行。還有，必須完成所有調整

分錄包含：折舊費用、攤銷費用等，如本章 9-4 調整分錄所述等。另外，結帳前「費用分攤」的轉帳傳票，通常指「製造費用」的分攤如表 7-3，其目的是準備「成本結帳」的作業。

9-5-2　會計結帳實際作業說明

一、總帳結帳

會計人員確認當月的傳票皆已入帳，透過會計系統執行過帳程序，其目的是匯總所有分類帳；其中「虛帳戶」是每個月統計所有收入或費用項目；另外當月份的「實帳戶」可能有與上一期結餘帳務進行沖銷的作業，經由過帳程序可獲得所有資產、負債、權益等各會計項目期末餘額。

1. 「虛帳戶」的功能：除了統計當期收入及費用各會計項目統計數字之外，主要目的是結算當期損益，還包含成本會計結帳作業。就各部門的製造費用而言，可能就有「製造費用分攤」的問題，如表 7-3；就存貨帳而言，還有如何計算各類存貨的問題，請參考圖 7-1。另外從管理角度而言，「虛帳戶」各部門所發生之部門費用可以與預算作比較，就可輕鬆由系統自動產出各部門的「預算與實際費用差異表」。

2. 「實帳戶」功能：依據傳票作業進行沖銷的資產或負債項目部分，經由過帳作業，應該可由系統自動列印各「實帳戶」餘額明細表。另外「實帳戶」還有包含「存貨」項目，此部分每一會計期間必須進行「成本會計」結帳作業。各「實帳戶」餘額明細表其中用途之一，就是依據各資產或負債屬性，制定適用的「公允價值」標準埋入系統作業，可與實際帳面金額作比較，就可輕鬆由系統自動產出「未實現損益」之資訊，獲得洞察企業經營風險的資訊。

二、成本會計結帳

成本會計結帳是結清當月的虛帳戶（指營業收入及費用），其目的計算當月企業經營績效表。製造業的成本會計結帳困難度遠超過一般會計，所謂一般會計僅運用轉帳傳票，只要所有傳票的分錄是正確，就可透過系統，輕鬆獲得相關的資訊；可是成本會計作業不像一般會計作業容易，成本會計扮演的角色是「如何計算合理的銷貨成本？」；每個月的成本會計資料的收集是相當繁瑣的，包含有「內部交易」及「外部交易」，存貨的計算

又分為「原材料帳」、「在製品帳」及「製成品帳」，成本會計結帳步驟可參考圖 7-1 所示。

以下以「製造業 - 電子業」為例，說明各項的「存貨」，包含原材料帳、在製品帳、及製成品帳的結帳作業說明：

9-5-3　原材料帳

材料帳結帳後會產出「材料進銷存明細表」（依據電子業，如果材料料號其實際庫存達一千項，其「材料進銷存明細表」就會依據各項料號共一千項，各料號自行結帳），其欄位表達有①料號，②單位，③期初數量，④期初金額，⑤本期進料數量，⑥本期進料金額，⑦本期領（退）料數量，⑧本期領（退）料金額，⑨期末數量，⑩期末金額；各料號結帳，是統計的概念，將當期相同的料號，分別依據⑤本期進料數量，⑥本期進料金額及⑦本期領（退）料數量作加總程序，之後，透過系統處理計算功能；依據「月移動加權平均法」計算當期各料號的平均單價計算（unit price 簡稱 u/p）公式：（④期初金額＋⑥本期進料金額）/（③期初數量＋⑤本期進料數量）＝ u/p 平均單價；⑧ 本期領（退）料金額＝ u/p× 本期領（退）料數量；⑩期末金額＝④期初金額＋⑥本期進料金額－⑧本期領（退）料金額。以上所述作業就可完成每個月的「材料進銷存明細表」。

一、何謂⑤本期進料數量及⑥本期進料金額：

其來源是依據公司向供應商買料，通常有所謂的請購單（Purchase Order 簡稱 P/O），視為與供應商的買賣合約，供應商依據 P/O 交貨視為「外部交易」，供應商請款程序必須要談清楚（換言之，請購單必須詳述付款條件及請款需提供的相關文件等）。會計依據公司的規定審核文件有：外部憑證（發票）＋內部憑證（PO）＋供應商簽收單＋ IQC 驗收單及倉庫入庫單等，可透過系統控管及同時獲得成本會計的資料庫包含有：料號、單位、 數量、金額，會計平日就可將完整的內外部憑證編制「轉帳傳票」完成當期的材料立帳作業。如表 9-17 材料進料（或退貨）立帳分錄。

表 9-17　材料進料（或退貨）立帳分錄

	說明	會計分錄	借方	貸方
應付帳款立帳	原材料請款	Dr. 1315 原料	xxx	
		Dr. 1423 進項稅額	xxx	
		Cr. 2171 應付帳款		xxx
	原材料退貨	Dr. 2171 應付帳款	xxx	
		Cr. 1315 原料		xxx
		Cr. 1423 進項稅額		xxx

　　「總帳」與材料帳結帳的資料是不同的資料庫，會計人員每個月結材料帳之前　必須再次確認「總帳」是否等於「⑥本期進料金額」，如果不等於還必須找尋原因及更改正確後才可進行材料帳的結帳程序。

二、何謂⑦本期領（退）料數量：

　　是「內部交易」的概念，指公司內部各部門透過「材料倉」領取材料或退回材料的進出作業。領料單作業包含有：成套發料單（依據 BOM × 產品套數所列印的清單）、零星領料單（視為計算「部門費用」的依據）或製造部異常領料（成套發料，因生產不良等原因必須補料；管理上，列入內部的異常管理）。退料單指各部門多餘的材料必須退回倉庫其中包含有良品或待報廢材料，此部分針對良品材料退回材料倉部分。

　　領料作業：依據領料用途、性質、劃分直接材料或費用，按其部門別分別歸屬領（退）料帳務處理：每一會計期間（通常一個月）材料結帳後會產出「材料進銷存明細表」；本期每一筆的領（退）料金額 = u/p × 本期領（退）料數量，無論筆數多寡，僅將相同的分類匯總，編製材料領用月結傳票（附上相關匯總金額及會計分錄，例如表 9-18）。

表 9-18　材倉領料月結傳票

分類	部門別	會計分錄	借方	貸方
成套發料	生產線	Dr. 在製品－材料	xxx	
異常領料	生產線	Dr. 在製品－材料	xxx	
零星領料	品管部	Dr. 製造費用—領用材料	xxx	
材倉發料	本期領用材料	Cr. 材料		xxx

三、材料月結帳作業：

如上一、及二、所述會計確認資料庫是正確的，才啟動「材料結帳」系統指令計算各項料號的平均單價及完成當月的「材料進銷存明細表」。另外系統必須計算每一張的「本期領（退）料單」的每項料號數量 ×u/p ＝每項的領（退）料金額。每個月領（退）料單的內部交易單據可能多達上萬張、上千張或上百張（視公司規模而定），每一張單據必須要有相對應欄位揭露「成本中心」或「費用中心」（與公司組織設計、成本結帳目的及分類有關）。在整個「領（退）料單」的資料庫必須依據「領（退）料」的單別屬性分別認列到使用部門的部門費用或對應到工單編號結轉至「在製品」帳。

9-5-4　在製品帳

在製品存貨帳是最複雜的，它必須整合生產線的投入及產出的資訊。所謂本期投入之製造成本又分為「直接材料」、「直接人工」及「製造費用」。「直接材料」來自於當期倉庫依據工單備料及材料轉至生產線供生產之用，在製品的材料明細帳因管理上的需求，可能就必須細算到每一張工單的材料成本。「直接人工」指當期支付工資，在人事管理及每月薪資結算時就必須細分各生產線直接人工的金額。「直接材料」及「直接人工」是可直接歸屬及辦認的直接成本。「製造費用」除了製造部門的製造費用之外，還有來自於製造費用屬性的間接部門（或稱支援部門）的費用；換言之，一個支援部門可能要服務好幾個生產部門，就會有分攤的問題。另外，所謂本期產出的定義，是指生產線當期生產完成的成品及完成「成品倉」的入庫程序，為了管理帳務需求，必須掌握成本結構（指直接材料、直接人工及製造費用，簡稱為料、工、費），成品入庫時帳務處理就必須將在製品的料、工、費成本轉入製成品 - 直接材料、製成品 - 直接人工、製成品 - 製造費用。另外，實務上對「產額」的認定，是評估生產線之生產績效的很重要指標。

1. 在製品結帳：成本會計人員在結算「在製品帳」時，很重要的一項資料，稱之為「生產月報表」通常是由生管人員所提供的，雖然或許可透過系統擷取「未結工單」可清楚掌握期末留在生產線的「在製品 - 直接材料」的存貨金額，但對「在製品 - 直接人工」及「在製品 - 製造費用」與「未結工單」的各張工單的產品之完工程度有關。實際作業，成本會計人員應該了解生管的作業及如何

獲得生產線的正確資訊為目標，不斷藉由電腦資訊與生產線的現況比對，追蹤差異性，藉由不斷的縮小差異，對建立內部有效的「在製品」帳務就不難了。

2. 在製品月報表：報表的呈現與產業特性及公司內部管理有關。假設電子業依據「工單」為內部存貨管理的依據，及管理層必須準確掌握各產品的成本結構，其「在製品月報表」欄位表達建議分為兩部分。

① 依據工單資訊為主：①-1.成品料號，①-2.成品的品名及規格，①-3.工單號碼，①-4.成品套數，①-5.已入庫之成品套數。

② 依據在製品存貨內容展開為主：②-1.期初在製品：材料料號、材料數量、直接材料金額、直接人工金額、製造費用金額、小計金額，②-2.本期投入：材料數量、直接材料金額、直接人工金額、製造費用、小計金額，②-3.本期產出：材料數量、直接材料金額、直接人工金額、製造費用金額、小計金額，②-4. 期末在製品：材料數量、直接材料金額、直接人工金額、製造費用金額、小計金額。

③ 整體的帳務完整呈現「各產品的成本結構」必須是「直接材料」、「直接人工」、「製造費用」分別列管的。

④ 如何核算「本期產出」的「成品倉」的入庫金額必須被明確定義的，例：製成品-直接材料：可依據BOM（bill of material）單位用量×成品庫套數×材料u/p +異常材料領用金額，製成品-直接人工：可依據（標準工時+異常工時）×工資率×成品庫套數，製成品-製造費用可依據（標準工時+異常工時）×費用率×成品庫套數。

9-5-5 製成品帳

製成品帳除了有上期的期初製成品之外，必須整合（加上）當月成品倉的入庫及（扣除）出貨與內部領用等於期末製成品存貨；換言之，是期初製成品＋本期製成品入庫－本期製成品出庫＝期末製成品。

為了掌握管理帳的需求，會計人員應以企業需求為導向，建立有效的情報流，就製成品月報表而言，應延續在製品月報表帳務結構，掌握各產品的成本結構，所謂本期製成品入庫：依據「在製品月報表」之①-5.已入庫之成品套數及②-3.本期產出：材料數量、直接材料金額、直接人工金額、製造費用金額、小計金額；對應到成品入庫欄位分別為本期成品入庫數量、製成品-直接材料、製成品-直接人工、製成品-製造費用、小計金

額；另也可展開到各工單的成本資訊保留完整的成品入庫之各項成本結構金額。成本出貨及內部領用可運用「月移動平均法」或「標準成本法」可依據企業條件或需求，建立合適的作業系統。編製「製成品月報表」系統化作業，可依據工單資訊為主或以產品別為主對系統而言都是相當容易的；就整體製成品月報表結構而言，各家企業帳務管理之深度需求不一定相同的，需配合企業內部條件及需求，會計資訊的運用效益才可極大化。

9-6　結語

　　會計作業分為平日作業及月結作業，平日作業重點是整理對外交易及內部交易資料；每月結帳前之調整分錄是反應當期權責基礎下應認列的費用或收入等，與現金收支無關；成本會計必須結合企業實務的運作，提供給經營者的資訊，才有助於經營及管理之運用；善用系統，將營運政策、管理制度及建立即時資訊，就可隨時獲取內部情報流；會計人員的新價值，應不斷提升帳務品質及效率。本章詳述會計部門每月循環的例行性作業，有助於讀者對照實務作業模擬；有助於中小企業自行建立每個月的會計帳務管理。

本章摘要

1. 會計作業的目的，是記錄企業的交易活動，其交易過程必須依據企業的活動力，藉由會計項目製作會計分錄作業並定期結帳，產出企業的財務報表或相關的管理報表。

2. 商業之資產、負債、權益、收益及費損發生增減變化之事項，稱為會計事項。對外會計事項應有外來或對外憑證；內部會計事項應有內部憑證以資證明。

3. 會計學的會計分錄分類有五：①普通分錄；②調整分錄；③結帳分錄；④更正分錄；⑤回轉分錄。

4. 零用金為支付公司（或部門）日常零星開支，零用金制度規畫包含：建立零用金部位、申請、撥補、盤點作業。零用金的優點可簡化的會計借款手續。

5. 調整分錄範圍有四：預付費用 、應計費用、預收收入及應計收入；與同一交易或其他事項有關之收入及費用，應適當認列。

6. 成本會計結帳指結清當期的虛帳戶，指營業收入、費用、成本；計算當期企業的經營績效表。

7. 會計作業分為平日作業及月結作業，平日作業重點是整理對外交易及內部交易資料。

8. 成本會計必須結合企業實務的運作，提供給經營者的資訊，才有助於經營及管理之運用；善用系統，將營運政策、管理制度及建立即時資訊，就可隨時獲取內部情報流。

參考文獻

1. 王建雄、蕭智蓉、劉智達（2013），一般會計稅務作業手冊，修訂四版，台北，財團法人中華民國會計研究發展基金會，民國 102 年。

2. 柯榮順、賴尚佑、吳添彬（2003），實用會計制度暨 ERP 運用實務，初版，台北，三民書局，民國 92 年。

3. 全民健康保險投保金額分級表 http：//www.nhi.gov.tw/，2021/02/28 擷取。

4. 勞工保險投保薪資分級表 http：//www.bli.gov.tw/tw，2021/02/28 擷取。

5. 證券櫃檯買賣中心 IFRS 專區，「一般行業 IFRSs 會計項目及代碼」，http://www.gretai.org.tw/web/link/broker_ifrs.php?l=zh-tw，2021/02/22 擷取。

6. 商業會計法，民國 103 年 6 月 18 日總統華總一義字第 10300093261 號令修正公布，http://law.moj.gov.tw/LawClass/LawAll.aspx?PCode=J0080009，2021/02/22 擷取。

習 題

選擇題

1.(　　) 有關會計作業以下敘述何者正確？

　　A. 會計作業的目的，是記錄企業的交易活動

　　B. 不須選定合適企業本身的帳務認定與衡量標準

　　C. 平時對外交易並取得合法的外部憑證

　　D. 應該定期統計及結帳，產出企業的財務報表或相關的管理報表

　　(1) ABC　　(2) ACD　　(3) ABD　　(4) BCD

2.(　　) 以下「憑證」敘述何者有誤？

　　(1)「原始憑證」是指證明事項經過，其種類規定分為「外來憑證」、「對外憑證」及「內部憑證」

　　(2)「記帳憑證」，是指證明處理會計事項人員的責任，作為記帳所根據之憑證

　　(3) 對外憑證：因對外交易由企業本身給予他人的各種憑證單據，如銷貨發票、收款收據等

　　(4) 內部憑證：用以證明企業外部會計事項的憑證

3.(　　) 平日會計作業步驟，以下順序何者正確？

　　A. 會計審核內外部憑證及確認會計項目

　　B. 經手人隨時或定時整理外部憑證及相關內部資料

　　C. 會計主管審核簽名

　　D. 會計立帳

　　(1) BADC　　(2) ABDC　　(3) DCAB　　(4) BDCA

4.(　　) 以下敘述有關會計結帳前作業，何者有誤？

(1) 預算是屬於結帳前的會計作業

(2) 完成攤銷費用的調整分錄

(3) 完成「製造費用分攤」的轉帳傳票，是準備「成本結帳」作業

(4) 完成折舊費用的調整分錄

5.(　　) 以下敘述有關成本會計結帳，何者有誤？

(1) 成本結帳是結清企業當月的虛帳戶指銷貨收入、費用、成本；目的是計算當期的經營績效表

(2) 每期成本會計資料的收集是相當簡單的，同一般會計的結帳作業

(3) 成本會計扮演的角色是「如何計算合理的銷貨成本？」

(4) 存貨的結帳分為「原材料帳」、「在製品帳」及「成品帳」

問答題

1. 試述何謂交易？

2. 試述零用金制度？

3. 試述暫付款制度？

4. 試述每期會計結帳，調整分錄範圍有哪些？

5. 試述何謂成本會計結帳？

經營決策能力與 商業會計法的運用

學習目標

- ☑ 建立經營者的策略思考能力
- ☑ 財務報表分析技巧
- ☑ 綜合損益表與成本結構分析
- ☑ 管理會計與決策能力分析
- ☑ 認識資產負債表及運用
- ☑ 產品訂價策略

　　中小企業的經營者，通常所擁有的資源相當有限，如何運用少數的人力創造驚人的效益與經營者的策略思考能力有關；選擇正確的經營策略的方向，企業經營過程如魚得水；相對地，經營策略方向錯誤，可能傾家蕩產還無法彌補決策的錯誤。經營者的決策能力訓練，由充分認識自我條件及掌握經營的重點，運用客觀的經營數據，不斷檢視自我條件及能力。本章將提供給經營者應該具備的基本經營知識及運用企業內部情報流，活用不同的財務資訊以提升企業經營者之決策能力；本章分為 10-1 中小企業經營者對企業的基本認知，10-2 善用財務報表，洞察企業的情報流，10-3 財務報表分析技巧，10-4 認識綜合損益表及運用，10-5 認識資產負債表及運用，10-6 產品訂價策略，10-7 結語。

10-1　中小企業經營者對企業的基本認知

　　中小企業經營者在有限資源的情況下，由認知企業生存條件之外，還要掌握經營者的重要任務及企業整體的策略；與制定企業發展的策略。

10-1-1　認識企業永續經營條件

　　經營者必須擁有企業生存的基本條件，也就是說依據產業別，產品特色或差異性等，具體確認企業的核心技術。經營者必須具備管理能力，依據企業的規模認清應該具備管理能力的範圍，例如：接單能力、收款能力、存貨控管能力，或人員管理等。經營者必須不斷培養自我對企業的決策能力，由企業的營運政策展開至相關策略、管理及執行面等。整體而言，核心技術是企業經營的基本條件、管理能力決定盈虧是屬於企業的建康條件、策略能力決定企業存亡是經營者必須具備成長的本事；如 10-1 企業永續經營條件圖所示。經營企業的過程，經營者養成習慣，不斷運用數字佐證是否與經營成果一致；建立有效的企業內部情報流，是要花力氣的；經營者隨時掌握企業內部最新的情報流，才可隨時幫企業進行把脈及有效的下決策，使經營過程更加準確及有自信。

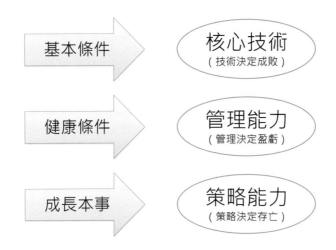

圖 10-1　企業永續經營條件圖

10-1-2　創造企業永續經營的完整架構

　　經營者是企業的核心人物，經營者個人的管理哲學與經營風格將決定企業的成敗，其重要任務是給企業一個方向感，如圖示 10-2，其評估方法有：企業之使命、經營理念、願景或價值觀等。企業文化是人為的創造物，指一個企業內部成員共有的思想信仰、行為規範、態度、好惡情感、價值觀及所追求的企業目標與利益；經營者的價值觀可視為企業文化的根源與競爭優勢的驅動力。企業文化也被認為是企業無形的內部控制，足以潛移默化其員工的做事方式，此時企業文化也愈見強勢。

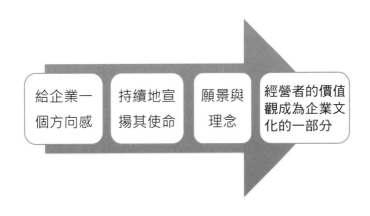

圖 10-2　經營者重要任務圖

　　經營者主持公司策略及不斷尋找企業的機會，目的是不斷增進公司的績效表現，涵蓋公司所有的經營權；明確使命與願景，比擴張還要重要，使命就是企業存在的價值與意義，願景就是企業的未來；企業的願景與使命，必須是一個超脫企業規模與營業數字的未來。經營者必須具備建立企業達成目標之整體策略能力，如圖 10-3。

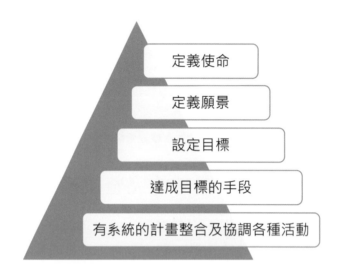

圖 10-3　達成目標的整體策略圖

10-1-3　企業的發展策略

　　首先，認清企業本身的條件：管理能力決定企業定位，管理能力強，公司才能大；管理能力弱，應該維持小而美，否則管理失控。即使規模不大，卻創造了驚人的價值與良好的獲利，顯示企業「不擴張」也一樣能成功。企業想變大，先從小開始！堅持「小巨人」的企圖心，不隨波逐流，找出企業經營的真正定位。

　　企業的發展，需要一個睿智的發展策略，隱含著兩個重大的決定，即是成長方向和成長類型。企業的發展策略展開如表 10-1 所示。

1. 成長方向

　　(1) 單一產業：

　　　　專注單一事業在現有市場獲得占有率與滲透率，或進軍不同的地理區域。

(2) 垂直整合：

向上游整合（自行生產）或向下游整合（自行銷售）。

(3) 多角化：

多角化進入相關或非相關之多種不同的事業領域。

2. 成長類型

(1) 企業內部的條件：

運用企業本身內部及組織的條件進行擴充，例如：生產基地的外移.銷售據點的擴充。

(2) 策略聯盟：

運用外部其他企業的條件進行企業間之整合，共同實現策略聯盟的效益，例如：通路端產業與具品牌產品之策略合作。

(3) 併購：

運用併購方式，加速企業內部人才養成、資源整合等。

表 10-1　企業的發展策略展開表

成長方向	單一產業		垂直整合		多角化	
	市場滲透	全球化	向上整合	向下整合	相關產業	非相關產業
成長類型	企業內部的條件					
	策略聯盟					
	併購					

10-2　善用財務報表，洞察企業的情報流

依據商業會計法第 27 條：會計項目應按財務報表之要素適當分類，商業得視實際需要增減之。

如商業會計法第 28 條所述，財務報表包括：一、資產負債表。二、綜合損益表。三、現金流量表。四、權益變動表。

剖析財務報表與企業營運直接關係有三，本書我們暫稱之為「財務三表」，是運用不同的會計基礎所製訂財務報表；有運用權責制進行會計帳務處理，分別產出綜合損益表及資產負債表；運用現金基礎的現金流量表；經營者必須了解不同財務報表的用途、帳務處理與運用的方法及洞察各財務報表之內容，如表 10-2 經營者必須認識的財務三表所示。經營者才有機會掌握相關的會計作業及會計制度，有效掌握財務三表（綜合損益表、資產負債表及現金流量表）之間的來龍去脈及運用；隨時掌握企業的運作才可立於不敗之地。

會計是採權責制的基礎，會計制度是建立企業內部情報流資訊的認定、衡量、與溝通的程序；企業內部的情報流是動態資訊，應該隨企業的活動力而變動，經營者善用「數字管理」隨時掌控企業內部的即時資訊，至少每個月儘早檢視綜合損益表及資產負債表，才有機會進行即時性的縝密判斷與決策，以及對企業內部有效的管理。

另一方面，運用「現金流量表」的工具，以現金為基礎，至少每個月製作及包含未來三個月的預估現金收支狀況，確實掌握資金狀況；儘早發現企業的資金缺口及危機，有助經營者有充分時間解決資金的問題，避免企業黑字倒閉的危機。

10-2-1　綜合損益表的功能

如商業會計法第 58 條說明：商業在同一會計年度內所發生之全部收益，減除同期之全部成本、費用及損失後之差額，為本期綜合損益總額。商業會計法第 28-2 條綜合損益表係反映商業報導期間之經營績效，其要素如下：

1. 收益：指報導期間經濟效益之增加，以資產流入、增值或負債減少等方式增加
   權益。但不含業主投資而增加之權益。

2. 費損：指報導期間經濟效益之減少，以資產流出、消耗或負債增加等方式減少
   權益。但不含分配給業主而減少之權益。

　　綜合損益表扮演「評估企業經營績效」的角色，評估的標準可運用「預算」或「標準成本」等方法與實際狀況作比較，例：經營者必須有的基本知識，依據產業特性剖析成本結構分類有「材料成本」、「人工成本」、「固定費用」及「變動費用」等。

10-2-2　資產負債表的功能

　　依據商業會計法第 28 條：資產負債表也就是 IFRS 稱之為財務狀況表。商業會計法第 28-1 條資產負債表係反映商業特定日之財務狀況，其要素如下：

1. 資產：指因過去事項所產生之資源，該資源由商業控制，並預期帶來經濟效益
   之流入。

2. 負債：指因過去事項所產生之現時義務，預期該義務之清償，將導致經濟效益
   之資源流出。

3. 權益：指資產減去負債之剩餘權利。

　　其各項資產或負債會計項目隱含企業將面臨內部或外部風險，善用「公允價值」定期檢核，使資產負債表的表達具備有未來性，可輕易洞察企業內部或外部的經營風險並即早作因應。例如，流動資產有應收帳款、存貨等，非流動資產有不動產、廠房及設備、無形資產等。

10-2-3　現金流量表的功能

　　現金是企業的心臟，公司賺錢不代表公司不會倒閉；景氣不佳，掌握資金流，企業還是可以度過難關，請參考 8-5-5 認識資金管理及運用「表 8-6 實際與預估現金流量表」明確計算及預估企業的「現金收、支」狀況，將有效掌控「企業生存的命脈」。

表 10-2　經營者必須認識的財務三表

財報名稱	綜合損益表	資產負債表	實際與預估現金流量表
用途	評估企業經營績效	洞察企業經營風險	掌握企業生存命脈（避免黑字倒閉）
帳務處理	權責制	權責制	現金制
運用方法	預算　標準成本	公允價值＝市價 ＝公平價值	現金收入與支出
內容	依據產業成本結構分類： 材料成本 人工成本 固定費用 變動費用	應收帳款：呆帳風險 / 外幣匯率風險 存貨：呆料問題 不動產、廠房及設備：閒置資產 / 稼動率不足分攤 預付費用	收入來源： 營業收入 銀行借款 股東借款 增資… 支出項目： 員工薪資 供應商貨款：購買設備 / 材料 / 耗材… 零用金

10-3　財務報表分析技巧

財務報表分析的技術分為二，一為：「垂直分析」（vertical analysis）又稱「共同比分析」，通常以 % 來表達，另一為：「水平分析」（horizontal analysis）又稱為「趨勢分析」。如圖 10-4 財務報表分析的技術所示。

10-3-1　垂直分析

可用在資產負債表與綜合損益表結構的分析，將財務報表相關的會計項目形成比率關係，用來解釋公司的財務狀況及經營結果，例如，資產負債表（以總資產為 100%，視為分母）可評估公司的流動資產比（視流動資產為分子，就可獲得流動資產佔總資產的 %）及負債比（負債視為分子，就可獲得負債佔總資產的 %）等。損益表可評估本期的「銷貨成本」%（以本期的銷貨收入為 100%，視為分母，本期的銷貨成本為分子，銷貨成本 / 銷貨收入 %＝ 本期的「銷貨成本」%），或毛利 %＝（銷貨收入 - 銷貨成本）/ 銷貨收入 % 的毛利狀況等。

10-3-2　水平分析

　　運用範圍相當廣泛，無論任何一份財務報表，可以將本期的財務報表與公司的歷史財務報表資料作比較（或擷取單一項目例，營業收入、EPS…）、當期的財務報表與公司所設定的標準作比較、或者與產業的平均作比較、與同產業的其他公司比較、及與競爭對手作比較。

比率分析 (ratio analysis) 解釋公司的 財務狀況及 經營結果	水平分析 (horizontal analysis) 又稱為「趨勢分析」	垂直分析 (vertical analysis) 又稱「共同比分析」
	比較標準	比較標準
	1.與公司的歷史資料比較 2.與公司所設定的標準比較 3.與產業的平均比較 4.與同產業的其他公司比較 5.與競爭對手比較	1.常用在資產負債表與損益表的分析 2.將財務報表相關的科目形成比率關係 ➔解釋公司的財務狀況及經營結果 3.評估公司的流動性、獲利能力及長期償債能力

圖 10-4　財務報表分析的技術

10-4　認識綜合損益表及運用

　　表達企業在某一會計期間內經營成果及獲利情形之動態報表。

10-4-1　綜合損益表定義

　　依據商業會計法第 59 條：營業收入應於交易完成時認列。分期付款銷貨收入得視其性質按毛利百分比攤算入帳；勞務收入依其性質分段提供者得分段認列。前項所稱交易完成時，在採用現金收付制之商業，指現金收付之時而言；採用權責發生制之商業，指交付貨品或提供勞務完畢之時而言。

1. 收益（Income-Revenue and Gain）：

    (1) 收入：是企業日常營運所產生者，包括銷貨收入、利息、股利、權利金和租金等收入。

    (2) 利益：包括處分非流動資產的利益、未實現外幣兌換利益和金融工具未實現利益等。

    (3) 收益：收入（revenue）＋利益（gains）

2. 費損（Expenses and Losses）：

    (1) 費用：企業日常營運所產生者，包括銷貨成本、薪資和折舊等。

    (2) 損失：損失包括各種災害損失、處分非流動資產的損失、未實現外幣兌換損失和金融工具未實現損失等。

    (3) 費損＝費用＋損失。

10-4-2　損失和利益發生的原因

企業經營過程因交易、管理及外部環境造成企業損失及利得，分述說明如下：

1. 買賣交易而發生：指企業主要營業項目經由，因為售價＞成本產生利益，或者售價＜成本導致損失。

2. 管理不當造成損失：指企業主要營業項目所需要準備的相關資產，因疏於管理造成損失，例如，存貨跌價損失；或因意外事故而發生者，如水災、火災、竊盜損失等產生損失。

3. 外部經營風險：企業因持有資產或負債而發生的經營風險，例如，價值發生變動產生損益，例如金融工具的跌價損失，外幣匯率變動等。觸犯法令，由於業主以外的單位所發生的片面移轉（non-reciprocal transfer）而產生者：如訴訟賠償，政府罰金等。

10-4-3　綜合損益表分析

當期損益的費用分析方法有二種，費用功能法（Function of Expense Method）或稱為銷貨成本法（Cost of Sales Method）；另一種方法稱之為費用性質法（Nature of Expense Method）。

一、費用功能法

又稱銷貨成本法，是按照產生費用的目的所歸屬的功能加以分類，包括銷貨成本、銷售費用、管理費用和研究發展費用等，按費用功能法 2021 年第 2 季合併損益表，如表 10-3（費用功能）合併綜合損益表所示，及剖析功能式損益表結構，如圖 10-5 剖析功能式損益表結構所示。

表 10-3　（費用功能）合併綜合損益表

2021 年第 2 季								
							單位：新台幣仟元	
會計項目	2021 年第 2 季		2020 年第 2 季		2021 年 01 月 01 日至 06 月 30 日		2020 年 01 月 01 日至 06 月 30 日	
	金額	%	金額	%	金額	%	金額	%
營業收入合計								
銷貨成本合計								
營業毛利（毛損）								
營業費用								
銷售費用								
管理費用								
研究發展費用								
營業費用合計								
營業利益（損失）								
營業外收支：								
其他收入								
利息費用								
營業外收支出合計								
稅前淨利（淨損）								
所得稅費用（利益）合計								
母公司業主（淨利／損）								
非控制權益（淨利／損）								
綜合損益總額歸屬於：								
母公司業主（綜合損益）								
非控制權益（綜合損益）								
基本每股盈餘								
稀釋每股盈餘								

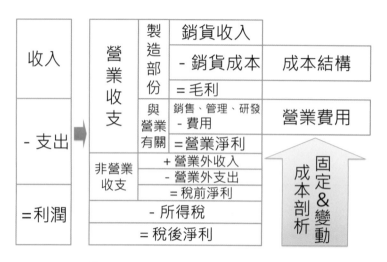

圖 10-5   剖析功能式損益表結構

二、費用性質法

按費用性質分類的資訊有助於預測未來現金流量，例如折舊費用、原料購買成本、或人事費用等，如表 10-4（費用性質）綜合損益表所示。

表 10-4   （費用性質）綜合損益表

單位：新台幣仟元

	2021 年	%	2020 年	%
交通收入				
其他收入				
銷貨收入				
其他營業收入				
原料成本及服務費用				
存貨變動及資本化之成本費用項目				
人事費用				
折舊 攤銷及減損				
其他營業費用				
來自營業活動之利益／損失				
來自採權益法之投資結果				
利息費用				
其他財務項目				
財務結果				
稅前利益／損失				

10-4-4　成本結構剖析及運用

　　經營者必須善用財務數據，精準掌握經營成果，一般帳務管理分類及帳務處理是有差異的。通常經營績效簡單算法就是「營業額」減「總成本」等於「利潤」，複雜部分是「總成本」到底涵蓋哪些內容及如何運用在「內部管理」或「營運決策」。運用管理的分類，「總成本」分為「變動成本」及「固定成本」；「變動成本」又稱之為「可控制成本」，在管理上應該花心思，有效的控管減少不必要的浪費。「固定成本」又稱之為「非可控制成本」，通常指折舊費用、攤銷費用等，是屬於權責制概念必須分攤的費用，與本期的現金支出無關。

　　雖然管理上「總成本」僅二分為「變動成本」及「固定成本」，但實際會計人員結帳時不是如此簡單，必須隨產業特性及企業內部功能式組織的考量，必須劃分哪些是屬於「銷貨成本（包含：直接材料、直接人工、及製造費用）」，哪些是屬於「營業費用（包含：銷售、管理、及研發費用）」。會計結帳作業應該每月結帳一次，建立企業內部有效的情報流，才有機會即時掌握企業營運狀況。「銷貨成本」通常指產品透過生產流程，製造出成品及將產品銷售至客戶端，過程中投入的成本通常有「直接材料」、「直接人工」、「製造費用」，也是我們剖析「成本結構」的分類方式；透過成本會計結帳應該可合理剖析到單一產品的成本結構。營業費用不屬於成本會計結帳的範圍，「營業費用」是依據功能屬性分為「銷售費用」、「管理費用」、「研發費用」原則上每個月計算並列入當期費用。

　　無論是銷貨成本或營業費用包含的項目很多，應該了解如何區分哪些是屬於變動或固（半）定成本，對企業進行策略及管理扮演很重要角色。會計項目是企業內部溝通語言，善用「會計項目」區分不同的分類及增加系統「管理分類」欄位，透過每個月結帳作業，就可輕鬆由系統獲得企業內部的財務報表與管理報表等。成本及利潤結構圖如圖 10-6 所示。

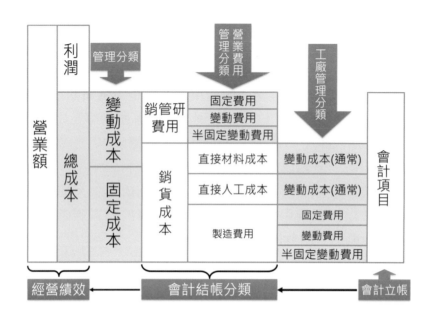

圖 10-6　成本及利潤結構圖（含帳務管理分類）

10-4-5　管理會計及決策能力分析

一、認識固定＆變動成本（費用）

1. 固定成本（Fixed cost）或費用定義：指每期成本固定，不隨產量之增減之產品的成本。

2. 變動成本（Variable Cost）或費用定義：可以清楚追溯至一單位產品之成本，隨產量增加呈等比例增加。

3. 固定與變動屬性維護：經由會計專業的判斷及運用電子化作業將會計項目主檔增設費用（成本）屬性欄位區分那些會計項目是屬於變動或固定屬性分類維護；也必須配合預算規劃作業。通常變動費用（成本）與企業必須支付現金有關，但固定費用就不一定。

4. 半變動費用（成本）：指企業例行性必須支付的費用，但突然訂單增加隨產量增加也必須多負擔加班費、電費、水費等費用；但進行決策分析，還是要將半變動費用（成本）分類為固定或變動費用（成本）。

5. 營業費用：不列入成本會計結帳的內容，但仍屬於企業的費用，其相關的會計項目也應進行變動或固定費用的分類。

以上如圖 10-1 所示：

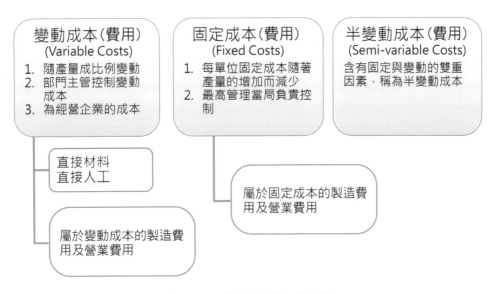

圖 10-7　與產量有關之成本圖

二、認識損益兩平點

　　BEP 損益兩平點（Break Even Point）指收入與成本相等時之銷售量或銷售金額，企業不賺錢也不虧錢的情況下，銷貨收入等於銷貨成本，強調變動成本與固定成本間之區別。變動成本隨產量增加而產生等比例變化；固定成本與銷量無關，不隨產量更改而變動；混合成本＝固定成本＋變動成本；如圖 10-8 認識基本成本函數圖所示。

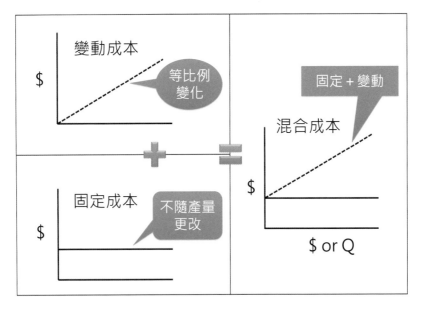

圖 10-8　基本成本函數圖

如圖 10-8 混合成本也就是總成本；BEP 損益兩平點指總收益＝總成本 TC ＝（固定成本 FC ＋變動成本 VC），如圖 10-9 總成本線與總收入線的交叉點，我們稱之為「BEP 損益兩平點」，此交叉點說明企業經營成果是剛好打平點，沒賺也沒虧錢。經營者可運用此方法，預測企業未來的經營成果。

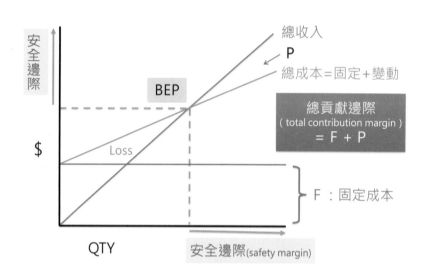

圖 10-9　利潤—數量圖（利量圖）

善用如圖 10-9 利潤—數量圖（利量圖）所示，除了認識「BEP 損益兩平點」之外，超過 BEP 點，企業才有機會獲得利益，我們稱之為安全邊際（safety margin）；總利潤 (P) ＝總收入－總成本。銷售策略的推演，我們可善用銷量、產量、銷售額、產額、固定成本、變動成本比率等，多種組合進行評估等，其相關公式展開說明如下：

總收入 (SQ) ＝變動成本 (VQ) ＋固定成本 (F)

SQ － VQ = F

→ Q(S － V) = F

→ Q = F/(S － V) or SQ = SF/(S － V)

→ SQ = F/1 － (V/S)

三、貢獻邊際

總貢獻邊際（total contribution margin）指總銷貨收入減總變動成本

固定成本／單位貢獻邊際（unit contribution margin）＝損益兩平點銷售量

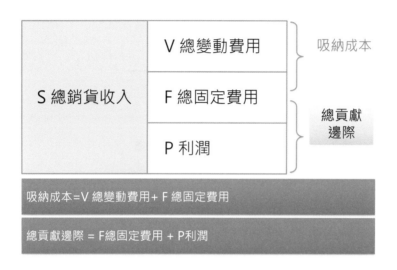

圖 10-10　總貢獻邊際圖

四、利潤極大化

總收入曲線與總成本曲線，兩條曲線間距離稱之為「總利潤」。所謂「利潤極大化」指總收入與總成本線已到達安全邊際的獲利範圍後，鼓勵經營者提升經營能力，創造企業價值與競爭力等。就「總收入」而言，是開源的觀念，經營者的睿智發展策略，提升企業的銷售力；就「總成本」而言，是節流的概念，提升內部管理績效，杜絕不必要的浪費，善用內部情報流，帳務管理成為很重要資訊來源；如圖 10-11 利潤極大化圖所示。

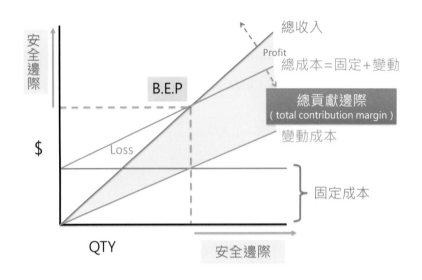

圖 10-11　利潤極大化圖

五、費損的認列

1. 因果關係直接配屬：收益與成本能夠直接認定，如銷貨收入與銷貨成本。

2. 系統而合理的分攤：成本分攤於各受益期間，如無形資產的攤銷、預付租金及保險費的攤銷。

3. 立即認列費用：支出不能產生未來經濟效益，例如員工薪資、銷售費用、訴訟賠款等，以前年度，已無經濟效益時，也應立即轉銷為損失。

六、建立管理能力

　　經營者如何評估員工的績效，及運用哪些方法提升經營者的管理能力呢？企業經營的風險又分為內部與外部的經營風險。外部風險必須定期運用公允價值檢核企業的資產及負債各會計項目之市場的價值變動。內部經營風險與經營者的管理有絕對的關係，經營者必須對企業具備有預測的能力，也就是說，經營者具有建立預算制度的能力，包含：標準的規畫能力，善用標準成本及年度預算；控制的能力，善用彈性預算及變動成本（費用）；執行能力，善用預算及標準與實際的差異進行內部改善作業。如圖 10-12 績效評估規劃與執行圖所示。

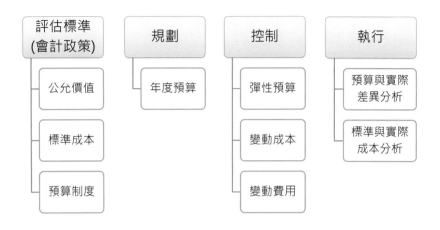

圖 10-12　績效評估規劃與執行圖

　　經營者如何面對預測與實際的落差，儘早進行管理，避免不必要的損失；彈性預算可透過企業內部即時性的情報系統與預算比較，明確掌握差異及儘速改善，彈性預算的運用，指在變動成本法的基礎上，隨業務量的變化而調整支出的控制數。如圖 10-13 彈性預算之運用所示。

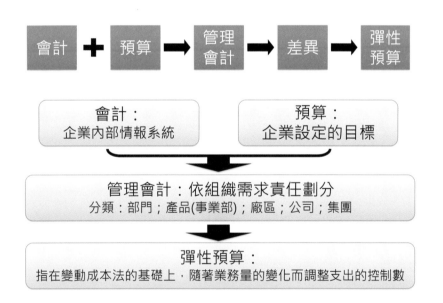

圖 10-13　彈性預算之運用

10-5 認識資產負債表及運用

　　依據商業會計法第 28-1 條說明：資產負債表係反映商業特定日之財務狀況，其要素有：①資產：指因過去事項所產生之資源，該資源由商業控制，並預期帶來經濟效益之流入。②負債：指因過去事項所產生之現時義務，預期該義務之清償，將導致經濟效益之資源流出。③權益：指資產減去負債之剩餘權利。另依據商業會計處理準則第 14 條：資產負債表之表達有三大項，分別為「資產」、「負債」、及「權益」。每一大項又細分不同的小項；資產細分為：「流動資產」、及「非流動資產」；負債細分為：「流動負債」、及「非流動負債」；權益細分為：「資本（或股本）」、「資本公積」、「保留盈餘（或累積虧損）」、「其他權益」、及「庫藏股票」。以下再以大項分類及分別介紹。

一、資產細分為：「流動資產」、及「非流動資產」

1. 流動資產：依據商業會計處理準則第 15 條：流動資產，指商業預期於其正常營業週期中實現、意圖出售或消耗之資產、主要為交易目的而持有之資產、預期於資產負債表日後十二個月內實現之資產、現金或約當現金，但不包括於資產負債表日後逾十二個月用以交換、清償負債或受有其他限制者。流動資產包括會計項目有：①現金及約當現金、②短期性之投資、③應收票據、④應收帳款、⑤其他應收款、⑥本期所得稅資產、⑦存貨、⑧預付款項、⑨其他流動資產。

2. 非流動資產：依據商業會計處理準則第 16~23 條分別介紹如下之會計項目：「長期性之投資」、「投資性不動產」、「不動產、廠房及設備」、「礦產資源」、「生物資產」、「無形資產」、「遞延所得稅資產」、「其他非流動資產」。

3. 資產項目的相關風險：如圖 10-14 資產項目經營風險圖所示。

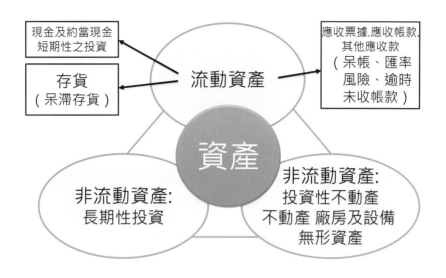

圖 10-14　資產項目經營風險圖

4. 依據商業會計處理準則第 15 條第三～五項，詳述：「應收票據」、「應收帳款」、「其他應收款」相關作業。業主已確定無法收回者，應予轉銷、資產負債表日應評估無法收回之金額，提列適當之備抵呆帳。另提供參考應收票據、帳款之評價圖，如圖 10-15 所示。

圖 10-15　應收票據、帳款之評價圖

二、負債細分為：「流動負債」、及「非流動負債」

1. 流動負債：依據商業會計處理準則第 25 條流動負債，指商業預期於其正常營業週期中清償之負債；主要為交易目的而持有之負債；預期於資產負債表日後十二個月內到期清償之負債，即使該負債於資產負債表日後至通過財務報表前已完成長期性之再融資或重新安排付款協議；商業不能無條件將清償期限遞延至資產負債表日後至少十二個月之負債。 流動負債包括會計項目有：①「短期借款」、②「應付短期票券」、③「透過損益按公允價值衡量之金融負債－流動」、④「避險之衍生金融負債－流動」、⑤「以成本衡量之金融負債－流動」、⑥「應付票據」、⑦「應付帳款」、⑧「其他應付款」、⑨「本期所得稅負債」、⑩「預收款項」、⑪「負債準備－流動」、⑫「其他流動負債」。

2. 非流動負債：依據商業會計處理準則第 26 條非流動負債包括會計項目有：①透過損益按公允價值衡量之金融負債－非流動、②避險之衍生金融負債－非流動、③以成本衡量之金融負債－非流動、④應付公司債：指商業發行之債券、⑤長期借款、⑥長期應付票據及款項、⑦負債準備－非流動、⑧遞延所得稅負債、⑨其他非流動負債。

3. 洞察內外部風險：資產負債表具備洞察企業經營的內外部風險，各項的資產或負債依據屬性，設定評估風險的標準，如表 10-5 資產及負債風險評估作業說明。

表 10-5 資產及負債風險評估作業說明

分類	會計項目	帳務處理說明	會計項目表達
流動資產	銀行存款（外幣）	匯率損益	未實現損益 - 匯兌損益
流動資產	應收帳款（外幣）	匯率損益	未實現損益 - 匯兌損益
流動資產	應收帳款（呆帳）	預期不可收回 - 備抵呆帳	備抵呆帳
流動資產	存貨	成本與淨變現價值孰低法	銷貨成本
流動資產	短期投資	公允價值	未實現損益
非流動資產	不動產、廠房及設備		
非流動資產	無形資產		
流動負債	應付帳款（外幣）	匯率損益	未實現損益 - 匯兌損益
非流動負債	長期借款		

三、權益細分為：「資本（或股本）」、「資本公積」、「保留盈餘（或
　　累積虧損）」、「其他權益」、及「庫藏股票」。依據商業會計處理
　　準則第 27~31 條有分別介紹。

10-6　產品訂價策略

一、產品訂價決策與成本

　　產品成本提供經營者訂價策略很重要的資訊，例：新產品、提升市場佔
有率、市場蕭條等多種不同的外在環境、對經營者如何制訂產品訂價策略，
考驗經營者的營運能力。首先從成本的角度認識吸納、變動及產量成本法。

1. 吸納成本法（absorption costing）：又稱全部成本法（full costing），將固定
　　及變動成本皆歸入產品成本。

2. 變動成本法（variable costing）：或稱直接成本法（direct costing），只有變
　　動成本才列入產品成本。

3. 產量成本法（throughput costing）：指每一次單位成本被製造時所發生的成本，
　　列入該批的產品成本。

二、比較吸納成本與變動成本

　　評估運用吸納成本法與變動成本法對訂價決策、存貨價值的認定、外
部報導、營運分析、固定製造費用差異的比較表。

表 10-6　吸納成本法與變動成本法差異比較表

	吸納成本法	變動成本法
訂價決策	固定及變動製造費用都是生產過程中的必要的成本	變動成本法將固定製造費用排除於產品存貨成本之外，會低估產品成本
存貨價值的認定	存貨應以所有（吸納）的生產成本列入評價	認為吸納成本法中的固定成本部分，沒有未來服務潛能，不予認列
外部報導	外部報導通常係依吸納成本法報導損益	完整成本資訊的表達有落差
營運分析	最好方法：可區分固定與變動成本法的相關資料	具優越性，少列固定費用

三、制定產品訂價策略

　　產品訂價政策與企業條件、提高競爭力、環境等有緊密關係，企業隨狀況及目的的不同，運用訂價的方法也不一樣。依據不同的訂價分法，分別說明其特性與運用；如表 10-7 制定產品訂價策略。

表 10-7　產品訂價策略

訂價方法	說明
價格彈性	指價格變化對於銷售量的影響。
成本加成訂價	成本加成訂價（cost-plus pricing）的價格等於成本加上加成（cost plus a markup）；換言之，價格＝成本＋（加成比例 × 成本）
吸納成本訂價	全部的成本＋正常的利潤＝訂定價格的下限；換言之，以生產、銷售和管理作業的總成本，加上合理的利潤。
變動成本訂價	在營運決策面，可能受限大環境不佳或行銷策略的需求，當下之時空背景，獲利不是最主要目標，企業求生存或搶攻市場才是主要目的時，短暫的採「變動成本訂價」。 優點：不把固定成本單位化、不需要把共同的固定成本分攤給個別的產品、管理者面對特定決策僅取變動成本資料。 缺點：可能將價格訂的太低；管理者必須了解需要以較高的加成比例，確保所有的成本都能回收。
投資報酬率訂價	常見用來決定成本加成訂價中的利潤的方法，是以公司的目標投資報酬率（ROI）為利潤基礎。

四、新產品開發的訂價策略

　　新產品開發必須掌握市場消費者族群的接受度、產品特性等，經營者必須深思應該應採用撈油式訂價法（skimming pricing）或者是滲透式訂價法（penetration pricing）；分別從作法、市場、利潤及產品特性進行比較；如表 10-8 新產品開發的訂價策略比較表。

表 10-8　新產品開發訂價策略比較表

分類	撈油式訂價法 （skimming pricing）	滲透式訂價法 （penetration pricing）
作法	將產品初始價格訂的很高，利用新產品獲取短期利潤。	低價格策略
市場	接受的速度比較慢。	迅速取得廣大的市場佔有率

分類	撈油式訂價法 （skimming pricing）	滲透式訂價法 （penetration pricing）
利潤	單位利潤較高。	單位利潤較低
產品特性	用於一些獨特的產品 ，隨著產品接受度與吸引力擴大，價格逐漸下降。	

10-7 結語

　　經營者的決策能力是需要多方位的培養，中小企業經營者雖帶領少數員工，但整體中小企業對經濟的穩定及貢獻超過七成以上；企業的小尖兵、小亮點，企業雖小，但可創造豐碩的利潤，是值得稱讚的企業小巨人。中小企業經營者對企業打理範圍之廣泛，從建立企業的營運政策，使生產、營業、勞動力、財務等各種業務，能依經營目的順利的執行，並隨時可有效的調整營運政策或運營活動。

　　經營者有明確的經營理念，善用管理會計思維，規劃及建立有效的資訊，幫助企業內部管理作決策及管理運用。中小企業的經營者整體性的思維，其步驟：①經營者在政策面應釐訂企業的營業方針及營運政策 ②確認企業經營方向之後，選擇適當的計畫及合理的方案，將決定企業的成敗 ③日常作業的資訊立即成為企業的情報流，是指善加運用 IT 的技術，可達到控管企業的日常作業 ④資料庫的完整，實際與目標比較，定時考核企業的經營績效，就可達成「建立有效的會計情報流」。IFRS ＋ IT 善用科技資源，整合經營者的思維及企業的活動力，使中小企業的經營者運用數字管理不斷提升自我的經營能力。

本章摘要

1. 經營者的決策能力訓練，由充分認識自我條件及掌握經營的重點，運用客觀的經營數據，不斷檢視自我條件及能力。

2. 經營者應該具備的基本經營知識及運用企業內部情報流，活用不同的財務資訊以提升企業經營者之決策能力。

3. 經營者養成運用數字佐證經營成果的習慣；建立有效的情報流，經營者才可隨時幫企業進行把脈及有效的下決策，使經營過程更加準確及有自信。

4. 經營者明確使命與願景，比擴張重要，經營者必須具備建立企業達成目標之整體策略能力。

5. 企業管理能力強，公司才能大；企業規模不大，創造驚人的價值與良好的獲利，顯示企業「不擴張」也能成功。堅持「小巨人」的企圖心，不隨波逐流，找出企業經營的真正定位。

6. 會計是採權責制的基礎，會計制度是建立企業內部情報流資訊的認定、衡量、與溝通的程序。

7. 運用「現金流量表」的工具，儘早發現企業的資金缺口，有助經營者充分時間解決資金的問題，避免企業黑字倒閉。

8. 財務報表分析的技術有二，垂直分析及水平分析。

9. 損益兩平點（break-even point）指收入與成本相等時之銷售量或產量，強調變動成本與固定成本間之區別。變動成本隨產量增加而產生等比例變化；固定成本與銷量無關。經營者可運用此方法，預測企業未來的經營成果。

10. 經營者管理能力必須對企業具備預測的能力，就是建立預算制度的能力，包含：標準成本的規畫、年度預算、善用彈性預算及變動成本（費用）提升控制能力、善用預算及標準與實際的差異進行內部改善作業。

11. 經營者有明確的經營理念，善用管理會計思維，規劃及建立有效的資訊，幫助企業內部管理作決策及管理運用。

參考文獻

1. 鄭丁旺（2020），中級會計學（上冊），十五版，作者自行出版，台北，民國 109 年 10 月。

2. 鄭丁旺（2021），中級會計學（下冊），十五版，作者自行出版，台北，民國 110 年 3 月。

3. 陳文彬（2009），企業內部控制評估，五版，財團法人中華民國證券暨期市場發展基金會，民國 96 年。

4. 邱慶雲（2005），看財務資訊談經營策略：從財務資訊出發 繪企業經營鴻圖，台北市，秀威資訊經銷，民國 94 年。

5. 劉俐君譯（2005），Ronald W. Hilton 著，管理會計，美商麥格羅•希爾國際股份有限公司　台灣分公司，民國 94 年。

6. 商業會計法，民國 103 年 6 月 18 日總統華總一義字第 10300093261 號令修正公布，http://law.moj.gov.tw/LawClass/LawAll.aspx?PCode=J0080009，2021/02/22 擷取。

習　題

選擇題

1.(　　) 以下敘述何者不屬於企業生存條件的基本條件？

(1) 具備企業的核心技術

(2) 經營者必須具備管理能力

(3) 經營者的決策能力

(4) 建立企業內部的情報流與企業生存無關

2.(　　) 企業的發展策略，以下敘述何者正確？

A. 經營者必須認清企業本身的條件：管理能力決定企業定位，管理能力強，公司才能大；管理能力弱，應該維持小而美，否則管理失控

B. 企業想變大，先從小開始！堅持「小巨人」的企圖心，不隨波逐流，找出企業經營的真正定位

C. 企業的發展，經營者不必需要具備睿智的發展策略

D. 企業發展策略可採用，成長方向或成長類型策略

(1) ABCD　(2) BCD　(3) ABD　(4) ABC

3.(　　) 經營者必須認識的財務報表及運用，以下說明何者正確？

A. 現金流量表決定企業存亡

B. 綜合損益表是評估企業經營績效

C. 資產負債表是洞察企業經營風險

D. 現金流量表與企業經營無關

(1) ABD　(2) ABCD　(3) BCD　(4)ABC

4.(　　) 利潤極大化以下敘述何者正確？

　　(1) 就「總收入」而言，是開源的觀念，經營者的睿智發展策略，僅提升企業的銷售力即可

　　(2) 所謂「利潤極大化」指總收入與總成本線已到達安全邊際的獲利範圍後，鼓勵經營者提升經營能力，創造企業價值與競爭力等

　　(3) 僅就「總成本」而言，節流的概念，提升內部管理績效，杜絕不必要的浪費即可

　　(4) 利潤極大化，僅是口號，無多大意義

5.(　　) 具備洞察企業經營的內外部風險是指運用何種財務報表的會計項目？

　　(1) 綜合損益表

　　(2) 現金流量表

　　(3) 資產負債表

　　(4) 權益變動表

問答題

1. 簡述財務報表分析的技巧？

2. 綜合損益表分為費用功能法及費用性質法分析，試說明其差異？

3. 試述為何管理上應該花心思在變動成本上？

4. 試述何謂損益兩平點（break-even point）？

5. 試述何謂利潤極大化？

APPENDIX A

附錄

A-1　商業會計法（自中華民國 105 年 1 月 1 日施行）

第 一 章　總則	
第 1 條	商業會計事務之處理，依本法之規定。 公營事業會計事務之處理，除其他法律另有規定者外，適用本法之規定。
第 2 條	本法所稱商業，指以營利為目的之事業；其範圍依商業登記法、公司法及其他法律之規定。 本法所稱商業會計事務之處理，係指商業從事會計事項之辨認、衡量、記載、分類、彙總，及據以編製財務報表。
第 3 條	本法所稱主管機關：在中央為經濟部；在直轄市為直轄市政府；在縣（市）為縣（市）政府。 主管機關之權責劃分如下： 一、中央主管機關： 　　（一）商業會計法令與政策之制（訂）定及宣導。 　　（二）受理登記之公司，其商業會計事務之管理。 二、直轄市主管機關：中央主管機關委辦登記之公司及受理登記之商業，其商業會計事務之管理。 三、縣（市）主管機關：受理登記之商業，其商業會計事務之管理。
第 4 條	本法所定商業負責人之範圍，依公司法、商業登記法及其他法律有關之規定。
第 5 條	商業會計事務之處理，應置會計人員辦理之。 公司組織之商業，其主辦會計人員之任免，在股份有限公司，應由董事會以董事過半數之出席，及出席董事過半數之同意；在有限公司，應有全體股東過半數之同意；在無限公司、兩合公司，應有全體無限責任股東過半數之同意。 前項主辦會計人員之任免，公司章程有較高規定者，從其規定。 會計人員應依法處理會計事務，其離職或變更職務時，應於五日內辦理交代。 商業會計事務之處理，得委由會計師或依法取得代他人處理會計事務資格之人處理之；公司組織之商業，其委託處理商業會計事務之程序，準用第二項及第三項規定。
第 6 條	商業以每年一月一日起至十二月三十一日止為會計年度。但法律另有規定，或因營業上有特殊需要者，不在此限。
第 7 條	商業應以國幣為記帳本位，至因業務實際需要，而以外國貨幣記帳者，仍應在其決算報表中，將外國貨幣折合國幣。
第 8 條	商業會計之記載，除記帳數字適用阿拉伯字外，應以我國文字為之；其因事實上之需要，而須加註或併用外國文字，或當地通用文字者，仍以我國文字為準。

第 9 條	商業之支出達一定金額者，應使用匯票、本票、支票、劃撥、電匯、轉帳或其他經主管機關核定之支付工具或方法，並載明受款人。 前項之一定金額，由中央主管機關公告之。
第 10 條	會計基礎採用權責發生制；在平時採用現金收付制者，俟決算時，應照權責發生制予以調整。 所謂權責發生制，係指收益於確定應收時，費用於確定應付時，即行入帳。決算時收益及費用，並按其應歸屬年度作調整分錄。 所稱現金收付制，係指收益於收入現金時，或費用於付出現金時，始行入帳。
第 11 條	凡商業之資產、負債、權益、收益及費損發生增減變化之事項，稱為會計事項。 會計事項涉及商業本身以外之人，而與之發生權責關係者，為對外會計事項；不涉及商業本身以外之人者，為內部會計事項。 會計事項之記錄，應用雙式簿記方法為之。
第 12 條	商業得依其實際業務情形、會計事務之性質、內部控制及管理上之需要，訂定其會計制度。
第 13 條	會計憑證、會計項目、會計帳簿及財務報表，其名稱、格式及財務報表編製方法等有關規定之商業會計處理準則，由中央主管機關定之。
第 二 章　會計憑證	
第 14 條	會計事項之發生，均應取得、給予或自行編製足以證明之會計憑證。
第 15 條	商業會計憑證分下列二類： 一、原始憑證：證明會計事項之經過，而為造具記帳憑證所根據之憑證。 二、記帳憑證：證明處理會計事項人員之責任，而為記帳所根據之憑證。
第 16 條	原始憑證，其種類規定如下： 一、外來憑證：係自其商業本身以外之人所取得者。 二、對外憑證：係給與其商業本身以外之人者。 三、內部憑證：係由其商業本身自行製存者。
第 17 條	記帳憑證，其種類規定如下： 一、收入傳票。 二、支出傳票。 三、轉帳傳票。 前項所稱轉帳傳票，得視事實需要，分為現金轉帳傳票及分錄轉帳傳票。各種傳票，得以顏色或其他方法區別之。
第 18 條	商業應根據原始憑證，編製記帳憑證，根據記帳憑證，登入會計帳簿。但整理結算及結算後轉入帳目等事項，得不檢附原始憑證。 商業會計事務較簡或原始憑證已符合記帳需要者，得不另製記帳憑證，而以原始憑證，作為記帳憑證。

第 19 條	對外會計事項應有外來或對外憑證；內部會計事項應有內部憑證以資證明。 原始憑證因事實上限制無法取得，或因意外事故毀損、缺少或滅失者，除依法令規定程序辦理外，應根據事實及金額作成憑證，由商業負責人或其指定人員簽名或蓋章，憑以記帳。 無法取得原始憑證之會計事項，商業負責人得令經辦及主管該事項之人員，分別或共同證明。
第 三 章　會計帳簿	
第 20 條	會計帳簿分下列二類： 一、序時帳簿：以會計事項發生之時序為主而為記錄者。 二、分類帳簿：以會計事項歸屬之會計項目為主而記錄者。
第 21 條	序時帳簿分下列二種： 一、普通序時帳簿：以對於一切事項為序時登記或並對於特種序時帳項之結數為序時登記而設者，如日記簿或分錄簿等屬之。 二、特種序時帳簿：以對於特種事項為序時登記而設者，如現金簿、銷貨簿、進貨簿等屬之。
第 22 條	分類帳簿分下列二種： 一、總分類帳簿：為記載各統馭會計項目而設者。 二、明細分類帳簿：為記載各統馭會計項目之明細項目而設者。
第 23 條	商業必須設置之會計帳簿，為普通序時帳簿及總分類帳簿。製造業或營業範圍較大者，並得設置記錄成本之帳簿，或必要之特種序時帳簿及各種明細分類帳簿。但其會計制度健全，使用總分類帳會計項目日計表者，得免設普通序時帳簿。
第 24 條	商業所置會計帳簿，均應按其頁數順序編號，不得毀損。
第 25 條	商業應設置會計帳簿目錄，記明其設置使用之帳簿名稱、性質、啟用停用日期，由商業負責人及經辦會計人員會同簽名或蓋章。
第 26 條	商業會計帳簿所記載之人名帳戶，應載明其人之真實姓名，並應在分戶帳內註明其住所，如為共有人之帳戶，應載明代表人之真實姓名及住所。 商業會計帳簿所記之財物帳戶，應載明其名稱、種類、價格、數量及其存置地點。
第 四 章　財務報表	
第 27 條	會計項目應按財務報表之要素適當分類，商業得視實際需要增減之。
第 28 條	財務報表包括下列各種： 一、資產負債表。 二、綜合損益表。 三、現金流量表。 四、權益變動表。 前項各款報表應予必要之附註，並視為財務報表之一部分。

第 28-1 條	資產負債表係反映商業特定日之財務狀況，其要素如下： 一、資產：指因過去事項所產生之資源，該資源由商業控制，並預期帶來經濟效益之流入。 二、負債：指因過去事項所產生之現時義務，預期該義務之清償，將導致經濟效益之資源流出。 三、權益：指資產減去負債之剩餘權利。
第 28-2 條	綜合損益表係反映商業報導期間之經營績效，其要素如下： 一、收益：指報導期間經濟效益之增加，以資產流入、增值或負債減少等方式增加權益。但不含業主投資而增加之權益。 二、費損：指報導期間經濟效益之減少，以資產流出、消耗或負債增加等方式減少權益。但不含分配給業主而減少之權益。
第 29 條	財務報表附註，係指下列事項之揭露： 一、聲明財務報表依照本法、本法授權訂定之法規命令編製。 二、編製財務報表所採用之衡量基礎及其他對瞭解財務報表攸關之重大會計政策。 三、會計政策之變更，其理由及對財務報表之影響。 四、債權人對於特定資產之權利。 五、資產與負債區分流動與非流動之分類標準。 六、重大或有負債及未認列之合約承諾。 七、盈餘分配所受之限制。 八、權益之重大事項。 九、重大之期後事項。 十、其他為避免閱讀者誤解或有助於財務報表之公允表達所必要說明之事項。 商業得視實際需要，於財務報表附註編製重要會計項目明細表。
第 30 條	財務報表之編製，依會計年度為之。但另編之各種定期及不定期報表，不在此限。
第 31 條	財務報表上之會計項目，得視事實需要，或依法律規定，作適當之分類及歸併，前後期之會計項目分類必須一致；上期之會計項目分類與本期不一致時，應重新予以分類並附註說明之。
第 32 條	年度財務報表之格式，除新成立之商業外，應採二年度對照方式，以當年度及上年度之金額併列表達。
第 五 章　　會 計 事 務 處 理 程 序	
第 33 條	非根據真實事項，不得造具任何會計憑證，並不得在會計帳簿表冊作任何記錄。
第 34 條	會計事項應按發生次序逐日登帳，至遲不得超過二個月。
第 35 條	記帳憑證及會計帳簿，應由代表商業之負責人、經理人、主辦及經辦會計人員簽名或蓋章負責。但記帳憑證由代表商業之負責人授權經理人、主辦或經辦會計人員簽名或蓋章者，不在此限。

第 36 條	會計憑證，應按日或按月裝訂成冊，有原始憑證者，應附於記帳憑證之後。 會計憑證為權責存在之憑證或應予永久保存或另行裝訂較便者，得另行保管。但須互註日期及編號。
第 37 條	對外憑證之繕製，應至少自留副本或存根一份；副本或存根上所記該事項之要點及金額，不得與正本有所差異。 前項對外憑證之正本或存根均應依次編定字號，並應將其副本或存根，裝訂成冊；其正本之誤寫或收回作廢者，應將其粘附於原號副本或存根之上，其有缺少或不能收回者，應在其副本或存根上註明其理由。
第 38 條	各項會計憑證，除應永久保存或有關未結會計事項者外，應於年度決算程序辦理終了後，至少保存五年。 各項會計帳簿及財務報表，應於年度決算程序辦理終了後，至少保存十年。但有關未結會計事項者，不在此限。
第 39 條	會計事項應取得並可取得之會計憑證，如因經辦或主管該項人員之故意或過失，致該項會計憑證毀損、缺少或滅失而致商業遭受損害時，該經辦或主管人員應負賠償之責。
第 40 條	商業得使用電子方式處理全部或部分會計資料；其有關內部控制、輸入資料之授權與簽章方式、會計資料之儲存、保管、更正及其他相關事項之辦法，由中央主管機關定之。 採用電子方式處理會計資料者，得不適用第三十六條第一項及第三十七條第二項規定。
第 六 章 　 認列與衡量	
第 41 條	資產及負債之原始認列，以成本衡量為原則。
第 41-1 條	資產、負債、權益、收益及費損，應符合下列條件，始得認列為資產負債表或綜合損益表之會計項目： 一、未來經濟效益很有可能流入或流出商業。 二、項目金額能可靠衡量。
第 41-2 條	商業在決定財務報表之會計項目金額時，應視實際情形，選擇適當之衡量基礎，包括歷史成本、公允價值、淨變現價值或其他衡量基礎。
第 42 條	資產之取得，係由非貨幣性資產交換而來者，以公允價值衡量為原則。但公允價值無法可靠衡量時，以換出資產之帳面金額衡量。 受贈資產按公允價值入帳，並視其性質列為資本公積、收入或遞延收入。
第 43 條	存貨成本計算方法得依其種類或性質，採用個別認定法、先進先出法或平均法。 存貨以成本與淨變現價值孰低衡量，當存貨成本高於淨變現價值時，應將成本沖減至淨變現價值，沖減金額應於發生當期認列為銷貨成本。
第 44 條	金融工具投資應視其性質採公允價值、成本或攤銷後成本之方法衡量。 具有控制能力或重大影響力之長期股權投資，採用權益法處理。

第 45 條	應收款項之衡量應以扣除估計之備抵呆帳後之餘額為準，並分別設置備抵呆帳項目；其已確定為呆帳者，應即以所提備抵呆帳沖轉有關應收款項之會計項目。 因營業而發生之應收帳款及應收票據，應與非因營業而發生之應收帳款及應收票據分別列示。
第 46 條	折舊性資產，應設置累計折舊項目，列為各該資產之減項。 資產之折舊，應逐年提列。 資產計算折舊時，應預估其殘值，其依折舊方法應先減除殘值者，以減除殘值後之餘額為計算基礎。 資產耐用年限屆滿，仍可繼續使用者，得就殘值繼續提列折舊。
第 47 條	資產之折舊方法，以採用平均法、定率遞減法、年數合計法、生產數量法、工作時間法或其他經主管機關核定之折舊方法為準；資產種類繁多者，得分類綜合計算之。
第 48 條	支出之效益及於以後各期者，列為資產。其效益僅及於當期或無效益者，列為費用或損失。
第 49 條	遞耗資產，應設置累計折耗項目，按期提列折耗額。
第 50 條	購入之商譽、商標權、專利權、著作權、特許權及其他無形資產，應以實際成本為取得成本。 前項無形資產自行發展取得者，以登記或創作完成時之成本作為取得成本，其後之研究發展支出，應作為當期費用。但中央主管機關另有規定者，不在此限。
第 51 條	商業得依法令規定辦理資產重估價。
第 52 條	依前條辦理重估或調整之資產而發生之增值，應列為未實現重估增值。 經重估之資產，應按其重估後之價額入帳，自重估年度翌年起，其折舊、折耗或攤銷之計提，均應以重估價值為基礎。
第 53 條	預付費用應為有益於未來，確應由以後期間負擔之費用，其衡量應以其有效期間未經過部分為準。
第 54 條	各項負債應各依其到期時應償付數額之折現值列計。但因營業或主要為交易目的而發生或預期在一年內清償者，得以到期值列計。 公司債之溢價或折價，應列為公司債之加項或減項。
第 55 條	資本以現金以外之財物抵繳者，以該項財物之公允價值為標準；無公允價值可據時，得估計之。
第 56 條	會計事項之入帳基礎及處理方法，應前後一貫；其有正當理由必須變更者，應在財務報表中說明其理由、變更情形及影響。
第 57 條	商業在合併、分割、收購、解散、終止或轉讓時，其資產之計價應依其性質，以公允價值、帳面金額或實際成交價格為原則。

第 七 章　損益計算	
第 58 條	商業在同一會計年度內所發生之全部收益，減除同期之全部成本、費用及損失後之差額，為本期綜合損益總額。
第 59 條	營業收入應於交易完成時認列。分期付款銷貨收入得視其性質按毛利百分比攤算入帳；勞務收入依其性質分段提供者得分段認列。 前項所稱交易完成時，在採用現金收付制之商業，指現金收付之時而言；採用權責發生制之商業，指交付貨品或提供勞務完畢之時而言。
第 60 條	與同一交易或其他事項有關之收入及費用，應適當認列。
第 61 條	商業有支付員工退休金之義務者，應於員工在職期間依法提列，並認列為當期費用。
第 62 條	申報營利事業所得稅時，各項所得計算依稅法規定所作調整，應不影響帳面紀錄。
第 63 條	（刪除）
第 64 條	商業對業主分配之盈餘，不得作為費用或損失。但具負債性質之特別股，其股利應認列為費用。
第 八 章　決算及審核	
第 65 條	商業之決算，應於會計年度終了後二個月內辦理完竣；必要時得延長二個半月。
第 66 條	商業每屆決算應編製下列報表： 一、營業報告書。 二、財務報表。 營業報告書之內容，包括經營方針、實施概況、營業計畫實施成果、營業收支預算執行情形、獲利能力分析、研究發展狀況等；其項目格式，由商業視實際需要訂定之。 決算報表應由代表商業之負責人、經理人及主辦會計人員簽名或蓋章負責。
第 67 條	有分支機構之商業，於會計年度終了時，應將其本、分支機構之帳目合併辦理決算。
第 68 條	商業負責人應於會計年度終了後六個月內，將商業之決算報表提請商業出資人、合夥人或股東承認。 商業出資人、合夥人或股東辦理前項事務，認為有必要時，得委託會計師審核。 商業負責人及主辦會計人員，對於該年度會計上之責任，於第一項決算報表獲得承認後解除。但有不法或不正當行為者，不在此限。
第 69 條	代表商業之負責人應將各項決算報表備置於本機構。 商業之利害關係人，如因正當理由而請求查閱前項決算報表時，代表商業之負責人於不違反其商業利益之限度內，應許其查閱。

第 70 條	商業之利害關係人，得因正當理由，聲請法院選派檢查員，檢查該商業之會計帳簿報表及憑證。
第 九 章　罰則	
第 71 條	商業負責人、主辦及經辦會計人員或依法受託代他人處理會計事務之人員有下列情事之一者，處五年以下有期徒刑、拘役或科或併科新臺幣六十萬元以下罰金： 一、以明知為不實之事項，而填製會計憑證或記入帳冊。 二、故意使應保存之會計憑證、會計帳簿報表滅失毀損。 三、偽造或變造會計憑證、會計帳簿報表內容或毀損其頁數。 四、故意遺漏會計事項不為記錄，致使財務報表發生不實之結果。 五、其他利用不正當方法，致使會計事項或財務報表發生不實之結果。
第 72 條	使用電子方式處理會計資料之商業，其前條所列人員或以電子方式處理會計資料之有關人員有下列情事之一者，處五年以下有期徒刑、拘役或科或併科新臺幣六十萬元以下罰金： 一、故意登錄或輸入不實資料。 二、故意毀損、滅失、塗改貯存體之會計資料，致使財務報表發生不實之結果。 三、故意遺漏會計事項不為登錄，致使財務報表發生不實之結果。 四、其他利用不正當方法，致使會計事項或財務報表發生不實之結果。
第 73 條	主辦、經辦會計人員或以電子方式處理會計資料之有關人員，犯前二條之罪，於事前曾表示拒絕或提出更正意見有確實證據者，得減輕或免除其刑。
第 74 條	未依法取得代他人處理會計事務之資格而擅自代他人處理商業會計事務者，處新臺幣十萬元以下罰金；經查獲後三年內再犯者，處一年以下有期徒刑、拘役或科或併科新臺幣十五萬元以下罰金。
第 75 條	未依法取得代他人處理會計事務之資格，擅自代他人處理商業會計事務而有第七十一條、第七十二條各款情事之一者，應依各該條規定處罰。
第 76 條	代表商業之負責人、經理人、主辦及經辦會計人員，有下列各款情事之一者，處新臺幣六萬元以上三十萬元以下罰鍰： 一、違反第二十三條規定，未設置會計帳簿。但依規定免設者，不在此限。 二、違反第二十四條規定，毀損會計帳簿頁數，或毀滅審計軌跡。 三、未依第三十八條規定期限保存會計帳簿、報表或憑證。 四、未依第六十五條規定如期辦理決算。 五、違反第六章、第七章規定，編製內容顯不確實之決算報表。
第 77 條	商業負責人違反第五條第一項、第二項或第五項規定者，處新臺幣三萬元以上十五萬元以下罰鍰。

第 78 條	代表商業之負責人、經理人、主辦及經辦會計人員，有下列各款情事之一者，處新臺幣三萬元以上十五萬元以下罰鍰： 一、違反第九條第一項規定。 二、違反第十四條規定，不取得原始憑證或給予他人憑證。 三、違反第三十四條規定，不按時記帳。 四、未依第三十六條規定裝訂或保管會計憑證。 五、違反第六十六條第一項規定，不編製報表。 六、違反第六十九條規定，不將決算報表備置於本機構或無正當理由拒絕利害關係人查閱。
第 79 條	代表商業之負責人、經理人、主辦及經辦會計人員，有下列各款情事之一者，處新臺幣一萬元以上五萬元以下罰鍰： 一、未依第七條或第八條規定記帳。 二、違反第二十五條規定，不設置應備之會計帳簿目錄。 三、未依第三十五條規定簽名或蓋章。 四、未依第六十六條第三項規定簽名或蓋章。 五、未依第六十八條第一項規定期限提請承認。 六、規避、妨礙或拒絕依第七十條所規定之檢查。
第 80 條	會計師或依法取得代他人處理會計事務資格之人，有違反本法第七十六條、第七十八條及第七十九條各款之規定情事之一者，應依各該條規定處罰。
第 81 條	本法所定之罰鍰，除第七十九條第六款由法院裁罰外，由各級主管機關裁罰之。
第 十 章　附 則	
第 82 條	小規模之合夥或獨資商業，得不適用本法之規定。 前項小規模之合夥或獨資商業之認定標準，由中央主管機關斟酌各直轄市、縣（市）區內經濟情形定之。
第 83 條	本法自公布日施行。 本法中華民國一百零三年五月三十日修正之條文，自一百零五年一月一日施行。但商業得自願自一百零三年會計年度開始日起，適用中華民國一百零三年五月三十日修正之條文。

A-2　商業會計處理準則（自中華民國 105 年 1 月 1 日施行）

	第 一 章　總則
第 1 條	本準則依商業會計法（以下稱本法）第十三條規定訂定之。
第 2 條	商業會計事務之處理，應依本法、本準則及有關法令辦理；其未規定者，依照一般公認會計原則辦理。但商業自一百零七年會計年度開始日起，除對被投資公司具控制、重大影響或合資權益者，其長期股權投資應採權益法評價外，得自願比照金融監督管理委員會發布之證券發行人財務報告編製準則第三條、第九條至第十四條、第十六條、第十八條、第二十四條之一至第二十六條及第二十八條規定辦理，並從其規定編製財務報表，不受本準則相關規定之限制。
第 3 條	本準則所列會計憑證、會計項目、會計帳簿及財務報表，商業得因實際需要增訂。 記帳憑證、會計帳簿及財務報表之名稱及格式，由中央主管機關公告。
第 4 條	會計項目之明細項目、各種帳簿之明細帳簿及財務報表之明細表，商業得按實際需要，自行設置。
	第 二 章　會計憑證
第 5 條	外來憑證及對外憑證應記載下列事項，由開具人簽名或蓋章： 一、憑證名稱。 二、日期。 三、交易雙方名稱及地址或統一編號。 四、交易內容及金額。 內部憑證由商業根據事實及金額自行製存。
第 6 條	記帳憑證之內容應包括商業名稱、傳票名稱、日期、傳票號碼、會計項目名稱、摘要及金額，並經相關人員簽名或蓋章。
第 7 條	記帳憑證之編製應以原始憑證為依據，原始憑證應附於記帳憑證之後作為附件。 為證明權責存在之憑證或應永久保存或另行裝訂較便之原始憑證得另行彙訂保管，並按性質或保管期限分類編號，互註日期、編號、保管人、保管處所及編製目錄備查。
第 8 條	記帳憑證應按日或按月彙訂成冊，加製封面，封面上應記明冊號、起迄日期、頁數，由代表商業之負責人授權經理人、主辦或經辦會計人員簽名或蓋章，妥善保管，並製目錄備查。保管期限屆滿，經代表商業之負責人核准，得予以銷毀。
	第 三 章　會計帳簿
第 9 條	會計帳簿在同一會計年度內應連續記載，除已用盡外不得更換新帳簿。
第 10 條	各種帳簿之首頁應設置帳簿啟用、經管、停用記錄，分類帳簿次頁應設置帳戶目錄。

第 11 條	更換新帳簿時，應於舊帳簿空白頁上，逐頁加蓋「空白作廢」戳記或截角作廢，並在空白首頁加填「以下空白作廢」字樣。
第 12 條	記帳以元為單位。但得依交易之性質延長元以下之位數。
第 13 條	記帳錯誤如更正後不影響總數者，應在原錯誤上劃紅線二道，將更正之數字或文字書寫於上，並由更正人於更正處簽名或蓋章或另開傳票更正，以明責任。 記帳錯誤如更正後影響總數者，應另開傳票更正。
<div align="center">第 四 章　會計項目及財務報表之編製</div>	
第 14 條	資產負債表之表達如下： 一、資產。 　（一）流動資產。 　（二）非流動資產。 二、負債。 　（一）流動負債。 　（二）非流動負債。 三、權益。 　（一）資本（或股本）。 　（二）資本公積。 　（三）保留盈餘（或累積虧損）。 　（四）其他權益。 　（五）庫藏股票。
第 15 條	流動資產，指商業預期於其正常營業週期中實現、意圖出售或消耗之資產、主要為交易目的而持有之資產、預期於資產負債表日後十二個月內實現之資產、現金或約當現金，但不包括於資產負債表日後逾十二個月用以交換、清償負債或受有其他限制者。 流動資產包括下列會計項目： 一、現金及約當現金：指庫存現金、活期存款及可隨時轉換成定額現金且價值變動風險甚小之短期並具高度流動性之定期存款或投資。 二、短期性之投資，包括下列會計項目，其有提供債務作質、質押或存出保證金等情事者，應予揭露。 　（一）透過損益按公允價值衡量之金融資產—流動：指持有供交易或原始認列時被指定為透過損益按公允價值衡量之金融資產。 　（二）備供出售金融資產—流動：被指定為備供出售之非衍生金融資產，應以公允價值衡量。 　（三）以成本衡量之金融資產—流動：指投資於無活絡市場公開報價之權益工具，或與此種權益工具連結且須以交付該等權益工具交割之衍生工具，其公允價值無法可靠衡量之金融資產。 　（四）無活絡市場之債務工具投資—流動：指持有無活絡市場公開報價，且具固定或可決定收取金額之債務工具投資，應以攤銷後成本衡量。 　（五）持有至到期日金融資產—流動：指持有至到期日之金融資產，在一年內到期之部分，應以攤銷後成本衡量。

（六）避險之衍生金融資產－流動：指依避險會計指定且為有效避險
　　　工具之衍生金融資產，應以公允價值衡量。

三、應收票據：指商業應收之各種票據。

（一）應收票據應以攤銷後成本衡量。但未附息之短期應收票據若折
　　　現之影響不大，得以票面金額衡量。

（二）業經貼現或轉讓者，應予揭露。

（三）因營業而發生之應收票據，應與非因營業而發生之應收票據分
　　　別列示。

（四）金額重大之應收關係人票據，應單獨列示。

（五）已提供擔保者，應予揭露。

（六）業已確定無法收回者，應予轉銷。

（七）資產負債表日應評估應收票據無法收回之金額，提列適當之備
　　　抵呆帳，列為應收票據之減項。

四、應收帳款：指商業因出售商品或勞務等而發生之債權。

（一）應收帳款應以攤銷後成本衡量。但未附息之短期應收帳款若折
　　　現之影響不大，得以交易金額衡量。

（二）金額重大之應收關係人帳款，應單獨列示。

（三）分期付款銷貨之未實現利息收入，應列為應收帳款之減項。

（四）收回期間超過一年部分，應揭露各年度預期收回之金額。

（五）已提供擔保者，應予揭露。

（六）業已確定無法收回者，應予轉銷。

（七）資產負債表日應評估應收帳款無法收回之金額，提列適當之備
　　　抵呆帳，列為應收帳款之減項。

五、其他應收款：指不屬於應收票據、應收帳款之應收款項。

（一）資產負債表日應評估其他應收款無法收回之金額，提列適當之
　　　備抵呆帳 ，列為其他應收款之減項。

（二）其他應收款如為更明細之劃分者，備抵呆帳亦應比照分別列示。

六、本期所得稅資產：指已支付所得稅金額超過本期及前期應付金額之部
　　分。

七、存貨：指持有供正常營業過程出售者；或正在製造過程中以供正常營
　　業過程出售者；或將於製造過程或勞務提供過程中消耗之原料或物
　　料。

（一）存貨成本包括所有購買成本、加工成本及為使存貨達到目前之
　　　地點及狀態所發生之其他成本，得依其種類或性質，採用個別
　　　認定法、先進先出 法或平均法計算之。

（二）存貨應以成本與淨變現價值孰低衡量，當存貨成本高於淨變現
　　　價值時，應將成本沖減至淨變現價值，沖減金額應於發生當期
　　　認列為銷貨成本。

	(三) 存貨有提供作質、擔保，或由債權人監視使用等情事者，應予揭露。 八、預付款項：指預為支付之各項成本或費用，包括預付費用及預付購料款等。 九、其他流動資產：指不能歸屬於前八款之流動資產。 不能歸屬於第一項流動資產之各類資產，商業應分類為非流動資產。
第 16 條	長期性之投資，包括下列會計項目： 一、透過損益按公允價值衡量之金融資產—非流動。 二、備供出售金融資產—非流動。 三、以成本衡量之金融資產—非流動。 四、無活絡市場之債務工具投資—非流動。 五、持有至到期日金融資產—非流動。 六、採用權益法之投資：指持有具重大影響力或控制能力之權益工具投資。 長期性之投資有提供作質，或受有約束、限制等情事者，應予揭露。
第 17 條	投資性不動產，指為賺取租金或資本增值或兩者兼具，而由所有者或融資租賃之承租人所持有之不動產。 投資性不動產應按其成本原始認列，後續衡量應以成本減除累計折舊及累計減損之帳面金額列示。但配合編製合併財務報告之母公司依其他法令辦理者，不在此限。
第 18 條	不動產、廠房及設備，指用於商品或勞務之生產或提供、出租予他人或供管理目的而持有，且預期使用期間超過一年之有形資產，包括土地、建築物、機器設備、運輸設備及辦公設備等會計項目。 不動產、廠房及設備應按照取得或建造時之原始成本及後續成本認列。原始成本包括購買價格、使資產達到預期運作方式之必要狀態及地點之任何直接可歸屬成本及未來拆卸、移除該資產或復原的估計成本，後續成本包括後續為增添、部分重置或維修該項目所發生之成本。 不動產、廠房及設備應以成本減除累計折舊及累計減損後之帳面金額列示。 不動產、廠房及設備之所有權受限制及供作負債擔保之事實與金額，應予揭露。
第 19 條	礦產資源，指蘊藏量將隨開採或其他使用方法而耗竭之天然礦產。 礦產資源應按取得、探勘及開發之成本認列，並以成本減除累計折耗及累計減損後之帳面金額列示。
第 20 條	生物資產，指與農業活動有關且具生命之動物或植物。 生物資產應依流動性區分為流動與非流動，並以公允價值減出售成本衡量。但取得公允價值需耗費過當之成本或努力者，得以其成本減累計折舊及累計減損後之帳面金額列示。

第 21 條	無形資產，指無實體形式之可辨認非貨幣性資產及商譽，包括： 一、商譽以外之無形資產：指同時符合具有可辨認性、可被商業控制及具有未來經濟效益之資產，包括商標權、專利權、著作權及電腦軟體等。 二、商譽：指自企業合併取得之不可辨認及未單獨認列未來經濟效益之無形資產。 具明確經濟效益期限之無形資產應以合理有系統之方法分期攤銷。商譽及無明確經濟效益期限之無形資產，得以合理有系統之方法分期攤銷或每年定期進行減損測試。 研究支出及發展支出，除受委託研究，其成本依契約可全數收回者外，須於發生當期認列至損益。但發展支出符合資產認列條件者，得列為無形資產。 無形資產應以成本減除累計攤銷及累計減損後之帳面金額列示。無形資產攤銷 期限及計算方法，應予揭露。
第 22 條	遞延所得稅資產，指與可減除暫時性差異、未使用課稅損失遞轉後期及未使用所得稅抵減遞轉後期有關之未來期間可回收所得稅金額。
第 23 條	其他非流動資產，指不能歸屬於第十六條至第二十二條之非流動資產。
第 24 條	商業應於資產負債表日對於備供出售金融資產、以成本衡量之金融資產、無活絡市場之債務工具投資、持有至到期日金融資產、採用權益法之投資、不動產、廠房及設備、投資性不動產與無形資產等項目評估是否有減損之跡象；若資產之帳面金額大於可回收金額時，應認列減損損失。 當有證據顯示除商譽、備供出售及以成本衡量之權益工具投資以外之資產於以前期間所認列之減損損失，可能已不存在或減少時，資產帳面金額應予迴轉，迴轉金額應認列至當期利益。但迴轉後金額不得超過該資產若未於以前年度認列減損損失所決定之帳面金額。 已辦理資產重估者，發生減損時，應先減少未實現重估增值；如有不足，認列至當期損失。減損損失迴轉時，於原認列損失範圍內，認列至當期利益；如有餘額，列為未實現重估增值。
第 25 條	流動負債，指商業預期於其正常營業週期中清償之負債；主要為交易目的而持有之負債；預期於資產負債表日後十二個月內到期清償之負債，即使該負債於資產負債表日後至通過財務報表前已完成長期性之再融資或重新安排付款協議；商業不能無條件將清償期限遞延至資產負債表日後至少十二個月之負債。 流動負債包括下列會計項目： 一、短期借款：指向金融機構或他人借入或透支之款項。 　（一）應依借款種類註明借款性質、保證情形及利率區間，如有提供擔保品者，應揭露擔保品名稱及帳面金額。

(二)向金融機構、業主、員工、關係人、其他個人或機構借入之款項，
　　應分別揭露。

二、應付短期票券：指為自貨幣市場獲取資金，而委託金融機構發行之短
　　期票券，包括應付商業本票及銀行承兌匯票等。應付短期票券應註明
　　保證、承兌機構及利率；如有提供擔保品者，應揭露擔保品名稱及帳
　　面金額。

三、透過損益按公允價值衡量之金融負債—流動：指持有供交易或原始認
　　列時被指定為透過損益按公允價值衡量之金融負債。

四、避險之衍生金融負債—流動：指依避險會計指定且為有效避險工具之
　　衍生金融負債，應以公允價值衡量。

五、以成本衡量之金融負債—流動：指與無活絡市場公開報價之權益工具
　　連結，並以交付該等權益工具交割之衍生工具，其公允價值無法可靠
　　衡量之金融負債。

六、應付票據：指商業應付之各種票據。

　　(一)因營業而發生與非因營業而發生者，應分別列示。

　　(二)金額重大之應付關係人票據，應單獨列示。

　　(三)已提供擔保品者，應揭露擔保品名稱及帳面金額。

　　(四)存出保證用之票據，於保證之責任終止時可收回註銷者，得不
　　　　列為流動負債，但應揭露保證之性質及金額。

七、應付帳款：指因賒購原物料、商品或勞務所發生之債務。

　　(一)因營業而發生與非因營業而發生者，應分別列示。

　　(二)金額重大之應付關係人款項，應單獨列示。

　　(三)已提供擔保品者，應揭露擔保品名稱及帳面金額。

八、其他應付款：指不屬於應付票據、應付帳款之應付款項，如應付薪資、
　　應付稅捐、應付股息紅利等。應付股息紅利，如已確定分派辦法及預
　　定支付日期者，應予揭露。

九、本期所得稅負債：指尚未支付之本期及前期所得稅。

十、預收款項：指預為收納之各種款項；其應按主要類別分別列示，有特
　　別約定事項者，應予揭露。

十一、負債準備—流動：指不確定時點或金額之流動負債。商業因過去事
　　　件而負有現時義務，且很有可能需要流出具經濟效益之資源以清償
　　　該義務，及該義務之金額能可靠估計時，應認列負債準備。

十二、其他流動負債：指不能歸屬於前十一款之流動負債。

短期借款、應付短期票券、應付票據、應付帳款及其他應付款，應以攤銷
後本衡量。但折現金額影響不大者，得以交易金額衡量。

第 26 條	非流動負債，指不能歸屬於流動負債之各類負債，包括下列會計項目： 一、透過損益按公允價值衡量之金融負債—非流動。 二、避險之衍生金融負債—非流動。 三、以成本衡量之金融負債—非流動。 四、應付公司債：指商業發行之債券。 　　（一）應付公司債之溢價、折價為應付公司債之評價項目，應列為應付公司債之加項或減項，並按有效利息法，於債券流通期間加以攤銷，作為利息費用之調整項目。 　　（二）發行債券之核定總額、利率、到期日、擔保品名稱、帳面金額、發行地區及其他有關約定限制條款，應予揭露。 五、長期借款：指到期日在一年以上之借款。 　　（一）應以攤銷後成本衡量。 　　（二）應揭露其內容、到期日、利率、擔保品名稱、帳面金額及其他約定重要限制條款；其以外幣或按外幣兌換率折算償還者，應註明外幣名稱及金額。 　　（三）向業主、員工及關係人借入之長期款項，應分別揭露。 六、長期應付票據及款項：指付款期間在一年以上之應付票據、應付帳款，應以攤銷後成本衡量。 七、負債準備—非流動：指不確定時點或金額之非流動負債。 八、遞延所得稅負債：指與應課稅暫時性差異有關之未來期間應付所得稅。 九、其他非流動負債：指不能歸屬於前八款之其他非流動負債。
第 27 條	資本（或股本），指業主對商業投入之資本額，並向主管機關登記者，但不包括符合負債性質之特別股，其應揭露事項如下： 一、股本之種類、每股面額、額定股數、已發行股數及特別條件。 二、各類股本之權利、優先權及限制。 三、庫藏股股數或由其子公司所持有之股數。
第 28 條	資本公積，指公司因股本交易所產生之權益。 前項所列資本公積，應按其性質分別列示。
第 29 條	保留盈餘（或累積虧損），指由營業結果所產生之權益，包括下列會計項目： 一、法定盈餘公積：指依公司法或其他相關法律規定，自盈餘中指撥之公積。 二、特別盈餘公積：指依法令或盈餘分派之議案，自盈餘中指撥之公積，以限制股息及紅利之分派者。 三、未分配盈餘（或待彌補虧損）：指未經指撥之盈餘（或未經彌補之虧損）。 盈餘分配（或虧損彌補）應俟股東同意或股東會決議後方可列帳。但有盈餘分配（或虧損彌補）之議案者，應在當期財務報表附註中註明。

第 30 條	其他權益，指其他造成權益增加或減少之項目，包括下列會計項目： 一、備供出售金融資產未實現損益：指備供出售金融資產，依公允價值衡量產生之未實現利益或損失。 二、現金流量避險中屬有效避險部分之避險工具損益：指現金流量避險時避險工具屬有效避險部分之未實現利益或損失。 三、國外營運機構財務報表換算之兌換差額：指國外營運機構財務報表換算之兌換差額及國外營運機構淨投資之貨幣性項目交易，所產生之兌換差額。 四、未實現重估增值：指依法令辦理資產重估所產生之未實現重估增值等。
第 31 條	庫藏股票，指公司收回已發行股票，尚未再出售或註銷者，應按成本法處理，列為權益之減項，並註明股數。
第 32 條	綜合損益表得包括下列會計項目： 一、營業收入。 二、營業成本。 三、營業費用。 四、營業外收益及費損。 五、所得稅費用（或利益）。 六、繼續營業單位損益。 七、停業單位損益。 八、本期淨利（或淨損）。 九、本期其他綜合損益。 十、本期綜合損益總額。
第 33 條	營業收入，指本期內因銷售商品或提供勞務等所獲得之收入。
第 34 條	營業成本，指本期內因銷售商品或提供勞務等而應負擔之成本。
第 35 條	營業費用，指本期內因銷售商品或提供勞務應負擔之費用；營業成本及營業費用不能分別列示者，得合併為營業費用。
第 36 條	營業外收益及費損，指本期內非因經常營業活動所發生之收益及費損，例如利息收入、租金收入、權利金收入、股利收入、利息費用、透過損益按公允價值衡量之金融資產（負債）淨損益、採用權益法認列之投資損益、兌換損益、處分投資損益、處分不動產、廠房及設備損益、減損損失及減損迴轉利益等。 利息收入及利息費用應分別列示。透過損益按公允價值衡量之金融資產（負債）淨損益、採用權益法認列之投資損益、兌換損益及處分投資損益，得以其淨額列示。
第 37 條	所得稅費用（或利益），指包含於決定本期損益中，與本期所得稅及遞延所得稅有關之彙總數。
第 38 條	停業單位損益，指包括停業單位之稅後損益，及構成停業單位之資產或處分群組於按公允價值減出售成本衡量時或於處分時所認列之稅後利益或損失。
第 39 條	本期淨利（或淨損），指本期之盈餘（或虧損）。

第 40 條	本期其他綜合損益，指本期變動之其他權益，例如備供出售金融資產未實現損益、現金流量避險中屬有效避險部分之避險損益、國外營運機構財務報表換算之兌換差額、未實現重估增值等。
第 41 條	本期綜合損益總額，指本期淨利（或淨損）及本期其他綜合損益之合計數。
第 42 條	權益變動表，為表示權益組成項目變動情形之報表，其項目分類與內涵如下： 一、資本（或股本）之期初餘額、本期增減項目與金額及期末餘額。 二、資本公積之期初餘額、本期增減項目與金額及期末餘額。 三、保留盈餘（或累積虧損）。 　　（一）期初餘額。 　　（二）追溯適用及追溯重編之影響數（以稅後淨額列示）。 　　（三）本期淨利（或淨損）。 　　（四）提列法定盈餘公積、特別盈餘公積及分派股利項目。 　　（五）期末餘額。 四、其他權益各項目之期初餘額、本期增減項目與金額及期末餘額。 五、庫藏股票之期初餘額、本期增減項目與金額及期末餘額。
第 43 條	現金流量表，指以現金及約當現金之流入與流出，彙總說明商業於特定期間之營業、投資及籌資活動之現金流量。
第 44 條	對於資產負債表日至財務報表通過日間所發生之下列期後事項，應予揭露。 一、資本結構之變動。 二、鉅額長短期債款之舉借。 三、主要資產之添置、擴充、營建、租賃、廢棄、閒置、出售、質押、轉讓或長期出租。 四、生產能量之重大變動。 五、產銷政策之重大變動。 六、對其他事業之主要投資。 七、重大災害損失。 八、重要訴訟案件之進行或終結。 九、重要契約之簽訂、完成、撤銷或失效。 十、組織之重要調整及管理制度之重大改革。 十一、因政府法令變更而發生之重大影響。 十二、其他足以影響未來財務狀況、經營結果及現金流量之重要事項或措施。
第 五 章　附則	
第 45 條	本準則自中華民國一百零五年一月一日施行。但商業得自願自一百零三年會計年度開始日起，適用本準則。本準則中華民國一百零七年十二月十日修正之條文，除第二條及第十七條自一百零七年一月一日施行外，自一百零八年一月一日施行。

A-3　重要圖表索引

IFRS+IT 經營管理 e 化實務(第二版)

作　　者：蔡文賢 / 藍淑慧
企劃編輯：江佳慧
文字編輯：詹祐甯
設計裝幀：張寶莉
發 行 人：廖文良

發 行 所：碁峰資訊股份有限公司
地　　址：台北市南港區三重路 66 號 7 樓之 6
電　　話：(02)2788-2408
傳　　真：(02)8192-4433
網　　站：www.gotop.com.tw
書　　號：AEE039900
版　　次：2021 年 10 月二版
建議售價：NT$560

國家圖書館出版品預行編目資料

IFRS+IT 經營管理 e 化實務 / 蔡文賢, 藍淑慧著. -- 二版. -- 臺北
　市：碁峰資訊, 2021.10
　　面；　公分
　　ISBN 978-986-502-937-1(平裝)
　　1.國際財務報導準則
495.2　　　　　　　　　　　　　　　　　　　110013300

讀者服務

- 感謝您購買碁峰圖書，如果您對本書的內容或表達上有不清楚的地方或其他建議，請至碁峰網站：「聯絡我們」\「圖書問題」留下您所購買之書籍及問題。（請註明購買書籍之書號及書名，以及問題頁數，以便能儘快為您處理）
http://www.gotop.com.tw

- 售後服務僅限書籍本身內容，若是軟、硬體問題，請您直接與軟、硬體廠商聯絡。

- 若於購買書籍後發現有破損、缺頁、裝訂錯誤之問題，請直接將書寄回更換，並註明您的姓名、連絡電話及地址，將有專人與您連絡補寄商品。